餐飲實務

Principles of Food and Beverage Operation

陳堯帝◎著

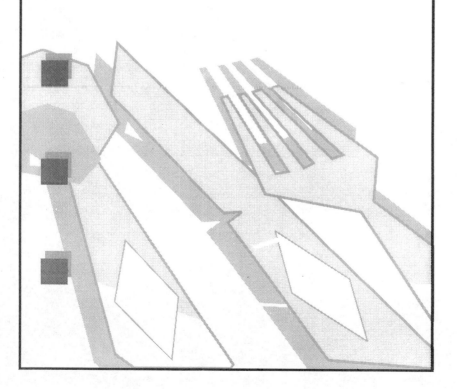

餐旅叢書序

　　近年來，隨著世界經濟的發展，觀光餐飲業已成為世界最大的產業。為順應世界潮流及配合國內旅遊事業之發展，各類型具有國際水準的觀光大飯店、餐廳、咖啡廳、休閒俱樂部，如雨後春筍般建立，此一情勢必能帶動餐飲業及旅遊事業的蓬勃發展。

　　餐旅業是目前最熱門的服務業之一，面對世界性餐飲業之劇烈競爭，餐旅服務業是以服務為導向的專業，有賴大量人力之投入，服務品質之提升實是刻不容緩之重要課題。而服務品質之提升端賴透過教育途徑以培養專業人才始能克竟其功，是故餐飲教育必須在教材、師資、設備方面，加以重視與實踐。

　　餐旅服務業是一門範圍甚廣的學科，在其廣泛的研究領域中，包括顧客和餐旅管理及從業人員，兩者之間相互搭配，相輔相成，互蒙其利。然而，從業人員之訓練與培育非一蹴可幾，著眼需要，長期計畫予以培養，方能適應今後餐旅行業的發展；由於科技一日千里，電腦、通信、家電（三C）改變人類生活型態，加上實施隔週週休二日，休閒產業蓬勃發展，餐旅行業必然會更迅速成長，因而往後餐旅各行業對於人才的需求自然更殷切，導致從業人員之教育與訓練更加重要。

　　餐旅業蓬勃發展，國內餐旅領域中英文書籍進口很多，中文

書籍較少，並且涉及的領域明顯不足，未能滿足學術界、從業人員及消費者的需求，基於此一體認，擬編撰一套完整餐旅叢書，以與大家分享。經與揚智文化總經理葉忠賢先生構思，此套叢書應著眼餐旅事業目前的需要，作為餐旅業界往前的指標，並應能確實反應餐旅業界的真正需要，同時能使理論與實務結合，滿足餐旅類科系學生學習需要，因此本叢書將有以下幾項特點：

1. 餐旅叢書範圍著重於國際觀光旅館及休閒產業，舉凡旅館、餐廳、咖啡廳、休閒俱樂部之經營管理、行銷、硬體規劃設計、資訊管理系統、行業語文、標準作業程序等各種與餐旅事業相關內容，都在編撰之列。
2. 餐旅叢書採取理論和實務並重，內容以行業目前現況為準則，觀點多元化，只要是屬於餐旅行業的範疇，都將兼容並蓄。
3. 餐旅叢書之撰寫性質不一，部分屬於編撰者，部分屬於創作者，也有屬於授權翻譯者。
4. 餐旅叢書深入淺出，適合技職體系各級學校餐旅科系作為教科書，更適合餐旅從業人員及一般社會大眾當作參考書籍。
5. 餐旅叢書為落實編撰內容的充實性與客觀性，編者帶領學生赴歐海外實習參觀旅行之際，收集歐洲各國旅館大學教學資料，訪問著名旅館、餐廳、酒廠等，給予作者撰寫之參考。
6. 餐旅叢書各書的作者，均獲得國內外觀光餐飲碩士學位以上，並在國際觀光旅館實際參與經營工作，學經歷豐富。

身為餐旅叢書的編者，謹在此感謝本叢書中各書的作者，若

非各位作者的奉獻與合作，本叢書當難以順利付梓，最後要感謝
揚智文化總經理、總編輯及工作人員支持與工作之辛勞，才能使
本叢書順利的呈現在讀者面前。

陳堯帝　謹識
中華民國八十八年八月

自　序

　　隨著世界經濟的發展，觀光餐飲業已成為世界最大的產業。為順應世界潮流及配合國內旅遊事業之發展，各類型具有國際水準的觀光大飯店如雨後春筍般建立，此一情勢必能帶動餐飲業及旅遊事業的蓬勃發展。

　　面對世界性餐飲業之劇烈競爭，服務品質之提升實是刻不容緩之重要課題。而服務品質之提升端賴透過教育途徑以培養專業人才始能克竟其功，是故餐飲教育必須在教材、師資、設備方面，加以重視與實踐。

　　為落實餐飲實務編撰內容的充實性與客觀性，編者帶領學生赴歐海外實習參觀旅行之際，收集歐洲各國旅館大學教學資料，訪問著名旅館、餐廳、酒廠等，編著了《餐飲實務》一書，適合技職體系餐飲管理科系、觀光事業科系學生更深入的了解實務管理的重要性。

　　本書之編撰以簡明扼要為原則，內容豐富，資料新穎，對提高餐飲經營理念，必能駕輕就熟。本書具有下列特色：

1.本書內容共分十五章，大約三十餘萬言，四百餘頁。
2.本書為便利學生學習，文辭力求簡明易懂。

3.本書第四章「中餐廚房作業」、第五章「西餐廚房作業」
   及第十一章「餐飲各類食物的成分及其營養價值」，目前
   其他餐飲教科書中尚未列入，為本書最大特色之一。

　　本書雖經縝密編著，疏漏之處，在所難免，感謝師長的鼓勵
及餐飲業先進之指正，總感覺此書資料不盡完善，尚祈各位先進
賢達不吝賜予指教，多加匡正是幸。

　　　　　　　　　　　　　　　　　　　陳堯帝　謹識

目　錄

餐旅叢書序　i

自　序　v

第一章　緒　論　1

　　第一節　餐廳經營的要素　2

　　第二節　餐飲業的特性　3

　　第三節　餐廳的種類　8

　　第四節　餐飲部門組織　14

第二章　餐廳的佈置與管理　29

　　第一節　餐廳的主題與佈置　30

　　第二節　餐廳與其他部門的聯繫　41

　　第三節　餐廳管理的內容　43

　　第四節　中、西餐廳的管理　48

第三章　廚房規劃與管理　55

　　第一節　廚房規劃的目標　56

　　第二節　廚房佈局與生產流程控制　62

第三節　廚房設備的設計　66

第四節　廚房作業人員人體工學之考量　78

第五節　中式廚房設備　80

第六節　西式廚房設備　84

第四章　中餐廚房作業　　87

第一節　中餐的起源和特色　88

第二節　調味的原理及擴散的關係　97

第三節　中華美食的科學性與藝術性　110

第四節　中式餐飲烹調方法　121

第五節　中式各地方菜系特點　141

第五章　西餐廚房作業　145

第一節　西式菜系的興起　146

第二節　西餐的烹飪方法　151

第三節　西式餐飲菜系　177

第六章　餐飲原料的採購、驗收、倉儲與發放　181

第一節　餐飲採購之意義　182

第二節　餐飲採購部的職責和其他部門之關係　187

第三節　餐飲採購之主要任務　194

第四節　驗收作業　204

第五節　倉儲作業　211

第六節　發放管理　224

第七章　餐廳出納作業管理　231

　　第一節　餐廳出納作業準則　232

　　第二節　餐廳收入之分類　233

　　第三節　餐廳費用之分類　235

　　第四節　餐廳出納作業流程　239

　　第五節　餐廳現金管理作業　240

第八章　餐飲服務　243

　　第一節　專業服務人員的個人特質　245

　　第二節　餐飲服務之方式　249

　　第三節　客房餐飲服務　258

　　第四節　中式餐飲服務　261

第九章　飲料管理　271

　　第一節　葡萄酒　272

　　第二節　烈　酒　287

　　第三節　啤　酒　292

　　第四節　咖　啡　295

　　第五節　茶　300

第十章　餐飲行銷　305

　　第一節　餐飲推銷形式　307

　　第二節　廣告推銷　311

　　第三節　公共關係　315

　　第四節　餐廳推銷方法　316

　　第五節　促銷活動　321

第十一章　餐飲各類食物的成分及其營養價值　333

第一節　餐飲食物的構成　334

第二節　餐飲食物的分類　345

第三節　餐飲食物的營養價值　346

第十二章　食品衛生與安全　369

第一節　食品衛生的重要性　370

第二節　食品衛生的控制　371

第三節　廚房安全　374

第十三章　菜單設計　383

第一節　菜單的意義　384

第二節　菜單的內容和種類　385

第三節　菜單的功能　390

第四節　菜單的設計　392

第五節　菜單的定價及其策略　395

第六節　菜單的製作　399

第十四章　餐飲的控制　405

第一節　餐廳服務質量的控制　406

第二節　餐飲成本的控制　408

第三節　生產流程控制　414

第四節　餐飲成本類型　420

第五節　員工成本控制　425

第十五章　餐飲業未來的發展　431

　　第一節　餐飲業經營理念　432

　　第二節　餐飲業面臨的困境　434

　　第三節　國內餐飲消費趨勢　437

　　第四節　餐飲業未來發展趨勢　439

參考書目　445

第一章　緒　論

◆餐廳經營的要素

◆餐飲業的特性

◆餐廳的種類

◆餐飲部門組織

第一節　餐廳經營的要素

餐飲業正經歷著快速改變，餐飲經營的競爭更形激烈，市場區隔日趨複雜，顧客豐富經驗的累積，所以經營會更加專業化及更具積極性。近年來，餐飲業蓬勃發展，大型國際觀光旅館相繼引進主題餐廳，許多業主主動積極與國外連鎖餐廳合作。

■ 專業的服務

「服務」乃餐廳之第二生命，沒有服務即無餐廳可言，為提高餐廳之營運，每家餐廳無不以提高服務品質為號召，藉著親切溫馨之服務來爭取顧客之好感。

■ 適中的地點

餐廳成功與否，最重要因素首推「地點」，若地點適中，交通方便，則客人便泉湧而至。反之，客人將因地點不便而裹足不願前來，所以餐廳通常是位居交通便利的地方，或群集商業中心為多。

■ 優雅的裝潢

餐廳之裝潢須有特殊風格，最好能配合餐廳本身之性質，如中餐廳須以中式建築配合古老傳統文化色彩之壁飾為主，使客人享有一種特別之感受。

■ 柔和的氣氛

氣氛宜高雅，佈置要講究，使客人置身其間有一種舒適之感受。為加強氣氛，可藉燈光、盆景、色彩以及屏風來襯托。

■ 良好的格局

　　餐廳格局之好壞將影響餐廳本身之營運，尤其是對於動線之畫分、空間之運用、大門之設計，均須特別注意。

■ 停車的方便

　　現代工商發達，人人幾乎均以汽車代步，停車問題已逐漸成為影響顧客是否前往餐廳之重要因素，因此現代新式餐廳在設立之初，必須先考慮客人停車問題，否則對餐廳生意將有相當的影響。

■ 合理的價格

　　價錢是否合理，乃顧客最關切之一項因素，所以餐廳訂價須注意合理利潤。若因為求高利潤，不思如何降低成本，反而一味將價格抬高，勢必會嚴重影響餐廳生意。

■ 可口的佳餚

　　美酒佳餚乃客人進入餐廳之主要目的，因此餐廳之菜單須不斷推陳出新，研擬各式菜單以滿足各階層人士之不同口味需求，如減肥菜單、兒童菜單等等。①

第二節　餐飲業的特性

　　各大企業相繼投入觀光旅館、餐飲行業，除了就目前情況考慮其可行性，也要評估這個行業的遠景。所謂「立足現在，放眼將來」，才是可大可久的作法。目前餐飲業面臨的經營成本太高、競爭過於激烈、生存不易的局面，未來的遠景會比現在容易經營？還是會更困難？業者要如何因應才能節節獲利？相信是大家最關心的問題。簡要言之，台灣餐飲業未來的走向是朝「三化」

發展——兩極化、專門化與專業化。經營者能跟緊這「三化」，就能長久生存，不斷獲利。反之，則生存空間會愈來愈窄，終被潮流所淘汰。

一、現代餐飲文化的特性

「餐飲」不但是門學問，也是一種藝術，今日的餐廳不再是昔日僅供餐飲給客人賴以維生的「吃」的場所，它已逐漸成為人們社交宴會的交誼廳，整個餐飲市場由原來基本單純的供食，進而為講究氣氛、情調之精神享受。為調適此市場的需求，於是餐飲業不斷更新最現代化的餐飲設備，更不惜鉅資聘請專家裝潢，刻意設計，注重菜餚的特色與菜單設計，並且強調員工服裝，重視服務品質。除此以外，在餐廳之造型與內部設計裝潢如燈光、音響、顏色、材料、設備及員工服裝等方面，均力求同一系列之搭配，每個餐廳均各有各的特色，代表著當地文化色彩，因此產生了近代所謂的「餐飲文化」。

二、近代餐飲業的發展趨勢

(一)兩極化——最高級和大眾化兩種路線

大多數人開餐廳喜歡開中等級的餐廳，裝潢、菜餚和服務不是很講究，但也不差；餐飲賣價不算高昂，但也不便宜。這類餐廳經營者的想法是：中間路線客源最廣，存活最容易，加上賣價有合理的利潤，最可能賺錢。

在這種想法影響下，目前市面上開得最多的就是中級餐廳。

但事與願違的是，客源最不易掌握，生意最不穩定，最常遭客人抱怨又最不容易賺錢的，正是這種走中間路線的餐廳。

為什麼中級餐廳反而比高級餐廳和大眾餐廳難經營？道理很簡單，因為消費者要應酬會想到高級餐廳，只為填飽肚子會選擇大眾化餐廳，中級餐廳「高不成、低不就」，成為應酬和填飽肚子之間的灰色地帶。同時中級餐廳不容易建立特色，替代性太高，競爭又非常激烈，更造成經營上的困難。

在可預見的將來，台灣各大城市交通將進一步惡化。因一週上班五天的制度逐漸形成，亦將使大多數人週一至週五午休時間從一個半小時縮短為一個小時，外出用餐機會減少。屆時，以地緣性客源為主的中級餐廳因午餐營業減淡，晚餐又因交通、停車設施不足等因素招徠不到客人，生存更加困難。

高級餐廳具有場地裝潢好、菜餚口味突出、服務周到等種種優勢，很容易在餐飲市場上獨樹一格，成為消費者應酬、聚餐的不二選擇。未來隨著國民所得提高，消費者對餐飲品質日益苛求，高級餐廳的發展空間將會愈來愈大，尤其觀光大飯店的餐廳最為消費者所選擇。

大眾化消費的餐廳不論任何時機都最容易生存，它有投資有限、供餐快速、用人簡單、消費低廉等特點，又符合未來的潮流，是餐飲業者應該重視的經營方向。假設業者準備投資一筆資金開一家中型餐廳，不如運用這筆資金同時開三家大眾化消費的餐廳。不過，在開大眾化消費的餐廳時，必須掌握租金不能太高、位置不能太偏僻等因素。

(二)專門化──供應的餐飲必須專門

餐飲業販賣的餐飲種類應該愈來愈好？還是簡單為宜？過去

一直沒有定論。現在隨著人事費用不斷上漲和大家逐漸建立了正確的成本觀念，「賣的東西愈精、愈少，愈有利潤」，慢慢成為一種共識。

　　老式的中、西餐廳菜單都是又厚又重一本，打開數數裡面的菜式，動輒在百種以上，那麼繁複的種類，廚房要有龐大的人力才能應付顧客點菜。同時，作菜的材料採購、保存上不但麻煩，又常常造成不必要的浪費。所以這類老式餐廳近幾年快速地被市場淘汰。

　　目前中、西餐廳所賣的餐飲種類均力求簡化，以縮小廚房的人事支出，並讓作菜材料的採購、庫存單純化，減少呆人和呆料的損耗。為了提供消費者較多的選擇，餐廳多利用套餐、特餐、簡餐作變化。這些都是合乎現代潮流的作法。

　　未來的餐廳販賣餐飲的種類將進一步簡化，而且須凸顯所謂的專門化。例如賣港式點心的餐店專賣港式點心，賣北方麵食的餐店專賣北方麵食，賣台菜清粥的餐店專賣台菜清粥，不夾雜販賣其他類的餐飲。如此藉著訴求明確，口味突出，才能在市場上別樹一格，找到有利的生存空間。

　　在近幾年興起的許多餐廳中，已有不少是走專門化的路線。這些餐廳一開始雖然發展相當緩慢，但未來前途一定看好。

(三)專業化──由專業的經理人員負責經營

　　餐飲業的經營者有著高比例是「外行」出身，因各種原因進入這個行業。未來這種外行經營的情形將會逐漸減少，由有經驗的專業經理人來擔負經營的重任。許多較先進的行業，目前投資者與經營均已分開。投資者只負責出資，經營責任由聘請來的專業人才擔負。這樣做的好處是成功機率較大，可以避免走許多冤

枉路，減少投資者的浪費。

國內的觀光大飯店和高級餐廳，實際掌握經營大權的總經理均非股東，而是外聘來的專業人才。他們經驗豐富而且懂得經營管理，往往能幫助飯店、餐廳快速成功。中、小型規模的餐廳仍然需要聘請專業人才來協助經營，投資者擔任監督的角色即可，未來的潮流趨向是由專業的經營人擔任餐廳的經營者。餐飲服務業是目前最尖端的行業，並且隨著科技之進步經常變化。這種變化進行的方向是以現代化的經營管理技術為依歸，走向最能令人滿意的服務事業境界，從而達成生產事業的目標。但是，餐旅企業在經營管理上的變化方式如何，我們且以幾個最常見的問題或情形略作討論。

從前，餐旅企業在經營管理方面一向忽視或完全不注意專業化或專業主義的主張，他們也避免爭論這一類問題：「經營旅館不能像開工廠一樣」，或者「餐廳的經營管理是一種藝術，不是科學」。不少守舊的業者在經營管理上還是老一套，不想作任何改進或變革。所謂專業化更談不上，因為他們始終認為餐廳旅館的生意，主要的對象是客人，應對接待都是藝術，不是程式化的專業。這種主張的缺點是單純的注重藝術，無視於經營管理的科學研究，因而不能迅速而直接的造就專業的服務或經營人才。現在已經有所改變了，多少人對於「餐飲事業是一種科學的經營管理」這句話也已經耳熟能詳了。餐飲業裡從事實際工作的從業人員要講究的是工作效率與組織性的創造力，所謂藝術已經退居其次，只有那些不兼職的股東們在如何保障其投資、如何謀取投資的最大利益方面，大談其藝術理論了。

但由於科學的經營管理對餐飲企業發揮了充分的作用，而使其在人力資源的運用以及服務技術的改進均有顯著的成效，所以

一般業者往往傾向於科學而非藝術的經營管理。事實上，餐飲企業的建全發展應以科學與藝術相結合的經營管理為基礎。唯有這樣，餐飲企業的人力資源、服務技術、成本管制、投資者的利潤甚至顧客的利益，才會獲得有效的運用與可靠的保障。作為一種科學，餐飲企業的經營管理被認為是一種特殊智識的結構體，而此一結構體是以某些基本原理作基礎的。

第三節　餐廳的種類

一、服務方式區分

依不同的服務方式可將餐廳區分為：餐桌服務型餐廳（table service restaurant）、櫃台服務型餐廳（counter service restaurant）、自助式餐廳（self-service restaurant）、機關團體型餐廳（feeding）及其他類型的餐廳。分別說明如下：

(一)餐桌服務型餐廳

餐桌服務型餐廳講求餐飲環境的高雅與提供設備的完整性。在顧客光臨前須將桌椅配置完善，接受客人指定的菜單，由服務人員將菜餚和飲品端至桌上，此類流程亦是現階段餐廳最常見的服務方式，重視服務與技術。這類以餐桌服務為主的餐廳有咖啡廳、酒吧及飯店內的餐廳等。

(二)櫃台服務型餐廳

櫃台服務型餐廳設有開放性廚房,並於前面設置服務台及桌椅,食品直接由服務台人員送至客人手中。服務台更可充當餐桌使用,快速且不收取小費是此類餐飲的特色,顧客可一眼即瞧見餐廳運作情況,一般為飲料供應站、點心店、小吃店等。

(三)自助式餐廳

自助式餐廳設置有長條桌擺置菜餚,由客人自行動手選擇所喜愛的食物。自主性高、迅速、便宜是此類餐飲的最大特色。近幾年來因深受各階層人士的喜好,許多觀光大飯店也相繼推出自助式餐食,吸引一般大眾前來消費。

(四)機關團體型餐廳

一般大型機關附設的餐廳皆屬於此種類型,主要目的在於提供簡便、衛生、價格合理的膳食,供機關單位的人員享用,此一類型餐廳大多不以營利為主要的目的。因設置地點的不同,可以分為:員工餐廳(industry feeding)、學校餐廳(school feeding)、醫院餐廳(hospital feeding)、工廠餐廳(feeding-in-plant)及空中廚房(fly-kitchen)五種。

1. 員工餐廳:一般公司或企業團體設置的員工餐廳。
2. 學校餐廳:學校內提供餐食給學生和教師的餐廳。
3. 醫院餐廳:醫院內設置的餐飲機構。
4. 工廠餐廳:工廠裡設置的餐飲設備。
5. 空中廚房:一般為提供航空公司或機場飲食業務的單位。

二、經營方式區分

以餐飲業的經營方式而言，主要有兩種基本型態，分別是獨立經營的餐廳（independent restaurant）以及連鎖經營的餐廳（chain restaurant）。②

(一)獨立經營的餐廳

獨立經營的餐廳可能為單獨一人投資或數人合夥擁有的型態，其特色在於每家餐廳無論投資者是否相同，皆分別獨立營運，毫無連鎖相關性，且各自擁有自行的餐飲操作流程、膳食供應方式與供餐內容等。因屬於各自為政的方式，其投資者可視餐廳屬性調配投資金額大小，隨時更換菜單，舉辦各類行銷活動，或為餐廳硬體及軟體設施作不定期性的調度。

(二)連鎖經營的餐廳

對於立志開設餐廳卻又礙於知名度或口碑不足的投資人來說，加盟大型連鎖型餐廳體系，不失為達到其理想的好方法。

從十九世紀美國西部一位餐廳連鎖業者開設第一家餐廳開始，連鎖加盟的經營方式大肆攻占傳統型獨立經營市場，以速食業起家的「麥當勞」即是一項成功案例。

投資者於事前應支付一筆特定的權利金，或約定將利潤某部分比例回饋給連鎖系統公司，爾後即可獲取代理商資格，擁有連鎖企業名號，運用其知名度營運。投資者必須配合企業經營理念和策略等營運方式，無法獨立自行決定餐廳取向。優點是藉由連鎖企業豐富的資源，可以節省廣告費用、人事支出、研發與行政

等開支。

三、供應餐食的種類區分

就台灣目前較受歡迎的餐食類型來分，概分為綜合餐廳和主題餐廳二種。

(一)綜合餐廳

就綜合餐廳而言，指的是菜色的花樣繁多，且不限只有一種餐食提供的餐廳，依口味的不同可分為中餐廳、西餐廳和日本餐廳三種。

1. 中餐廳：中餐廳基本上以提供中國大陸各地區膳食和飲品為主，如著名的江浙菜、四川菜、廣東菜等，以此類飲食為服務主題的餐廳。
2. 西餐廳：包含歐美各國的餐食提供，以西方服務方式為主的餐廳。供餐順序有其固定流程，大致可分為前菜、濃湯、主菜、甜點及最後的飲料。
3. 日本餐廳：日本料理的特色是精緻、清爽可口且較不油膩。無論是簡單的壽司吧或是高級的日本餐廳，日式的裝潢涵蓋濃厚的日本文化風格，無怪乎有極大的顧客群。

(二)主題餐廳

所謂的主題餐廳是以某一主題為主的餐廳，如專門販售牛排、羊排等，或以雪茄、冰淇淋等為號召訴求的餐廳。

四、供應餐食時間區分

供餐時間可分為：早餐（breakfast）、早午餐（brunch）、午餐（lunch）、下午茶（afternoon tea）、晚餐（dinner）及消夜（supper）等六個時段，另外也有二十四小時都供餐的速食餐廳，如吉野家。

(一)早餐

早餐可分為美式早餐、歐式早餐及中式早餐。

1. 美式早餐：土司麵包加蛋、火腿或鹹肉，以果汁、茶或咖啡為飲品。
2. 歐式早餐：牛角型麵包，不加蛋，以牛奶或咖啡為主要飲品。
3. 中式早餐：北方的豆漿和燒餅油條、清粥小菜等。

(二)早午餐

早午餐是早餐和午餐合而為一的餐食，提供早餐時段後、午餐前的餐食選擇。

(三)午餐

午餐是中午的餐點，又稱之為tiffin，通常在中午十一時三十分到下午二時之間進行，內容及種類比早餐豐富。

(四)下午茶

下午茶的時段通常是介於下午二時至五時，提供精緻的餐點及飲料，藉以提供顧客用餐的多樣性，同時又可充分運用餐飲設施服務資源。

(五)晚餐

晚餐是工作或辛勞一天後的餐食，一般而言，晚餐的用餐時間較為充裕，且較其他時段的餐食更為豐盛。

(六)消夜

消夜是比晚餐更晚的餐食，以歐美地區而言，屬於較高格調且較正式的另一種晚餐形式。

五、上菜方式區分

以菜餚配置方式可分為和菜＆套餐（table d'hôte）、點菜（à la carte）及自助餐（buffet or cafeteria）三種。

(一)和菜＆套餐

由餐廳先安排好固定的菜色及樣式，主要包含湯、海鮮類、主菜、甜點、飲料等餐食內容，而套餐的費用是事先訂定好的。

(二)點菜

顧客可由餐廳準備好的菜單上，自行挑選喜愛的菜色組合，其計價方式則以點菜的單價及數量加總計算。

(三)自助餐

buffet的方式是以人數為計價方式，一般而言，每一位顧客皆採固定價格方式，顧客可自行於供食桌上選取喜好的餐食，服務人員不提供餐食傳遞的服務；至於cafeteria方式也是由顧客自行選取餐食，而服務人員不進行傳遞服務，但與buffet的相異點則在於計價方式上，cafeteria是以顧客選取餐食的種類和數量來加以計價。

第四節　餐飲部門組織

國際觀光旅館設備大型化，其組織龐大而堅實，資金亦充足而雄厚，網羅學有專精的餐飲專業人才，絕大多數以綜合化餐飲經營，用來滿足顧客生活的需要，以及社會大眾的需求。所謂「旅館工業」（hotel and travel industry）表示的是房間數量多、餐廳容量大。一家具有規模的旅館餐飲部（catering department）設置有：

1. 中式餐廳。
2. 西式餐廳。
2.宴會廳。
3.各國料理餐廳。
4.客房餐飲。
5.酒吧或酒廊。
6.咖啡廳。

7.夜總會。

國際觀光旅館的餐飲部是最大的生產單位，其管理餐飲加工生產及銷售服務的組織，是極為複雜的，所有的作業凡「內務」與「外務」、直接與間接的，將密集勞務參與服勤工作；按組織原則，把相互有關聯的各部門，排列為一系列的程序，以適合本身的環境與需要，人與事密切組合；所謂「管理系統化」，其組織型態採縱與橫線混合式編組，縱者實施「逐級授權、分層負責」；橫者使「朝向一連串的有效活動管理督導與工作協調」；並就管理途徑與生產導向（market or customer-oriented），所有職工均依能力與專長實施職務分類，決定生產與銷售任務，以維持工作方法與技術的既定水準，確定餐飲部門是一健全的組織、合理分工之經營體，以求得此一經營體之生存、延續與發展。

今天由於社會工商業發達，經濟繁榮，國民所得大為提高，人們對飲食之需求由昔日重「量」，演變成今日追求享受的重「質」，使得整個餐飲市場發生相當大的改變，餐飲業者面臨的是項變遷，必須未雨綢繆，早作準備，始能適應此時代的潮流，因此歐美觀光先進國家之餐飲業，均在營運管理上精益求精，在內部組織上力求企業化、系統化，使其在既定目標下共同努力發揮集體效能，以應今日觀光餐飲市場之需。

餐飲組織之良窳已關係到一家餐廳之成敗，其重要性不言而喻。因此本節將為各位介紹目前大型現代化餐廳的內部組織，將餐廳的組織概況、組織原則、組織系統型態，逐一詳加介紹，最後再將餐廳各大部門之職掌與工作人員職責詳予分析，期使各位對餐廳之組織與工作性質能有一正確的概念，藉以奠定將來從事餐飲工作之基石。

一、餐飲組織的基本原則

　　吾人深知任何一家現代的大型餐廳，其本身業務十分繁雜，所屬員工近千百人之多，為求有效營運與管理，均設有不同部門，為了有效運用及控制這些部門，使其朝既定工作目標來共同努力，均依其餐廳特性與業務需要，設立一健全的組織來督導推動。

　　由於每家餐廳性質不一，所以組織系統並不一樣，不過所有餐廳的組織原則是不變的。

(一)餐飲組織的基本原則

　　餐廳的種類為數甚多，就以美國一地而言，即有二十幾種之多。一般而言，餐廳組織的原則均一樣，即統一指揮（unity of command）、指揮幅度（span of control）、工作分配（jobs assignments）、賦予權責（delegation of responsibility & authority）等四項。謹分述於後：③

■ 統一指揮

　　即一個員工僅適宜接受一位上級指揮，不宜同時受命於數人，避免無所適從，甚而紊亂體制，失去效能。

■ 指揮幅度

　　係指一個單位主管所能有效督導指揮的部屬人數。若是工作愈複雜、地區愈分散時，其負責監督的單位愈應該減少。但此幅度大小並無一定客觀標準，以美國為例，一家餐廳之主管以一人督導一至十二人為準。

■ 工作分配

　　所謂「工作分配」係指按每位員工本身的個性、學識、能力等因素，分別賦予適當的工作，使其各得其所，人盡其才，以達最高工作效益。

■ 賦予權責

　　係指工作分配後，再逐級授權、分層負責之意思。至於權責之畫分宜分明，以增進工作效率，並可藉此培育主動負責的幹部人才。

(二)餐飲組織的基本型態

　　近年來，現代化新穎餐廳不斷問世，僅台北市餐廳據統計即有近千家之多，最近這個數量不但與年俱增，且種類亦繁，但其餐廳內部組織型態大致雷同，一般而言有下列三種：④

■ 直線式

　　此形式的指揮系統係由上而下，宛如直線垂直而下，每位員工的職責畫分十分清楚，界線分明，部屬須服從上級所交下的任何命令，並努力認真去加以執行，每人權限職責畫分明確為直線式之特色。

■ 幕僚式

　　此形式之特色是這些「指揮者」均是幕僚顧問性質，僅能提供各部門專業知能或改進意見，但不能直接發布或下達行政命令。易言之，這些人員之建議或指示，必須先透過各級主管人員，才可到達各部屬。

■ 混合式

　　此形式之特色為該指揮系統乃綜合上述二種組織型態之優點，加以綜合交錯運用。目前此形式為現代企業經營的餐廳所最

常見、且普遍為人採用之一種。

(三)餐飲組織系統圖

現代化之餐飲經營管理已由傳統家族式之經營逐漸走向企業化科學管理，講究統一指揮、分層負責，因此每個餐廳均有其特定的組織系統，在這個系統下分設許多不同部門，使其分工合作相輔相成，以達餐廳最高營運目標（圖1-1）。

二、餐飲組織概況

餐廳之種類繁多，且本身營業性質及規模大小亦異，因而內部組織系統不盡相同，但一般而言，大型餐廳尤其是觀光旅館附設之餐廳，通常下設餐廳部、餐務部、飲務部、宴會部、廚房部、採購部、管制部等七大部門。謹將各部門職責簡介於後：⑤

(一)餐廳部

係負責飯店內各餐廳食物及飲料的銷售服務，以及餐廳內的佈置、管理、清潔、安全與衛生，內設有各餐廳經理、領班、領檯、餐廳服務員及服務生。

(二)餐務部

負責一切餐具管理、清潔、維護、換發等工作，以及廢物處理、消毒清潔、洗刷炊具、搬運等工作。它在餐飲部門中居於調理、服務和外場三單位之協調工作。

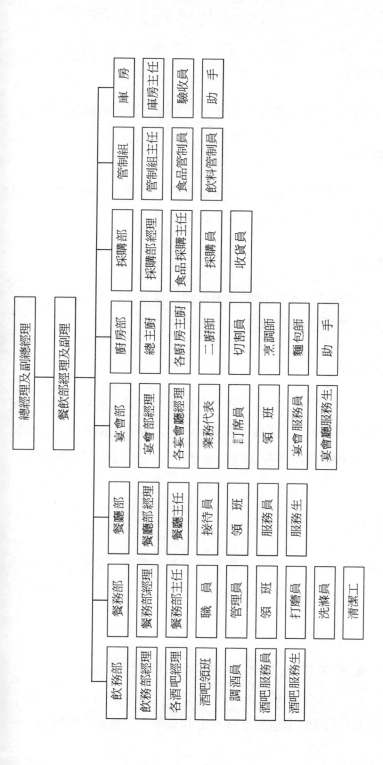

圖 1-1　大型旅館餐飲組織系統圖

(三)飲務部

係負責飯店內各種飲料的管理、儲存、銷售與服務之單位。

(四)宴會部

係負責接洽一切訂席、會議、酒會、聚會、展覽等業務，以及負責會場佈置及現場服務等工作。

(五)廚房部

係負責食物、點心的製作及烹調，控制食品之申領，協助宴會之安排與餐廳菜單之擬訂。

(六)採購部

負責飯店內一切用品、器具之採購，對餐飲部甚重要，凡餐飲部所需一切食品、飲料、餐具、日用品等等均由此單位負責採購之。此外採購部尚有審理食品價格、市場訂價、比價檢查之責。

(七)管制部

負責餐飲部一切食品、飲料之控制、管理、成本分析、核計報表、預測等工作。它不直屬於餐飲部，為一獨立作業單位，直接向上級負責。

三、餐廳工作人員之職責與工作時間

今日餐廳的經營管理已逐漸走向科學化、企業化的管理，一

切分層負責，分工合作，因此對於餐廳各部門之工作時間與職責，所有餐飲從業人員務必全盤了解，才能勝任愉快。

(一)餐廳工作人員之職責

■ 餐廳經理

1.主要任務：為使餐廳達到最有效率之營運，因此他必須與各部門保持密切聯繫與協調，以提供客人最好的服務與佳餚。

2.主要職責：
- 務使餐廳在效率情況下營運，且隨時提供良好服務。
- 負責管理所有餐廳工作人員。
- 根據各項營業資料來預測及安排員工之工作時間表。
- 預測銷售量、營運計畫之釐定與業務推廣。
- 建立有效率之訂席系統，使主廚便於控制安排菜單。
- 擬訂各項員工訓練計畫及課程安排。
- 顧客抱怨事件之處理。

■ 領檯

1.主要任務：務使每位客人能被親切的招呼，而且迅速引導入座。

2.主要職責：
- 面帶微笑，親切引導客人入座。
- 協助領班督導服務員工作。
- 營業前須檢查餐廳是否桌椅均整潔且佈置完善。
- 熟悉餐廳之最大容量，了解桌椅之數量及擺設方位。

．須了解每天訂席狀況，儘可能熟記客人姓名。

．處理顧客抱怨事件。

■ 領班

1.主要任務：負責轄區標準作業維護，督導服務員依既定營
業方針努力認真執行，使每位客人得到最友善之招呼與服
務。

2.主要職責：

．熟悉每位服務生之工作，並予有效督導。

．營業前應檢查桌椅是否佈置妥當，是否清潔。

．當客人坐定時，負責為客人點叫餐前酒或點菜、飲料之
服務。

．領班對客人帳單內容要負全責。

．桌面鋪檯、收拾之檢查督導。

．員工上下班時間之核查及事前準備工作之分配。

■ 服務員

1.主要任務：遵照上級指示，完成標準作業，以親切之服務
態度來接待顧客。

2.主要職責：

．負責餐廳清潔打掃、安排桌椅及桌面擺設。

．檢查服務台（service station）東西是否齊全、整潔乾
淨。

．熟悉菜單，了解菜餚烹調所需時間及方法。

．了解且遵循帳單之作業處理程序。

．為客人點菜，並以最迅速的方式將菜餚送至客人餐桌。

・當客人用餐結束前，應將帳單準備好，並核對總額是否正確，將它置放客人之桌面右方，帳面朝下，再說「謝謝光臨，歡迎下次再來」。⑥

■ 服務生

1.主要任務：輔助餐廳服務員，以確保餐廳順利的運作，達到最高服務品質。

2.主要職責：

・工作時宜穿著乾淨、整潔、合適的制服。

・確保工作區域之整潔及衛生。

・不管服務前、服務中或服務後，須對餐廳內必須供給品（菸灰缸、餐具、茶碟、盤、杯子、餐巾、冰塊等等）準備妥當。

・安排客人入席，搬走不必要之餐具及佈置。

・為客人倒冰水。

・收拾盤碟及銀器。

・將服務員所訂菜單送入廚房，再將所點之菜自廚房端進餐廳。

■ 餐廳出納

1.主要任務：隸屬於餐廳經理（或公司會計組得受經理督導），監督餐飲出貨手續正確，防止漏單、漏帳與損及餐廳財務之情事發生。

2.主要職責：

・正確結算帳單及錢鈔收納，開列統一發票。

・核收作業單據及填登各項報表。

・服務員生帳單收發及保管。

・現金、簽帳單、支票之核對與交帳。

(二)餐廳工作人員之工作時間

由於餐廳種類繁雜且性質不一，因此餐廳營業時間也就不同，其所屬員工之工作時間安排隨之而異，不過一般餐廳其排班大多三班及二班制為主，即早班與晚班或早、中、晚等三班。謹舉例說明如下。

目前一般國際觀光飯店各餐廳人員工作時間為：

■ 咖啡廳

1.早班：上午六點半至下午二點半。

2.中班：中午十二點至下午八點。

3.晚班：下午四點至凌晨十二點。

■ 酒吧

1.早班：上午十點至下午六點。

2.晚班：下午五點至凌晨十二點；或下午六點至凌晨一點。

■ 正式西餐廳或牛排館

1.早班：上午十點半至下午二點半，下午五點半至晚上十點半。

2.晚班：中午十二點至晚上九點。

■ 中餐廳

1.廣東菜兼茶樓及供早餐：

・早班：上午七點至下午二點半。

・晚班：下午二點至晚上十點。

2.江浙、川菜、湘菜館：

・早班：上午十點半至下午二點半，下午五點半至晚上十
點半。

・晚班：中午十二點至晚上九點。

■宴會廳

上班時間不一定，視當天所訂之宴會表為實施依據。

四、廚房工作人員之職責與工作時間

由於每家餐廳之組織系統並不相同，所以其廚房內部編制也
不一樣，不過一般而言，廚房人員大部分有主廚、副主廚、廚
師、切肉師、麵包師、助手等等（圖1-2），茲將其職責分別介紹
於後。

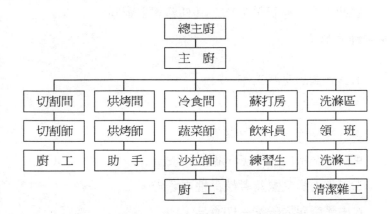

圖1-2　廚房組織系統圖

(一)廚房工作人員之職責

■ 主廚之職責

1. 負責菜單之製作及食譜之研究創新。
2. 每日菜單之各項食品價格擬訂。
3. 檢查食物烹調及膳食準備方式是否正確。
4. 檢查食物標準分量之大小。
5. 檢查採購部門進貨之品質是否合乎要求。
6. 須經常與餐飲部經理、宴會部經理及各部門經理聯繫協商。
7. 負責廚房新進員工之訓練及員工考評。
8. 負責廚房人事之任用及調配。
9. 參加例行餐飲部會議。
10. 直屬餐飲部經理負責。

■ 副主廚之職責

協助主廚督導廚房工作,其任務與主廚同。

■ 廚師之職責

1. 負責食品烹飪工作。
2. 爐前之前煮工作。
3. 各種宴會之佈置與準備。
4. 檢查廚房內之清潔、衛生與安全。
5. 工作人員調配及考核品性之報告。
6. 申領廚房內所需一切食品。
7. 直接向主廚負責。

■ 切肉師之職責

　　1.烹飪前之切割工作。

　　2.各類菜單上魚肉之準備工作。

　　3.調配工作。

　　4.申請所需物品，及直接向主廚負責。

■ 麵包師之職責

　　1.負責製作及供應餐廳麵包類。

　　2.負責製作及供應餐廳甜點類。

　　3.蛋糕及特定之點心類。

　　4.申請所需物品及製作數量之報告。

　　5.直接向主廚負責。

■ 助手員之職責

　　1.搬運清理工作。

　　2.準備遞送工作。

　　3.收拾剩品及整理工作。

　　4.副食品及佈置品之佈置工作。

(二)廚房工作人員之工作時間

　　廚房工作人員之工作時間均與餐廳服務人員之工作時間一樣，是採取輪班制，有些二班制，有些是早、中、晚等三班制。

註　釋

① 蘇芳基，《餐飲概論》（台北：自版，民81年），頁26。

② 林香君、高儀文，《餐飲實務》（台北：揚智文化，民88年），頁5。

③ 同註①，頁36。

④ 詹益政，《現代旅館實務》（台北：自版，民82年），頁275。

⑤ 葉英正，《餐飲服務須知》（台北：交通部觀光局）民73年，頁5。

⑥ 同註③，頁46。

第二章　餐廳的佈置與管理

◆餐廳的主題與佈置

◆餐廳與其他部門的聯繫

◆餐廳管理的內容

◆中、西餐廳的管理

餐廳是餐飲部的前台對客服務部門，處於餐飲經營的第一線。餐廳管理的好壞，直接影響到飯店的聲譽，關係到餐飲經營的成效。因此，作為餐飲部門的經理，必須了解餐廳管理的特點，建立起餐廳管理與服務的各項質量標準，合理地安排餐廳的組織機構，保證餐廳運作的正常進行。

在這一章裡，將具體闡述各類餐廳主題的確定方法和內部的設計與佈置，探討餐廳內部組織機構的設置和職責，介紹餐廳管理的各項具體內容。

「餐廳管理」是在餐飲部領導下，各類餐廳經理按實際情況執行計畫、組織員工、調配物資、擴大銷售、優質服務及職業培訓等多項工作的綜合。

第一節　餐廳的主題與佈置

一、餐廳主題的選擇

餐廳的主題與藝術作品的主題相仿，是餐廳服務內容的集中反映。它包括：

1. 確定餐廳的營業性質或功能，是作為風味餐廳還是宴會廳，是作為中餐廳還是西餐廳。
2. 表現餐廳的銷售內容和方式。
3. 明示餐廳的服務規格或水準。
4. 反映餐廳的技術能力和專長。

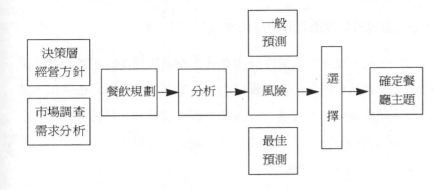

圖 2-1　餐廳主題選擇程序

　　餐廳主題的選擇正確與否，關係到餐廳經營的成效。餐廳中
獨特主題的餐廳，對國際旅客有極大的吸引力，因此，達到了投
資少、收益好的效果。餐廳主題選擇的成功，使該餐廳的經營如
同順水行舟，在市場競爭中取勝。

　　確定餐廳主題的過程中，還應考慮主、客觀條件。客觀條件
包括餐廳經營期間的社會、經濟形勢、氣候因素、客源狀況及地
理位置的分析。主觀條件包括餐廳的設施設備、資金財力、技術
力量等軟、硬體水準（圖2-1）。

二、餐廳的佈置

　　餐廳的佈置包括餐廳的門面（出入口）、餐廳的空間、座席
空間、光線、色調、音響、空氣調節、餐桌椅標準，以及餐廳中
客人與員工動線設計等內容。①

(一)餐廳店面及通道的設計佈置

目前，餐廳在店面設計與佈置上擺脫了以往封閉式的方法而改為開放式（圖2-2）。外表採用大型的落地玻璃使之透明化，使人一望即能感受到餐廳內用餐的情趣；同時注意餐廳門面的大小和展示窗的佈置，以及招牌文字的醒目和簡明。

■ 餐廳通道的設計佈置

餐廳通道的設計佈置應表現流暢、便利、安全，切忌雜亂。

■ 餐廳內部空間、座位的設計與佈局

餐廳空間：通常情況下，餐廳的空間設計與佈局包括幾個方面：(1)流通空間（通道、走廊、座位等）；(2)管理空間（服務台、辦公室、休息室等）；(3)調理空間（配餐間、主廚房、冷藏保管室等）；(4)公共空間（洗手間）。

餐廳內部的設計與佈局應根據餐廳房間的大小決定。由於餐廳內部各部門所占空間的需要不同，要求在進行整個空間設計與佈局規劃時，統籌兼顧，合理安排。要考慮到客人的安全性與便利性、營業各環節的機能、實用效果等諸因素；注意全局與部分間的和諧、均勻、對稱，表現出濃郁的風格情調，使客人一進餐廳在視覺和感覺上都能強烈地感受到形式美與藝術美，得到一種享受。

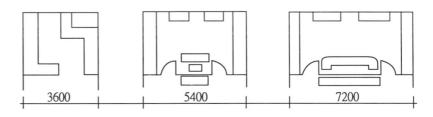

圖2-2　餐廳出入口之形式

餐廳座位：餐廳座位的設計、佈局，對整個餐廳的經營影響很大。儘管座位的餐桌、椅、架等大小、形狀各不相同，還是有一定的比例和標準，一般以餐廳面積的大小，按座位的需要作適當的配置，使有限的餐廳面積能極大限度地發揮其運用價值。

目前，餐廳中座席的配置一般有單人座、雙人座、四人座、六人座、圓桌式、沙發式、方形、長方形、家族式等形式，以滿足各類客人的不同需求。餐廳桌椅使用尺度如**圖2-3**所示。

■ 餐廳動線的安排

餐廳動線是指客人、服務員、食品與器物在餐廳內的流動方向和路線。

客人動線：客人動線應以從大門到座位之間的通道暢通無阻為基本要求，一般而言，餐廳中客人的動線採用直線型，避免迂

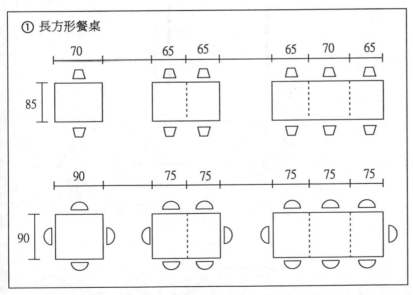

資料來源：Jack D. Dinemeier, *Planning and Control for Foad and Beverage Operations*, pp. 236-238

圖2-3　各式餐廳桌椅使用尺度

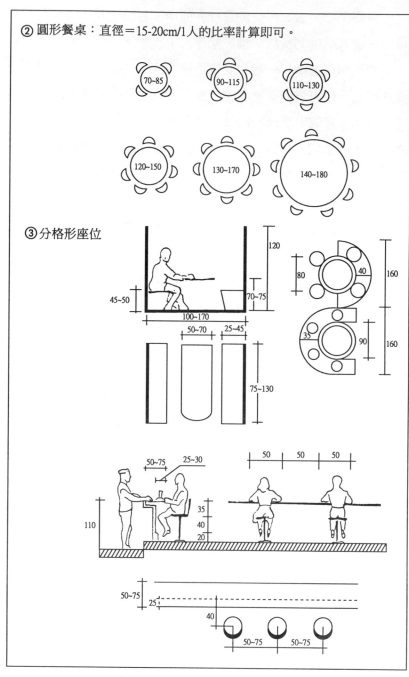

② 圓形餐桌：直徑＝15-20cm/1人的比率計算即可。

③ 分格形座位

（續）圖 2-3　各式餐廳桌椅使用尺度

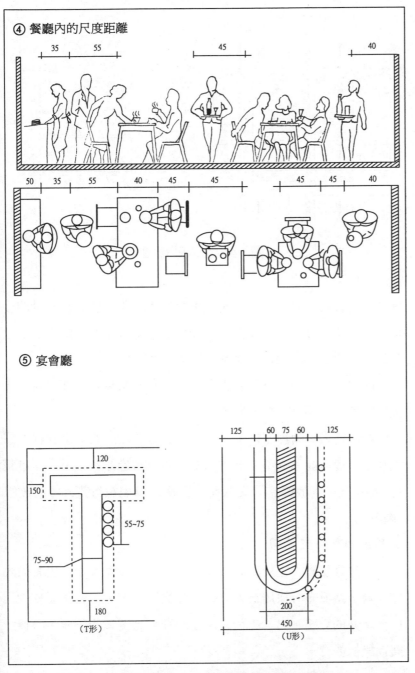

（續）圖 2-3　各式餐廳桌椅使用尺度

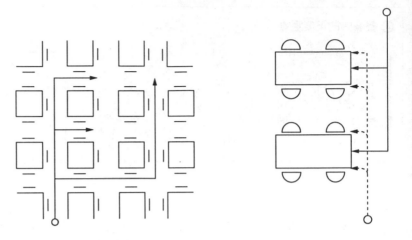

圖2-4　客人動線圖

迴繞道，任何不必要的迂迴曲折都會使人產生一種人流混亂的感覺，影響或干擾客人進餐的情緒和食欲，餐廳中客人的流通通道要儘可能寬敞，動線以一個基點為準（**圖2-4**）。

　　服務人員動線：餐廳中服務人員的動線長度對工作效益有直接的影響，原則上愈短愈好。

　　在服務人員動線安排中，注意一個方向的道路作業動線不要太集中，儘可能除去不必要的曲折。可以考慮設置一個「區域服務台」，既可存放餐具，又有助於服務人員縮短行走路線的動線（**圖2-5**）。

■ 餐廳的光線與色調

　　大部分餐廳設立於鄰近路旁的地方，並以窗代牆；也有些設在高層，這種充分採用自然光線的餐廳，使客人一方面能享受到自然陽光的舒適，另一方面能產生一種明亮寬敞的感覺，心情舒展而樂於飲食。

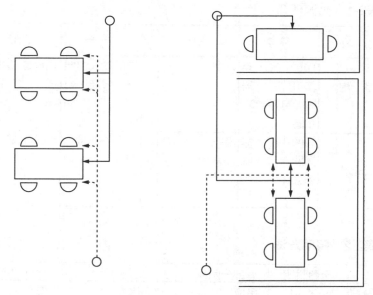

圖2-5　服務員動線圖

　　還有一種餐廳設立於建築物中央，這類餐廳須藉助燈光，並擺設各種古董或花卉，光線與色調也十分協調，這樣才能吸引客人注目，滿足客人的視覺。②

　　通常飯店餐廳所使用的光源佈置如下：

1.光源種類（**表2-1**）。

2.照明方法（**表2-2**）。

3.光度計算法：光度和距離的平方成反比。如兩支20W的日光燈，在二公尺距離發出一百燭光，而要達到二百燭光，則需一·四公尺。

　　餐廳入口照明是為了使客人能看清招牌，吸引注意力。它的高度以建築物的高低相適當，光線以柔和為主，使客人感覺舒適為宜。

表2-1　光源種類

類　　別	亮度	壽命	色彩	調光	用途	性能
燈　　炮	1	100小時，倘使用調光器時，可用400小時。	紅黃	可	使用於入口門廳、餐廳、廚房、洗手間處。	白燈是鎢絲製成，熔點甚高。
日光燈	3	3000小時，每開關一次，就縮短2小時壽命。	黃綠（也可出現紅橙黃色）	不可	使用於外燈、門燈、公用燈等。	即螢光燈

表2-2　照明方法

	全體照明	部分照明	全體照明	部分照明
種類	天花板燈	吊燈	壁內燈	托架燈
記號				
用途特性	種類繁多，有白燭燈和日光燈兩種，也有防爆性。	這種燈裝飾性簡單，是室內佈置常用燈，很少使用日光燈。	照明器不明顯，因為燈光不耀眼，所以室內有柔和感，但照明效果不太好，這類燈目前無日光燈。	活動空間，可以局部使用，門外、大門、通道等都可使用。

　　餐廳走廊照明，如遇拐彎和梯口，如果應配置燈光，燈泡只要20W至60W就夠了。長走廊每隔六公尺左右裝一盞燈，如遇角落區有電話或儲物，要採取局部照明法。

■ 光線與色調的配置要結合季節或餐廳主題

　　無論哪一種光線與色調的確立，都是為了充分發揮餐廳的作用，以獲取更多的利潤和給予客人更多的滿足（**表2-3**、**表2-4**）。

表2-3　按季節調整光度

季節	色調	光源（線）
春	明快	50-100燭光
夏	冷色調為主	50燭光
秋	成熟強烈色彩	50-100燭光
冬	暖色調為主	100燭光

表2-4　不同類餐廳的照度

餐廳	色調	光源（線）
豪華型	軟暖或明亮	50燭光
正餐	橙黃、水紅	50-100燭光
快餐	乳白色、黃色	100燭光

表2-5　不同季節的溫度與濕度

溫度（攝氏）	溫度（攝氏）	與室外濕度比例
25℃	22℃	65％
26℃	23℃	65％
28℃	24℃	65％
30℃	25℃	60％
35℃	29℃	60％
-10℃	1-5℃	45％
-50℃	5℃	50％

(二)空氣調節系統的佈置

　　客人來到餐廳，希望能在一個四季如春的舒適空間就餐，因此室內空氣與溫度的調節與餐廳的經營有密切的關聯。

　　餐廳的空氣調節受地理位置、季節、空間大小所制約。如地處熱帶的餐廳，沒有一個涼爽宜人的環境，不可能客人盈門。雖然空氣調節設備費用貴，只要計畫安排得當（**表2-5**），總是收入大於支出的。

(三)音響

飯店根據營業需要，在開業前就應考慮到音響設備的佈置。

音響設備也包括了樂器和樂隊。高雅的餐廳中，有的在營業時，有人演奏鋼琴；有的餐廳營業時播放輕鬆愉快的樂曲；也有這樣的餐廳，有樂隊演奏，歌星獻唱，客人自娛自唱。有時餐廳會場還要為會議提供七種以上的同步翻譯的音響設備。作為餐飲部經理，還可根據餐廳主題，按客人享受需要，在營業時增添必要的音響設備，提高經濟效益。

(四)非營業性設施

餐廳中常設有非營業性公共設施，以便利客人。

■接待室

接待室的設立是為了在餐廳客滿時，客人不必站立等候，可以在設備舒適的地方休息。接待室提供給客人消遣的設施，如電視機、報刊、雜誌等，如有可能還可設立一個小酒吧；如接待空間較寬，必要時還可作為小型會議場所。

■衣帽間

通常設在靠近餐廳進口處。

■洗手間

評估一個好的餐廳是從裝潢最好的洗手間開始，因為任何人都可以由洗手間的整潔程度來判斷該餐廳對於食物的處理是否合乎衛生，所以應特別重視。洗手間的設置應注意：

1.洗手間應與餐廳設在同層樓，免得客人上下不便。

2.洗手間的標記要清晰、醒目（要中英對照）。

3.洗手間切忌與廚房連在一起，以免影響客人的食欲。

4.洗手間的空間能容納三人以上。

5.附設的酒吧應有專用的洗手間，以免客人飲酒時跑到別處去洗手。

■ 其他

要在餐廳方便處設置專用的電話服務，以便利客人，並且選擇恰當的地方安置收銀結帳處。

第二節　餐廳與其他部門的聯繫

餐廳作為飯店第一線的銷售窗口，和樹立飯店餐飲部聲譽的部門，在它的運轉中，必須取得各方面的支持和配合，才能達到預期的目標，這就需要餐廳人員主動熱情處理好與各方面的關係，加強與各有關部門的聯繫，相互溝通訊息，融洽雙方感情，以求得雙方相互支持與理解。

一、餐廳與廚房的聯繫

餐廳與廚房是不可分割的兩個環節，它們是前台與後台的關係。

客人在餐廳進餐時發生的情況，如菜鹹、菜淡、不新鮮、菜價貴、湯飯冷要求返燒，或客人因有急事要求提前進餐等情況，都要廚房進行及時的密切配合，協調一致，否則會影響服務品質、飯店聲譽和營業收入。因此，餐廳與廚房要經常進行交流，

互通訊息，融洽關係，使服務品質和菜餚品質不斷提高。③

二、餐廳與餐務部的聯繫

餐務部是餐飲部領導的一個部門，也是協助餐廳完成各項服務工作的後勤保障部門。餐廳中一切衛生清潔用具、玻璃器皿、金銀銅器、服務用具和物品等，都靠餐務部保管和提供。特別在重大任務、重大宴會時，餐廳要求餐務部要保證供貨管道暢通。餐廳若要添置物品要及時通知餐務部進行採購。

三、餐廳與飲務部的聯繫

飲務部是餐飲部領導的一個部門，專門負責酒和飲料的銷售管理，餐廳經營酒吧、飲料銷售和推廣，需依賴飲務部門。特別是舉辦各種形式和規模的宴會和酒會，對酒類服務要求高水準。

但有些餐廳未設酒吧，飲務部就可直接為客人提供服務。因此餐廳和飲務部應經常互通有無，加強合作。

四、餐廳與餐飲部辦公室的聯繫

餐飲部辦公室是上下級關係。餐飲部經理制定的餐飲部整體營銷計畫透過辦公室下達給餐廳經理；餐廳經理根據餐飲部整體營銷計畫負責實施落實。餐廳經理在實施營銷計畫過程中，對客人提出和工作人員請示有關問題不能作決定時，要及時向餐飲部辦公室請示報告，由餐飲部辦公室研究解決。餐廳經理還可透過餐飲部辦公室與其他有關部門進行協調，處理好餐飲工作中所遇

到的一系列問題。

五、餐廳與財務部的聯繫

財務部是管理餐廳營業收入的部門，它對餐廳的營業收入起監督作用。餐廳每天的營業收入與小票帳冊由餐廳帳台每天向財務部交納。企業的規定和政策透過財務部及時向餐廳帳台傳達。

六、餐廳與工程部的聯繫

工程部對餐廳的照明、供水、空調、冷凍等設備的維修保養直接負責。

七、餐廳與安全部的聯繫

餐廳營業中出現的治安問題，應及時向安全部或警衛室報告，取得支持，及時解決。

第三節　餐廳管理的內容

餐廳是餐飲部進行菜餚、飲料銷售的窗口。儘管有的度假型飯店強調餐廳營業委託客房銷售，而不斤斤計較其盈利的高低，但是，多數飯店的餐廳是餐飲部經濟收入的主要來源，力求最大限度地獲取盈利。餐廳管理能否卓有成效，關係到整個餐飲部的聲譽。

餐廳管理，是在餐飲部領導下按不同餐廳的經營特點，執行既定的計畫，組織並運用各種人、財、物等資源，作好菜單的籌畫，作好銷售、服務，以及財務、成本控制和衛生、培訓等各方面的工作，以提高餐廳經濟收入。

餐廳除了最重要的菜單計畫以外，在計畫管理中應熟悉下面幾項工作。

一、確定標準和標準程序

經管人員需首先確定衡量經營實績的各種標準：

1. 質量標準：包括原料、產品和工作質量標準。從某種意義上講，確定質量標準是一個評定等級的過程。
2. 數量標準：指重量、數量、分量等計量標準。例如每客菜餚的分量、每杯飲料的容量，以及職工生產產量等。
3. 成本標準：通常稱作標準成本。
4. 標準程序：指日常工作中，生產某種產品或從事某項工作應採用的方法、步驟和技巧。
5. 物資損耗標準：包括對各種餐具、容器和棉織品等等，規定一個最高損耗率，加強日常監督與考核。

二、銷售史資料

銷售史資料是一種記錄菜單上各種菜餚售出客數的書面資料。經管人員應反覆向服務人員強調客帳單上的字跡必須端正，以便在銷售史資料上正確地記錄有關訊息。

(一)建立銷售史資料的意義

1.建立準確的銷售史資料，有助於總結餐廳經營上的經驗，不斷提高餐飲經營的水準。

2.銷售史資料是餐廳經營中進行預測的依據，有利於加強計畫管理，提高預測的準確性。

3.透過銷售史資料記載客人對飯店飲食產品的反映，可以幫助餐飲部經管人員合理地調整菜單的品種結構，針對自己的飲食產品作最佳的組合。

4.銷售史資料還有助於在管理中作為各部門和個人考核的依據，有助於對飲食成本的控制。

(二)銷售史資料編排的方法和內容

1.按經營期編排。例如，以一週為一個經營期，在同一頁或一張檔案卡上填寫每天的銷售量。

2.按工作日編排。例如，可對幾個星期的星期一的銷售量進行比較（**表2-6**）。

3.按主菜菜餚編排。這樣，可根據某一菜餚在連續的一段時內的銷售量，判斷這種菜餚是否暢銷對路（**表2-7**）。

在銷售史資料記錄上，還應記錄對銷售量會產生影響的其他訊息。如天氣狀況、特殊事件、登記住店的客人人數等。

在銷售史資料中，除了記錄各種菜餚售出客數之外，還計算各種菜餚的銷售量在總銷售量中所占的百分比，通常又稱作適銷指數。

表2-6　按工作日編排的銷售史資料

銷售史資料						星期	
天氣	多雲		晴				
日期	2月1日		2月8日		2月15日		2月22日
菜餚	售出客數	占總銷售量%	售出客數	占總銷售量%	售出客數	占總銷售量%	
A	75	25.0	72	23.1			
B	60	20.0	65	20.8			
C	9	2.0	20	5.4			
D	156	53.0	155	49.7			
合計	300	100.0	312	100.0			
備註							

表2-7　按主菜菜餚編排的銷售史資料

銷售史資料（油炸雞）							
日期	星期	售價（元）	午餐		晚餐		備註
			售出客數	占總銷售量%	售出客數	占總銷售量%	
8月1日	1	2.00			40	20	剩餘5客
8月3日	3	2.00			40	18	7:15售完
8月5日	5	1.25	25	12	15	5	特殊菜餚
8月8日	1	2.00			50	22	剩6客

三、生產計畫表

　　餐飲經管人員應使用各種可以獲得、適用的資料，對今後各種菜餚的銷售量作出預測。如果經管人員能相當精確地預測銷售量，就能制定正確的生產計畫。

　　業務部門負責銷售預測工作。他根據銷售史資料進行分析，並考慮環境因素，對某一天或某一餐的客人人數及總銷售量進行預測。

　　經管人員應將銷售預測數通知有關人員。這樣，餐廳經理就

表2-8　生產計畫表

星期二				日期1995年2月18日				晚餐	
				預測總銷售量305客					
菜餚	預測數	預測調整數	每客分量	生產方法	現有客數	需生產客數	可供出售客數	剩餘客數	
A	75	80	200克	標準菜譜第62號	-	80	80	0	
B	60	65	250克	標準菜譜第4號	5	60	65	5	
C	20	20	150克	標準菜譜第19號	-	20	20	0	
D	150	165	375克	炙	20	145	165	6	
	305	330							

能更好地安排員工的工作時間，作好人工成本控制；主廚就能更好地估計需要多少廚工，了解領取多少原料；採購人員就能更好地決定應採購多少數量的食品原料。

　　餐廳經理或其他經管人員經常編制生產計畫表，在生產計畫表上列明各種菜餚名稱與業務部門預計的銷售量（**表2-8**）。

　　經管人員或業務應儘可能提前幾天編制好生產計畫表，並儘早交給主廚。其目的在於透過制定生產指標，防止花費過多食品成本，作好控制工作。

　　在理想的條件下，生產量應和銷售量相等，而不會有剩下的菜餚。雖然這一點很難做到，但經管人員仍然應該將精確地預測銷售量作為努力的目標。

四、餐飲部銷售預算的方法

　　客房部銷售預算中的某些預測，可以作為飲食部銷售預算的前提。除此之外，飲食部還要考慮到外來就餐客人和其他訂餐業務，並確定每月的就餐人數，其中包括店客和外客。預測時可根

據過去的經驗並參考企業統計中的預測因素，例如80％的住店客人在飯店吃早餐，其中的40％在房間，60％在餐廳就餐。

就餐人數確定之後，著手確定各就餐時間的預期價格水準，同時還應考慮到將來提供的可能性。每餐（早、午、晚）的人均消費乘以每月預期的就餐人數，就是預期的月食物銷售額。

確定飲料銷售額，主要是根據過去的數據，應用飲料與食物的銷售額比率這個公式。把飲食部的各項分支彙總起來，就得出下一年度食物與飲料的銷售淨額（即不包括服務費）預算。

第四節　中、西餐廳的管理

一、中餐廳的管理

餐飲部經理要指導餐廳經理加強對中餐廳的管理。促使中餐廳經理能明確中餐廳的管理特點，其中包括餐廳人力、物力、財力資源和供應、生產、銷售等方面，確立符合客觀需求的管理思想、管理方法和具體措施。並應督促中餐廳經理有計畫、有重點、有步驟地做好以下各項具體工作。

(一)周詳餐廳的工作計畫

制定年度、季度，以至每個月、每週的工作計畫，透過計畫來進行餐廳的科學管理。

(二)加強對餐廳內的人力資源管理

對員工進行分工，根據員工的特點來進行工作配置。開展有計畫的培訓，對新進員工實施職前的培訓和考核。對職位上的業務幹部進行培養，大膽使用。對餐廳員工要求嚴格執行規章制度，又要運用激勵手段，加強人際溝通。使員工在良好的餐廳環境裡凝聚成具有團隊精神的團體。

(三)制定職位規範的工作程序

例如餐廳領班的職責範圍：

1.了解掌握住店客人的人數與用餐要求，向應接和服務員宣布當天當班任務。
2.檢查服務人員的儀表儀容，督促服務員做好餐廳清潔工作和餐具、酒具等物品的準備工作。
3.注意餐廳動態，指揮服務員有條不紊地工作，妥善處理餐廳發生的各種問題。
4.定期檢查、清點餐廳設備財產，確保餐廳安全。
5.掌握服務員的出勤情況和平時工作表現，定期向餐廳經理報告。

(四)制定完善的操作程序

■ 迎接客人，引領客入座

當客人進入餐廳時，由領台服務員在餐廳入口處熱情迎接，安排客人入座。這種服務規格能使客人對餐廳留下第一好印象。迎客時要禮貌問候，請問有幾位客人和是否預訂過席位。

■送上菜單，接受點菜

　　客人入座後，值台服務員應從主客左邊遞上菜單，並自然地站在客人左後側，書寫客人的點菜。在接受客人點菜時，服務員要按不同對象進行菜餚飲料的推薦，並注意推薦介紹的語言要能使客人滿意。

■掌握上菜時機

　　安排好上菜上飯時間，為客人提供恰當的服務，要掌握兩方面狀況，即客人進餐速度和廚房烹調速度。

■按規格和程序上菜和派菜

　　中餐廳的上菜程序是：冷盤、熱炒菜、羹類、菜湯類、點心、炒飯、甜品、水果（粵菜先上羹）。

　　中餐廳的分菜程序是（宴會廳用）：(1)先賓後主、先女後男。按順時針方向繞台進行；(2)桌面上有轉台，服務員可輕撥轉台，把菜調至所需位置進行分菜；(3)目前也有的飯店讓分菜員先把菜餚送上桌面，向客人介紹後，放到落台上進行分配，按程序把大盤和大碗中分好的菜送給客人食用。

■對特殊的客人進行照顧

　　對年幼兒童要注意照顧，對殘疾人或年老體弱客人要主動扶持照顧。

■餐廳結帳，熱情送客

　　服務員按客人示意，到收銀處提取帳單交給客人。在收取錢款時應有禮貌用語，在將餘款交送客人後應說聲謝謝。當客人離座時，立即拉椅方便客人行走。根據情況目送或隨送客人到餐廳門口或掛衣帽處，熱情幫助穿戴。如客人在餐後需休息片刻，服務員要端茶給客人，客人走時，應拉門告別並表示歡迎客人再度光臨。

二、西餐廳的管理

餐飲部經理應從國內飯店西餐廳經營現況出發，採取積極措施，加強對西餐廳的管理。並重點做好：

1. 對西餐廳經理開展強化培訓，使之了解國外西餐經營管理現狀和發展趨勢，接受國外西餐廳的管理理念，學習先進的管理經驗，增強西餐銷售觀念，不斷提高外語水準。

2. 提高西餐廳的菜餚品質和西餐廳的服務品質，提供正宗西餐，能適應外賓的口味和心理，能滿足貴賓的消費需要，能保持高層次消費的客源量。

3. 分析市場的特點，調查消費者的需求，開拓和擴大西餐廳的客源，增加或更新西菜菜餚的品種和服務形式，爭取進一步提高西餐廳的營業額。

4. 西餐廳的經理既要根據餐廳管理的內容和方法的一般規律，又要根據西餐廳的特殊規律，做好以下工作：

    · 按西餐的美式服務、法式服務、俄式服務的不同特點，開展西餐廳全員培訓和考核，紮紮實實地提高服務員外語水準和服務水準，使之適合外賓要求。

    · 添置西餐廳經營需要的保溫設備和專用餐車等物品。

■ 傳統西餐菜單

1. 冷小吃（冷盤）（cold hors d'oeuvre）。
2. 熱小吃（hot hors d'oeuvre）。
3. 湯（soups）。

4.魚（fish）。

5.主菜（main dish）。

6.外加熱菜（hot extra dishes）。

7.外加冷菜（cold extra dishes）。

8.烤食與沙拉（roasts and salads）。

9.蔬菜（vegetables）。

10.糕餅和甜點（pastries and desserts）。

11.乳酪（cheese）。

12.水果（fruit）。

13.飲料（beverage）。

三、客房餐飲

這是應住店客人提出的要求，把菜餚送到客房，滿足客人用餐需求的一種服務方式。

飯店星級評定標準中規定：三星級飯店客房內要備有飲料單和菜單，十八小時向客人提供中式、西式早餐或便餐等送餐服務，並有可掛置門外的送餐牌。四星級飯店要二十四小時為客人提供中、西式早餐、正餐等的房內用餐服務。正式菜不少於十種，飲料品不少於八種，甜食不少於六種。規定了房內用餐的內容和標準，餐飲部經理要做好提高房內用餐的服務品質，應加強下列幾個方面的管理：

1.設專門機構。按編制定員額，餐飲部設客房用餐專門機構，由專人負責、設專線電話承接這種服務。

2.加強房內用餐餐單的籌畫與設計。制定方便客人並適應他

們需要的中西式早餐、便餐、正餐菜單；菜單還應按時令進行變動。

3.在物質條件上，要進行投資。添置必要的保溫、清潔衛生用具，指定確保安全、衛生的電梯來載送房內用餐餐車、餐具，以免食品受污。

4.透過實行，制定出規範和工作規程：

· 房內用餐主管、廚師、服務員、訂餐員崗位職責。

· 預定用餐方式和程序。

· 送餐服務員進出客房規定要求。

· 客房用餐結帳規定。

註　釋

① John, F. and Charles, A. *Guide to Kitchen Management* （New York: Van Nostrand Reinhold Company, 1985），pp.26-38.

② 同註①，p.165.

③ 同註①，p.263.

第三章　廚房規劃與管理

◆廚房規劃的目標

◆廚房佈局與生產流程控制

◆廚房設備的設計

◆廚房作業人員人體工學之考量

◆中式廚房設備

◆西式廚房設備

廚房生產管理是餐飲管理的重要組成部分，廚房是飯店向客
人提供食品的生產部門，廚房生產對餐飲經營至關重要。廚房生
產的水準和產品質量，直接關係餐飲的特色和形象。高水準的餐
飲生產既反映了餐飲的等級，又可以體現餐飲的特色。此外，廚
房生產還影響到經營的效益，因為產品的成本和盈利很大程度上
受生產的支配，控制生產過程的成本浪費，可以獲得滿意的盈
利。良好的管理是廚房生產獲得成功的基本要素，優良產品的提
供，不僅僅是優質的原料和高超的技藝所能達到的，有優質原
料，有技藝精湛的名廚師，這只是作好生產的基本條件，只有科
學的管理才是生產獲得成功的保證。廚房生產管理必須保證隨時
滿足客人對菜餚的一切需求，必須及時地提供適質適量的優質產
品，必須保持始終如一的產品形象。提供的產品還必須保證衛生
安全，並且能獲得最佳的盈利。

第一節　廚房規劃的目標

　　一個好的規劃工作大體上來說是指能符合相關人員最大的方
便程度而言，其主要目標應為：

1. 收集所有相關的佈置意見。
2. 避免不必要的投資。
3. 提供最有效的空間利用。
4. 簡化生產過程。
5. 安排良好工作動線。
6. 提高人員生產效率。

7.控制全部生產品質。

8.確保員工在作業上的環境衛生良好及安全性。

上述幾項目標須由規劃人員與負責管理及有關現場人員一齊來搭配合作完成，整個規劃進度應適時地整體配置，規劃過程中所決定的一切設計將依其資料而作，而進行設計前對計畫過程中收集的資料應作徹底分析，雖說在規劃的過程中，時間與金錢必然所費不貲，但長期而言卻是重要且必須做的。

一般餐飲廚房規劃人員往往忽略了計畫過程的參與而直接進入實務規劃，因為沒有足夠的資料評估，導致一些廚房有充足的設備卻無用武之處，或是開始營運時發現設備不足、必須更換等重大缺失。其實廚房的規劃設計在營運計畫中必須做一個非常謹慎的分析以決定需求量，要考慮到目標、實際大小和經營方式、服務方式、顧客人數、營業時間、菜單設計及內容、未來的需求和趨勢分析，甚至增加產能等問題，也要包括品質的標準維持及整體的財務情況，而設備規劃的需求方面，尤其要注意不要因短期需求購買備用設備。如果規劃人員為未來的需求而在此時即採購設備，那浪費的投資額將難以計算。通常我們到一般廚房內經常看到一些未用到的設備區域，那就是因為規劃人員與實際經營人員的溝通不良所造成的。

一、影響廚房規劃的因素

廚房的內部環境不僅直接影響工作人員的生活、健康狀態，亦會影響到食品原料的儲藏與調理。如果環境不良易使工作人員產生容易疲勞、抵抗力弱、工作效率減低等不良後果，亦會使食

表3-1 日本對於廚房面積的概算值

廚房種類	A類 廚房面積	B類 衛生設施、辦公室 機電室等公共設施	C類 條件
學校	0.1㎡／兒童（人）	0.03㎡ - 0.04㎡／兒童（人）	兒童700 - 1000人
學校	0.1㎡／兒童（人）	0.05㎡ - 0.06㎡／兒童（人）	兒童1000人以上
學校	0.4 - 0.6㎡／人	0.1 - 0.12㎡／人	人數700 - 1000人
醫院	0.8 - 1.0㎡／床	0.27 - 0.3㎡／床	300床以上
小型團膳	0.3㎡／人	3.0 - 4.0㎡／從業人員（人）	50 - 100人
工廠	供應場所1/3 - 1/4	無其他公共設施	100 - 200人
一般餐館	供應場所1/3	2 - 3.0㎡／從業人員（人）	
西餐廳	供應場所1/5 - 1/10	2 - 3.0㎡／從業人員（人）	

品易受污染或促進細菌繁殖而使品質變差。影響環境的主要因素有溫度、濕度、氣流、換氣、二氧化碳濃度、落塵、空中落菌與照度等。交通部觀光局所訂的廚房面積計算方法，廚房約為供餐場所面積三分之一較為合理。台灣省公共飲食場所衛生管理辦法內所訂的十分之一則顯得過於擁擠，操作上會有困難。例如，營業場所若為一百坪，廚房只有十坪，那是絕對不可行的。日本對於廚房面積的概算值，則可參考**表3-1**。

由上述敘述所得的結論是：(1)十分之一的比例僅適用於使用半成品較多的西餐廳；(2)中餐廳廚房面積仍以實際需要為決定原則，否則仍應以三分之一比例為考慮。

二、廚房與供膳場所氣流的壓力

當客人進入餐廳時，在外場聞到內場烹飪的味道，是絕對要避免的。若在外場聞到烹飪的味道，則表示外場壓力降低，此時廚房的壓力遠大於外場的壓力，使得氣流由廚房流向外場，顯示

廚房排油煙機必定功效不彰，油煙到處飛揚，自然就會聞到烹飪的味道。有這種情況的餐廳一定不衛生。

對於一個餐廳經營者來說，外場空氣一定是最清潔的，因而若外場一直保持正壓，會有如下的優點：

1.當客人進來時，會給予客人一種涼快的感覺。
2.由於氣流往室外吹，因而可以防止灰塵、蚊子、蒼蠅等小病媒的入侵。
3.降低廚房的溫度。
4.調節廚房污濁的空氣。

三、其他基本設施

(一)牆壁和天花板

所有食品調理處、用具清潔處和洗手間的牆壁、天花板、門、窗均應為淺淡色、平滑及易清潔的材料，同時天花板應選擇能通風、能減少油脂、能吸附濕氣的材料。

(二)地板

餐廳裡（無論是調製室、儲藏室、用具清潔室、化妝室、更衣室以及洗滌室）的地板都應以平滑、耐用、無吸附性以及容易洗滌的材料來鋪設；調理場所的地板尤應注意鋪設不易使人滑倒的材質，如混凝土、磨石子、陶瓷磚、耐用的油氈或塑膠、注入塑膠的堅固木頭。容易受到食品濺液或油滴污染的區域，地板應該使用抗油質材料。此外地板鋪設時應注意斜度以利排水，每公

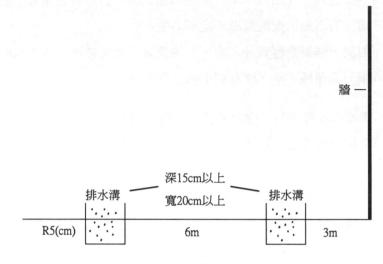

圖 3-1 排水溝的相關規定

尺的斜度在一‧五至兩公分間。

(三)排水

　　排水溝設置位置應距牆壁三公尺，而兩排水溝之間距離為六公尺，排水溝之寬度應在二十公分以上，而深度至少十五公分，水溝底部之傾斜度應在2/100至4/100公尺，排水溝底部與溝面連按部要有五公分半徑的圓弧（R）（圖3-1），材質為易洗、不滲水、光滑之材料。同時排水溝應儘量避免彎曲。溝口應有防止昆蟲、鼠侵入及食品殘渣流出的裝置，排水溝口附近應設置三段不同濾網籠及廢水處理過程，並要有防止逆流設施。開放式水溝要有溝蓋。

(四)採光

　　要有足夠的照明設備以提供足夠的亮度，所有工作台面、調

理台面、用具清潔處、洗手區及盥洗室光度應在一百米燭光以上。尤其調理台面與工作台面光度為二百燭光以上，愈高愈好。

(五)通風

要有足夠的通風設備，通風排氣口要有防止蟲媒、鼠媒或其他污染物質進入的措施。同時通風系統應符合政府規定的需求，排氣時才不會製造噪音，並且應裝設廢氣處理系統。

(六)盥洗室

應有足夠的盥洗設備以敷人們使用，作業人員應有專用的盥洗室，所有的盥洗室均應與調理場所隔離，其糞池更應距水源二十公尺以上。盥洗室所採用之建材應為不透水、易洗、不納垢之材料，其設計也是很重要的，除必須是沖水式的外，門也應為自動關閉式的，以保隨時關著的狀態，並應有一切防蟲、鼠進入的措施，以免病媒任意出入，造成污染。最後並應有流動自來水、洗潔劑、烘手器或擦手紙巾等洗手設備。

(七)洗手設備

洗手設備應充足並置於適當場所，且應使用易洗、不透水、不納垢之材料建造，並備有流動自來水、洗潔劑、消毒劑、烘手器或擦手設備。

(八)水源

要有固定水源與足夠的供水量及供水設施。凡與食品直接接觸之用水應符合飲用水水質標準。水管應以無毒材質架設，蓄水池（塔、槽）應加蓋且為不透水材質建造。

第二節　廚房佈局與生產流程控制

　　合理的廚房佈局與優質的食品、高超的烹飪技術在生產中是同等重要的。因為廚房生產的工作流程、生產質量和勞動效率，在很大程度上受佈局所支配。佈局的可行性直接關係員工的工作量和工作方式。這些又影響到員工的工作態度。另外，還關係到部門之間的聯繫和投資費用等。所以餐飲經理必須懂得廚房的規劃佈局，避免生產流程的不合理和資金浪費，保證滿足生產的要求。

一、廚房佈局

　　廚房佈局就是根據廚房的建築規模、形式、格局、生產流程及各部門的作業，確定廚房內各部門的位置，以及設備和設施的分布。實施佈局，必須對許多因素加以考慮，從而才能達到合理佈局的目的。

(一)影響佈局的因素

　　1.廚房的建築格局和大小：即場地的形狀、房間的分隔格局、實用面積的大小。

　　2.廚房的生產功能：即廚房的生產形式，是加工廚房還是烹調廚房？是中餐廚房還是西餐廚房？是宴會廚房還是快餐廚房？是生產製作廣東菜還是江浙菜？廚房的生產功能不

同，其生產方式也不同，佈局必須與之相適應。

3. 廚房所需的生產設備：即需要佈局的設備有哪些？這些設備的種類、型號、功能、所需能源等情況，決定著擺放的位置和占據的面積，影響著佈局的基本格局。

4. 公用事業設施的狀況：即電路、瓦斯、其他管道的現狀。佈局必須注意這些設施的狀況，在公用事業設施不方便接入的地區，安裝佈局設備是很高費用的，所以在佈局時，對事業設施的有效性必須作估計。

5. 法規和政府有關執行部門的要求：如《食品衛生法》對有關食品加工場所的規定，以及衛生防疫部門、消防安全部門、環保部門提出的要求。

6. 投資費用：即廚房佈局的投資多少，這是一個對佈局標準和範圍有制約的經濟因素，因為它決定了用新設備還是改造現有的設施，決定了重新規劃整個廚房還是僅限於廚房內特定的部門。①

(二)廚房佈局的實施目標

為了保證廚房佈局的科學性和合理性，廚房佈局必須由生產者、管理者、設備專家、設計師共同研究決定，並保證達到下列目標：

1. 選擇最佳的投資，實現最大限度的投資收回：如設施費用要保持低開支，可選擇耐用性的材料，可有效地利用能源。

2. 滿足長遠的生產要求：要能從全局考慮，對廚房與餐廳的比例、廚房內部的格局，要根據將來的發展規劃，留有足

夠餘地。

3.保障生產流程的順暢合理：生產中的各道加工程序，都應
　順序流向下一道程序，避免回流和交叉。

4.簡化作業程序，以利提高工作效率：部門和設備的佈局，
　要方便生產操作，避免員工在生產中多餘的行走。

5.要能為員工提供衛生、安全、舒適的作業場所，符合衛生
　法規，符合勞動保護和安全的要求。

6.設備和設施的佈局，要便於清潔、維修和保養。

7.要使員工容易受到督導管理：如主廚辦公室應能觀察到整
　個廚房的工作情況。同一部門的崗位應佈局在一定範圍
　內。

8.保證生產不受特殊情況的影響：如選擇使用多種能源，在
　瓦斯管道檢修停氣時，仍然有其他能源代替生產。在一道
　線路停電時，另一道線路能保證照明正常等。

二、廚房的格局設計

　　廚房係烹飪調理生產單位，關於廚房之格局設計必須根據廚
房本身實際工作負荷量來設計，依其性質與工作量大小作為決定
所需設備種類、數量之依據，最後才決定擺設位置與地點，務使
發揮最大工作效率為原則。以前老式廚房因為當時科技不發達，
廚房空調系統不佳，致使整個廚房主要烹飪作業全部匯集於中央
通風管罩下，或沿廚房牆邊的通風罩下工作，然而今日這些技術
性之障礙與問題均不復存在，因而使得廚房在規劃設計時更富彈
性變化。目前歐美廚房格局設計之樣式雖多，但主要有四種基本

型態：(1)背對背平行排列；(2)直線式排列；(3)L型排列；(4)面對面平行排列。茲分述於下：

(一)背對背平行排列（又稱島嶼式排列）

此型式係將廚房主要烹飪設備以一道小牆分隔為前後兩部分，其特點係將廚房主要設備作業區集中，僅使用最少通風空調設備即可，最經濟方便，此外它在感覺上能有效控制整個廚房作業程序，並可使廚房有關單位相互支援、密切配合。

(二)直線式排列

此型式排列之特點，係將廚房主要設備排列成直線，通常均面對著牆壁排成一列，上面有一長條狀之通風系統罩，與牆面成直角固定著，此型式適於各種大小餐廳之廚房使用，不論肉類、海鮮類之烹飪或煎炒，均適於此型式，操作方便、效率高。

(三)L型排列

此型式廚房之設計係在廚房空間不夠大，不能適用於前面兩種型態時採用。它係將盤碟、蒸氣爐那部分自其他主要烹飪區如冷熱食區等部分挪移成L型，此類格局設計適用於餐桌服務之餐廳。

(四)面對面平行排列

此型式廚房設計係將主要烹調設備面對面橫置整個廚房中間，它將二張工作台橫置中央，工作台之間留有往來交通孔道，此處之烹調及供食不依直接作業流程操作，它適用於醫院或工廠公司員工供餐之廚房使用。

第三節　廚房設備的設計

　　設備考慮上除了要顧及業者的希望，如持久性、多功能、使用容易、維護簡單及便宜等因素外，尚要兼顧衛生上的要求，如易清洗、不會藏污納垢且可以保護食品不受污染等因素。即是要以法令規章為原則，並兼顧業者的利益來設計。

一、基本原則

1. 正常情況及操作下，所有的設備應是持久耐用、抗磨損、抗壓力、抗腐蝕且耐磨擦。
2. 設備應簡單並可有效發揮其功能。同時設備並不一定是固定不動的，只要它能易於清洗與維護，那麼分解、拆卸亦無所謂。
3. 食品接觸的設備表面平滑，不能有破損與裂痕，要有良好的維護並隨時保持清潔。
4. 與食品接觸表面接縫處與角落應易於清潔。
5. 與食品接觸面應以無吸附性、無毒、無臭，不會影響食品與清潔劑的材料。
6. 與食品接觸面都應是易於清潔和檢查的。
7. 有毒金屬如汞、鉛或是它們的合金類均會影響食品的材料，絕不可使用，劣質塑膠材料亦相同。
8. 其他不與食品接觸的表面，若易染上污漬，或需經常清洗

的設備表面，應該是平滑、不突出、無裂縫、易洗並易於
維護的。

二、安裝與固定

1.置於桌上或櫃台上的設備，除非可迅速移開，否則應將之
　固定在離桌腳至少四吋的高度，以便於清洗。
2.地面上的設備，除了可以立即移開者外，應把它固定在地
　板上或裝置在水泥台上，以避免液體滲出或碎屑落在設備
　的下面、後面或不易清潔、檢查的空間裡。設備的中間、
　後面和旁邊都要留有足夠的空間以利清洗。
3.介於設備與牆壁間的走道或工作空間，不可堵塞，並要有
　足夠的寬度供工作人員清洗。
4.固定方法：由於高度、重量等種種因素，不見得每種設備
　都能按計畫來安裝，因此必須明瞭各種固定方法。一般固
　定方法有下列幾種（**圖3-2**）：
　‧地面固定：當設備無腳架或腳輪時，必須直接裝置於地
　　面或台座上，接觸面四周必須以水泥密封。
　‧水泥底座：有許多設備必須裝置在水泥底座上，這樣可
　　以減少清潔面積。底座高至少兩吋，與地面接觸應為至
　　少四分之一吋（**26.4mm**）的圓弧面。不靠牆或其他邊
　　需超出底座二‧五至十公分。設備底下凹陷部分之開口
　　及底座與設備間必須為密合以防止害蟲進入。若有空
　　隙，易成為昆蟲之居所，因此必須用封固劑（樹脂、蠟）
　　將其填封。

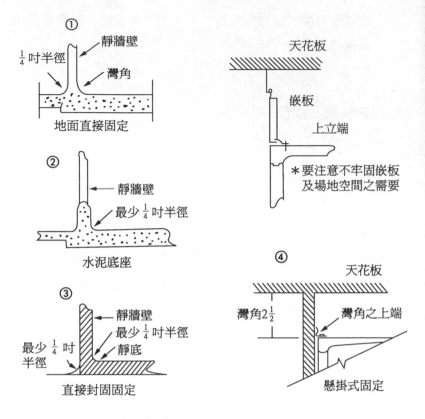

圖 3-2　設備安裝固定標準

・懸掛式架設：懸掛式架設是把設備裝設於有支架的牆上，此種架設方式必須能防止設備與牆之間聚集水、灰塵和碎片。它最低部分與地面最少要在十五公分以上。

三、餐具的材質

餐具主要是指食器，食器材質應符合食品衛生管理法的規定不得有毒、不得易生不良化學作用，或是會危害人體健康。一般

食器依據材質可分為金屬製品、陶瓷製品與塑膠製品三類。

(一)金屬製品

金屬製的食器優點是傳熱快、易洗、有光澤、可延展。但有些金屬具有毒性，因此在選擇上必須注意。常用的金屬有：

1. 銀：銀器自古以來即被人們喜愛，是一種高貴餐具，具有最佳的導熱性。
2. 銅：銅的導熱性僅次於銀，亦是食器中常用的金屬，它在空氣中容易被熱氧化而生成一層黑色皮膜的氧化銅。若在濕的環境中會產生銅綠，銅綠容易溶解於酸性溶液中而造成食品中毒，所以銅器使用時得注意表面應要有光澤。
3. 鋁：鋁是目前食器中較常用的材質，優點亦是具有良好的導熱性且質輕。缺點是表面容易氧化生成一層氧化膜而破壞了器皿的外觀。
4. 不鏽鋼：不鏽鋼是近年來才被用來製造餐具的鍋盆。優點是不會生鏽，易洗、易消毒，缺點是費用較鋁高且重。

(二)陶瓷製品

陶瓷製食器是我國使用最久亦是最普通的一種食器，它的優點是保存性高，且有似玉質的美麗半透明體，可彩繪，保溫性良好。缺點則是易碎，且若是製造上有所疏忽時則易造成有害物質溶出。陶瓷餐具選擇時應以素色為主。

(三)塑膠品

塑膠製餐具的優點是不吸水、耐腐蝕、不生鏽、不易破損、

著色成形簡單，缺點是有的不耐熱且有有毒物質（甲醛）溶出。常用作為食器的塑膠有聚苯乙烯、美耐皿與尿樹脂。

1. 聚苯乙烯：目前常被使用作為免洗餐具，優點是隔熱性良好、具有金屬似光澤、印刷性良好，缺點是體積大、質軟、不耐熱、廢棄物處理不易。
2. 樹脂：樹脂雖有被用來作為餐具，但是此種製品中易發現有甲醛溶出，因此實不適合作為食器材質。
3. 美耐皿：美耐皿著色容易且不容易褪色，具有陶瓷的質感而較陶瓷輕且不易破損。它是最常用來作餐具的塑膠材料。美耐皿與尿樹脂同屬於熱硬化性樹脂，製造原理相似，因此若是製造不當易造成甲醛溶出。甲醛溶出是美耐皿製食器最大的缺點，為了避免甲醛溶出，美耐皿製餐具在清洗時宜用化學消毒法來消毒（**表3-2**）。

四、空調設計

我們要得到健康的生活，必須維持室內空氣時常都保持在正常的狀態，而換氣是最有效果的方法。尤其是在廚房內，因有很多的燃料在使用，產生煙、水蒸氣、熱量、臭味等，使室內的空

表3-2　美耐皿製餐具與甲醛溶出量關係

甲醛溶出量＼使用日數	0 ppm	1-3.9ppm	>4.0ppm
新品	67.2％	30.4％	3.4％
8日	63.4％	31.6％	5.0％
28日	42.0％	51.2％	6.8％
50日	15.3％	75.0％	9.2％

氣狀況嚴重惡化，並且又是調理營養食品的地方，因此換氣極為
重要。

(一)空調設計主要目的

1.保持正常的室內空氣的組成成分。

2.脫（除）臭。

3.除濕。

4.除塵。

5.使室溫下降。

■ 二氧化碳（CO_2）

　　一般空氣中即含有二氧化碳，少量的二氧化碳並不會使人感
覺不舒服或是危害人體，但是由於人體的呼吸（$4\%CO_2$）、煮飯
或抽菸都會增加空氣中二氧化碳的含量，因此二氧化碳可以作為
空氣污染的指標。

　　測定法：二氧化碳定量是利用比色法來作一簡單定量法。一
般所用檢測管可分為A、B兩種，A型檢測管測定範圍在0.1％至
0.15％。利用抽吸筒抽取定量之空氣檢體（100），將它注入檢測
管中，待經五分鐘後觀察它變色長度與標準長度作比較，來知悉
室內的二氧化碳濃度。

　　評價：一般空氣中即含有0.03％的二氧化碳，當二氧化碳濃
度達0.5％以上時對人體有害，一般是希望它的濃度能在0.01％以
下，而規定濃度是0.15％（**表3-3**）。

■ 氣體流動

　　氣體流動與通風有著相當大的關係，通風良好會造成室內氣
體流動。當風速在每秒一公尺時會使室內溫度下降1℃。雖然一

表3-3 二氧化碳濃度評價表

名稱 \ 等級	A	B	C	D	E
二氧化碳濃度（%）	<0.07	0.71-0.099	0.10-0.140	0.141-0.199	>0.2

表3-4 氣體流速評價表

季節 \ 等級	A	B	C	D	E
夏	0.4-0.5	0.51-0.74 0.39-0.25	0.75-1.09 0.24-0.10	1.10-1.49 0.09-0.04	>1.50 <0.03
春、秋	0.3-0.4	0.41-0.57 0.29-0.17	0.58-0.82 0.16-0.08	0.83-1.15 0.07-0.03	>1.16 <0.02
冬	0.2-0.3	0.31-0.45 0.19-0.02	0.48-0.65 0.11-0.06	0.66-0.99 0.05-0.02	>1.00 <0.02

般室內人們不易感覺出氣體在流動，實際上適度的風速會使人感到舒適。[2]

測定法：一般測定氣體流動是以煙流動速度來加以判定，或是利用風速計來測定。這些方法是可以用來測定抽風機的換氣量，並適合用來測定室內氣體的流速。室內氣體流速可用卡達溫度計及熱線風速計來測定。

評價：氣體流動的評價會隨季節不同而有所變動，這是因為人體感覺上不同的緣故。夏季的流速要較其他季節為大（**表3-4**）。

■ 濕度

濕度過高易產生疲勞，濕度過低則會變得非常乾燥，而引起鼻、咽喉等黏膜疼痛，可見濕度過高或過低都會降低人們的工作效率。濕度亦會隨著溫度變動而不同。台灣地處亞熱帶，經年都

表3-5　濕度評價表

等級 濕度	A	B	C	D	E
相對濕度 （％）	50-60	61-70 49-42	71-80 41-35	81-90 34-29	>91 <28

是高溫多濕的氣候，對於濕度與溫度的控制更應特別注意。

測定法：測定濕度的方法大都是利用乾濕球溫度計來加以測定。利用乾球溫度（T℃）（室溫）找出室溫（T℃）下飽和蒸氣壓（F），濕球溫度（t℃）找出 t℃ 時溫度之蒸氣壓（f），相對濕度（R）等於濕球溫度的飽和蒸氣壓除以乾球溫度的飽和蒸氣壓。即：

$$R=f/F \times 100$$

評價：濕度評價基準是以人體感覺為基礎，人體最適當的濕度在55％至56％間（**表3-5**）。

■ 落塵

大氣中由於空氣污染、風吹塵土等現象自然就會引起落塵，室內落塵除了上述原因外尚有因打掃、走動、物品移動或是因室內空氣遭受衝擊，這些因素都是生成落塵的主要原因。落塵會使人產生不舒服與不清潔感覺外，亦會使食品機械、器具及食品本身遭受污染。有些更會引起人體的過敏。

測定法：落塵量測定方式有重量法（mg／m³）、計算法（個／ml）及光學法三種。儀器使用上較為麻煩故並不加以說明。

評價：有關落塵量的評定如**表3-6**。從中可知個數與重量值並無一致性。尤其是廚房內，落塵數在1,000個／ml以上時重量值已超出 3-4mg／m³（室外值）。廚房內落塵應採計數法為佳。

表3-6　落塵量評定表（室內）

等級 方法	A	B	C	D	E
計數法 （個／ml）	<200	201-499	500-699	700-999	>1000
重量法 （mg／m³）	<2	3-4	5-8	9-14	>15

表3-7　溫度評價表

等級 季節	A	B	C	D	E
夏 （℃）	25	26-27 24-23	28-29 22-20	30-31 19-18	>32 <17
春、秋 （℃）	22-23	24-25 21-20	26-27 19-18	28 17-16	>29 <15
冬 （℃）	20	21-22 19-17	23 16-15	24 14	>25 <13

■ 溫度

溫度是環境因素中最重要的項目。

測定法：廚房內溫度一般是以溫度計（水銀溫度計、酒精溫度計）來測定。測定時要注意不可受輻射熱直接照射，即不可以放在蒸煮等熱源旁。懸掛於牆壁時亦要注意不可緊貼在牆壁上，以免受到牆壁傳熱的影響。

評價：廚房內作業最適溫度並非是一成不變，它會隨著季節不同而有所變動，這是因為人體的體溫會隨季節不同而作適度的調節，此外在不同狀況下至適溫度亦不相同，如在空腹的時候溫度會偏高，吃飽時溫度就會偏低。一般希望溫度如表3-7，不過設計時廚房冷暖氣出口溫度大約在16℃至18℃，供膳場所的冷暖氣出口溫度則在20℃至23℃之間。

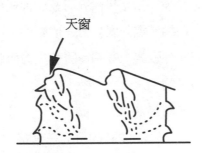

天窗　　　　　　　　　　　天窗

圖 3-3　　自然換氣

(二)空調設計方式

　　空調設計依照施行區域可分為局部換氣（如排油煙機）及全部換氣（如利用天窗）兩種。若依照利用換氣方法來分，則可分成自然換氣（對流換氣）及機械換氣（強迫換氣）兩種。

■ 自然換氣

　　自然換氣主要是以促進室內空氣循環為目的，它通常是以房屋的門窗、屋頂的天窗作為換氣的孔道，利用室內外溫差所引起氣流達到換氣的目的（圖3-3）。此種換氣法是最有效的換氣法，但是門、窗須開放，易使室內受到灰塵沾染，同時亦容易引起害蟲進入，因此最好須有防塵及防止害蟲入侵的措施如紗窗、紗門。此外尚要注意門窗附近不得有不良污染源或不良氣味，以免隨著換氣而流入室內，反而使室內遭受污染。

■ 機械換氣

　　當自然換氣無法達到預定的換氣量時，可以利用機械力例如抽風機、送風機，將室內空氣送出，而將室外空氣吸入，以達到換氣目的。抽風機孔隙相當大易成為害蟲進入的孔道，因此必須要有防止害蟲進入措施，一般是以紗窗為主，然而廚房內油煙非

常多，易堵塞窗孔而減少換氣量，因此紗窗必須經常清洗，或是在抽風機外圍裝置一活動的密閉蓋子，當排氣時蓋子受到風力而向外張開，關閉時隨著重力而將排氣孔堵塞，達到防止害蟲侵入目的。

■ 局部換氣

局部換氣的目的是直接去除室內局部場所內所產生的污染源，防止它擴散污染了整個場所。

調理場所中常見的局部換氣是排油煙機，一般排油煙機中必須注意到排油煙罩的寬度與高度及排油煙機換氣量大小（馬達馬力）（圖3-4）。

換氣裝置於設置時仍須注意下列幾點：（圖3-5至圖3-7）

1.排氣與吸氣裝置必須要有防止害蟲侵入設施。
2.吸氣口必須遠離污染源。
3.吸氣口必須要能防止風直接吹入。
4.注意吸入氣體溫度的調節。
5.排出的氣體溫度的調節。
6.廚房內排氣要強。
7.注意換氣所引起氣流速度。

正確廚房空氣換氣，當然操作工作人員在舒適中預防熱油脂空氣從排出管道來到廚房。

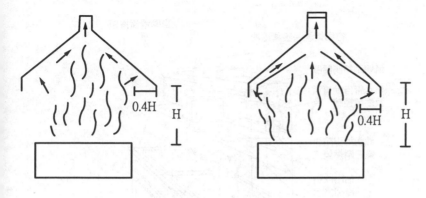

0.4H

H

0.4H

H

圖 3-4　局部換氣

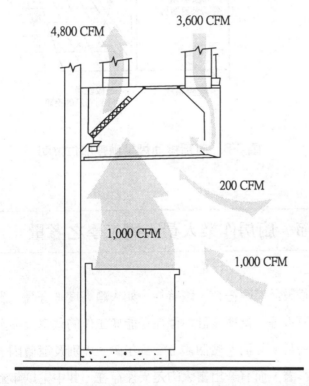

4,800 CFM

3,600 CFM

200 CFM

1,000 CFM

1,000 CFM

資料來源：John C. Birchfield, *Design and Layout of Foodservice Facilities,* p. 205.

圖 3-5　有系統方法創出新鮮空氣

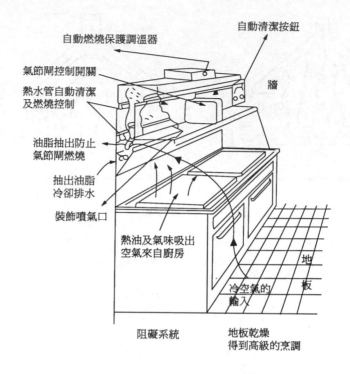

自動燃燒保護調溫器

自動清潔按鈕

氣節閘控制開關

熱水管自動清潔
及燃燒控制

牆

油脂抽出防止
氣節閘燃燒

抽出油脂
冷卻排水

裝飾噴氣口

熱油及氣味吸出
空氣來自廚房

冷空氣的
輸入

地
板

阻礙系統

地板乾燥
得到高級的烹調

圖 3-6　廚房排油煙設備各部位說明

第四節　廚房作業人員人體工學之考量

　　設備設計時應符合人體特性，如人體高度（身高、坐高）手伸直的寬度等，此種設計的優點是能使工作的效率發揮至最高而花費卻最低。然而人體個體上受到年齡、性別及遺傳因子、營養等因素影響，而有著相當大的差異性存在，其中尤以年齡及性別上的不同造成的影響最大，因此在設計上必須注意。③

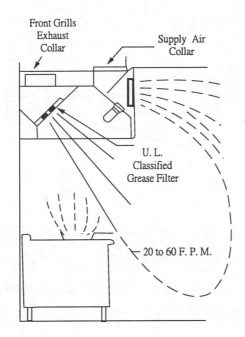

Front Grills
Exhaust
Collar

Supply Air
Collar

U. L.
Classified
Grease Filter

20 to 60 F. P. M.

資料來源：John C. Birchfield, *Design and Layout of Foodservice Facilities,* p.206.

圖 3-7　廚房排油煙機圖示

一、高度

　　理想調理台高度應以實際作業員工高度來設計建造，然而大多數作業先有設施、設備後才有員工，所以無法達到理想高度。不過在設計時我們可以事先預期此調理台使用者是男抑是女，然後依據平均身高來考慮，男性一般較女性高，所以他們所使用的調理台自然要高一點（**表3-8**）。

　　上面所述只不過是大約原則，實際上調理台與工作台的長、寬、高，必須與整個廚房作業線、配備相配合，才能發揮它最大功能。

表3-8　身高與工作台高度

身高	工作台高度（立）
145-160公分	65-75公分
160-165公分	80公分
165-180公分	80-85公分

二、長度與寬度

　　一個人站立時兩手張開，手能伸張的範圍大約在四十八公分，而軸體為中心在七十一公分左右，所以一個人他所需要的作業面積要一百五十公分，寬五十公分，如果要有傾斜動作，那麼他所能作到的面積則是一百七十公分，寬八十公分（圖3-8）。

第五節　中式廚房設備

　　中式廚房的結構設備，是從各工作特點來畫分的。中式廚房一般分為調理機具、烹調機具、製冷機具、洗淨與消毒設備等。

一、調理機具

　　中式廚房的調理機具包括砧板部分、水台部分和原料加工設備。

1.砧板部分：包括砧板、材料櫃和洗菜槽。
　・砧板：可用在菜餚烹調前的切配或是烹調後的改工、加工。

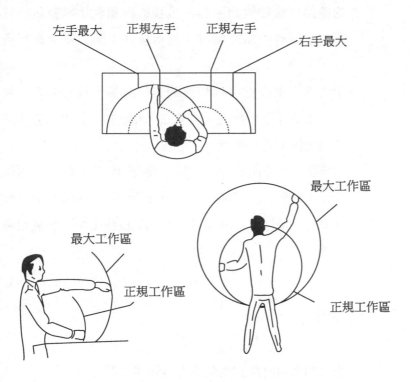

左手最大　正規左手　正規右手　　右手最大

最大工作區

正規工作區

最大工作區

正規工作區

圖 3-8　一般和最大移動區

・材料櫃：放置各種經切置、醃製後的原料，方便配菜之用。

・洗菜槽：洗滌蔬菜和浸泡各種烹調原料的地方。

2.水台部分：包括貨架、砧板及清洗設備。除了大型的洗滌槽外，還有大盆、水桶，用於宰殺海鮮魚類或家禽後的沖洗及浸泡。

3.原料加工設備：原料加工設備包括和麵機、攪肉機和攪拌機三種。

・和麵機：和麵機是麵點加工的主要設備，有立式和臥式二種，立式和麵機的攪拌主軸和地面垂直，臥式和麵機

的攪拌主軸和地面平行。多種的麵類食品如麵包、糕
點、饅頭等所需的麵糰，均可按其不同的要求進行攪
拌。

・攪肉機：攪肉機可以快速的製作肉餡，製成肉包、包
子、餃子等麵製食品。有直立式和臥式，其中以立式的
攪肉機使用較為廣泛。

・攪拌機：主要由機架、電機、變速箱、直立軸、烹調機
具攪拌槳和原料桶所組成。攪拌機能將含水量較高的醬
狀原料，進行攪拌及混和，可用於攪拌蛋類、奶油和餡
料等。

二、烹調機具

中式廚房的烹調機具包括灶台部分和烤爐部分。

1. 灶台部分：灶台是廚房設備的中心環節，包括調味台、炒
菜灶、油灶、平灶和蒸灶（蒸箱）等。

・調味台：用來放置各類的調味料和油桶。

・炒菜灶：大型的炒菜灶以三眼的居多，兩個主火，一個
子火。炒菜灶包括燃氣供應系統、灶體和爐膛等部分。

・油灶：灶面上有油桶和炸製工作的用具，是菜餚、食物
成品和半成品的加熱或熟製的工作場地。

・平灶：平灶式的灶面是平的，由多個小型的火口所組
成，主要用來加熱少量的食物或烤鐵板。

・蒸灶或蒸箱：是製作蒸類菜餚和麵點的烹調設備，水加
熱後利用水的熱氣使食物成熟。蒸箱的主體由灶架、

鍋、燃燒器、面板、自動加水裝置和下煙道組成。

2. 烤爐部分：烤爐設備多用於燒臘類菜餚，因體積大且熱度高，所以大都單獨設置在一室中，包括烤爐和烤箱設備。

· 烤爐設備：利用熱空氣的循環對流，均勻的使食物原料熟透。有高筒型和坐地型的烤爐，使用高筒型的烤爐時，將原料用鐵鉤掛起，置於烤爐內烤製；而另一種坐地型的烤爐呈長形，有凹槽，內有碎的烤石，待碎烤石燃熱後，將乳豬用鋼叉叉起，工作人員將乳豬置於烤槽邊，一邊烤一邊翻動。

· 烤箱設備：燒臘部或點心部多使用烤箱來烤製菜餚及點心。

三、製冷機具

製冷的機具包括冷凍庫和冰箱。冷凍庫一般有兩室，一室的溫度維持在8℃或以下，另一室是恆溫的，溫度維持在零下3℃或以下。

四、洗淨與消毒設備

餐具使用過後必須洗淨及消毒。

1. 洗淨設備：分為人工的洗碗槽和洗碗機。

2. 餐具、餐巾消毒機：餐具消毒機有直接通氣式和紅外線加熱式二種。

· 直接通氣式消毒櫃：用管道將鍋爐蒸氣送入消毒櫃中，

又稱「蒸氣消毒櫃」，沒有其他的加熱零件，使用較為簡單。

・紅外線消毒櫃：利用紅外輻射電加熱元件，可迅速升溫且可一機多用。

第六節　西式廚房設備

在西式廚房的主要設備方面，可分為調理機具、烹調機具及冷卻機具等設備。

一、調理機具

在西式廚房的調理機具設備方面，包括打蛋機、粉碎混和機、麵包切片機、立式萬能機。

1. 打蛋機：由電機、鋼製容器和攪拌機器組合而成。主要可用在打雞蛋、奶油、麵糰等。
2. 粉碎混和機：由電機、原料容器和不鏽鋼的片刀組成。適合用於水果蔬菜的打碎，湯汁、調味汁的攪和。
3. 麵包切片機：切片機可依麵包厚薄或規格的不同作調整。
4. 立式萬能機：具有切片、粉碎、揉製、攪和等多功能。由電機、控制開關、升降裝置、選擇速度手柄、容器和各種攪拌器具組成。

二、烹調機具

西式廚房的烹調機具包括爐灶設備和烤爐設備。

1. 爐灶設備：西式的爐灶設備包括爐灶、深油炸灶、鐵扒爐和鐵扒煎灶等。

   ・爐灶：西式的爐灶主要特點是爐面比較平，明火沒有很強，散熱均勻。以燃氣灶為多，構造由鋼架、明火燃燒氣、暗火烤箱和控制開關等部分組成。有四至六個灶眼，較高級的還有自動點火和溫度控制的功能。

   ・深油炸灶：主要用來炸製各種菜餚，由深油槽、油脂過濾器和控制裝置組成。優點是加強炸食物時的工作效益，且濾油方便。

   ・鐵扒爐：西餐廳大都使用鐵扒爐來代替木炭爐，爐面是由很粗的鐵條製成，下面有很多不規則狀的鐵塊，熱從這些鐵塊傳出來，雖然和木炭比起來風味稍差，但工作效率高，且較衛生。

   ・鐵扒煎灶（扒板）：鐵扒煎灶的表面是一塊平面的鐵板，四周圍是濾油槽，下方可以拉出存放剩油的鐵盒。

2. 烤爐設備：西式廚房中的烤爐設備，包括微波爐、烤爐和明火焗爐等。

   ・微波爐：微波爐應用高頻電磁場加熱的原理，讓菜點分子劇烈振動，由內部產生熱。微波電磁場從磁控管產生微波，穿透菜點，優點是可以使菜的內外都同時受熱，失水少，營養不易流失。但是風味較差，所以大都使用於菜餚的再加熱，或迅速解凍肉類食物。

- 烤爐（烤箱）：一般烤箱的烘烤原理是對流式的，鼓風機讓受熱的空氣在整個爐中循環，熱空氣均勻的傳到原料或食物上，烘烤的範圍廣泛。
- 明火焗爐：西式菜餚有焗類的部分，都少不了這種焗爐，一般安裝在爐灶的上端，爐頂有兩排明火，中間有一個能垂直升降的烤架，可使菜餚直接接觸熱源，在短時間內烤出顏色。

三、冷卻機具

西式廚房的冷卻機具包括製冰機和冷藏設備。

1. 製冰機：典型的製冰機是由冰模、噴水器、循環水系、脫模電熱絲、冰塊滑道、儲冰槽等組成。整個製冰過程是自動的，可製成冰塊、碎冰和冰花。
2. 冷藏設備：廚房中的冷藏設備，主要是具有隔熱保溫的外殼和製冷系統。一般有小型電冰箱、冷藏箱、小型冷藏庫，大都具有自動恆溫的控制和自動除霜等功能。

註 釋

① John C. Birchfield, *Design and Layout of Foodservice Facilities* (1988), p.88.

② 同註① ，p.175.

③ John F. and Charles A. *Guide to Kitchen Management* (New York: Van Nostrand Reinhold Company, 1985), p.123.

第四章　中餐廚房作業

◆中餐的起源和特色

◆調味的原理及擴散的關係

◆中華美食的科學性與藝術性

◆中式餐飲烹調方法

◆中式各地方菜系特點

第一節　中餐的起源和特色

　　中國菜以其悅目的色澤、誘人的香氣、可口的滋味和美好的形態而享譽世界，為我國爭得「烹飪王國」的榮譽。中國菜之所以備受世人的青睞，是因為中國烹飪具有一系列獨特的傳統技藝，其中最主要的是原料多樣，選料認真；刀工精細，技藝高超；拼配巧妙，造型美觀；注重火候，控制得當；調料豐富，講究調味；美食美器，相得益彰。

一、選料在烹飪中的意義

　　我國優越的自然條件為各種動、植物的繁衍生息提供了良好的外部環境。在我國人民辛勤的耕耘下，生產出無數的物質財富，為中國烹飪提供了廣泛的烹飪原料。植物性原料除了陸生的糧食、蔬菜、瓜果外，還有許多海生原料；動物性原料除了馴養的畜、禽提供的各種肉類、乳品、蛋品外，還有飛禽、走獸等野味和眾多的水產品。

　　上述各類原料都有許多不同的品種，它們的營養成分、組織結構以及色香味品質相差很大，即使是同一品種，因產地、生產季節和生產技術不同，其性質也不完全一樣，因此在烹飪中如何根據菜餚的特點選擇適宜的原料具有重要意義。①

(一)有利於形成菜餚良好的色香味和特殊風味

　　質地優良的原料才能烹製出美味佳餚，如果原料選擇不當，

品質再好也難以烹調出形斂色豔、香濃味美的食物。因此在烹製之前必須對原料進行認真的選擇，例如，我國鴨子品種很多，聞名中外的「北京烤鴨」必須選用北京填鴨，否則，就無法形成北京烤鴨的特殊風味；烹製「白斬雞」只有選用新雞，否則就不鮮嫩；高湯不用老雞，湯的香氣就不足。烹飪中除了對主料嚴格選擇外，對佐料的選擇也很認真。如烹製砂鍋魚頭豆腐，除了要選擇活的魚頭外，豆腐要選擇細嫩有勁的南豆腐，還要配以水發的海米、冬菇、香菇、青蒜和奶湯等。對原料進行嚴格選擇，是烹製上乘菜餚的重要條件。主要原因是：

第一，不同原料具有不同的組織結構和質量特點，只有選料得當，才能形成菜餚的特殊風格。北京烤鴨之所以要選擇北京填鴨為原料，是因為北京填鴨具有其他鴨子所沒有的特點：顏色雪白，皮薄脯大，肉層紅白相間，質地細嫩豐腴，經過精心烤製後就能形成色澤棗紅、入口香酥、外焦裡嫩、滋味鮮美的獨特風味。由於綠豆澱粉含直鏈澱粉（amylose）比例較高，以優質綠豆澱粉為原料生產的龍口粉絲其質量優於其他粉絲。如以龍口粉絲為烹飪原料，製作出來的菜餚在粉絲菜中就成為佼佼者了。

第二，烹飪原料的部位不同，其質地也有較大差別。根據菜餚的特點和烹調方法，準確選擇適宜部位，才能滿足菜餚的質量。要求家畜肉質量的高低，除了與肥瘦比例有關外，還與結締組織的含量密切相關。而肌肉中的結締組織在烹製中最難成熟。家畜胴體的不同部位，肌肉的結構、瘦肉和脂肪的比例、結締組織的含量均有所不同，因此烹製時就要根據菜餚的特點選擇不同部位，或者說，不同部位只能適合於不同的烹調方法。以豬肉為例，裡脊肉最嫩，可以切片、切絲，作炒、溜、爆、炸之用；後臀尖肉質細嫩、瘦肉多、結締組織少，可炒可燉，也可代替裡脊

肉;而前臀尖瘦肉含量雖多,但結締組織含量較後臀尖高,就不宜作肉片,而適合作紅燒肉或煮湯、製餡;軟五花由於肥多瘦少,結締組織較多,不僅不能用於爆、炒、溜、炸,燉、燜、煨亦感肥膩,但可以作扣肉和米粉肉。

第三,絕大多數菜餚是由多種原料拼配烹製出來的,只有對每一種原料精心選擇,才能提高菜餚的整體質量。如果說拼配是烹飪中的藝術和科學,而選料就是拼配的先決條件。許多名菜餚經廚師精心設計,主、輔料經過認真選擇和合理拼配,成菜後就顯得色豔、香濃、味足、形美。如「翡翠蝦仁」,精選優質蝦仁和嫩黃瓜,清炒後蝦仁白裡透紅,黃瓜翠綠,色調和諧,清香淡雅,鮮嫩可口,回味綿長。我國許多花色菜,分別採用瓤、卷、包、扣、扎、攢、穿等技藝,精選不同原料,巧妙拼配並用某些原料適當點綴,使菜餚別具一格,誘人食欲。如瓤菜中的「八寶鴨子」、「扒瓤海參」、「煎燒荷包鯽魚」,卷菜中的「白汁魚肚卷」、「酥炸鴨卷」、「網油三絲卷」等花色菜,由於原料多樣、認真,拼配講究,製作精細,所以菜餚形色美觀,醇香鮮嫩,鹹甜各具,變化無窮,成為中國烹飪園地裡一朵朵瑰麗的奇葩。

(二)有利於提高食物的營養價值

食物的功能一是果腹,二是享受。形優色美、風味別具的菜點,對進食者也是一種藝術和精神享受。根據現代營養學的觀點,人類飲食的意義不僅是果腹與享受,而且要為人體提供足夠的熱能和全面營養素。

營養上主張合理膳食,或稱平衡膳食。這種膳食首先要滿足進食者對熱能和各種營養素的需要量;其次是各種營養素之間要保持一種生理上的平衡,這種平衡包括:作為熱能來源的蛋白

質、醣類和脂類三者之間的平衡；蛋白質中八種必需氨基酸之間的平衡；飽和脂肪酸和不飽和脂肪酸之間的平衡；可消化的碳水化合物和食物纖維之間的平衡；呈酸食物和呈鹼食物之間的平衡以及動物性食物和植物性食物之間的平衡等等。

　　我國擁有主食與副食的品種不計其數，在烹飪中只要合理選料和科學搭配，就能保證膳食中熱能和營養素的供給量，並在各營養素之間建立生理上的平衡。如中國傳統水餃，把主食與副食合二為一，是一種很好的平衡膳食。

　　世界衛生組織提出三種生熱營養素在飲食中的理想比例是：蛋白質供給熱能的12％；脂肪供給熱能30％；醣類供給58％。我國傳統食物以米麵及其製品為主食，配以多種副食，三種生熱營養素所提供的勢能占總量的比例還是比較合理的。如一九九〇年台北市衛生部門對城市居民飲食狀況的調查表明，蛋白質、脂肪和碳水化合物所占熱能的比例分別是11.7％、26.7％和61.6％，已相當接近世界衛生組織提出的理想比例。

　　蛋白質在人體中起著特別重要的營養功能，提高膳食中蛋白質的含量、消化率和吸收利用率，是提高膳食營養水平的關鍵。來自大米、小麥的植物性蛋白，其必需氨基酸含量明顯不足，若單獨進食，則蛋白質利用率較低，營養價值不高，根據蛋白質的互補作用，營養質量較低的不同蛋白質，如果其中所含的必需氨基酸的種類和含量能互相補充，則混合後蛋白質的營養價值就可比單獨食用大為提高，來自肉、蛋、乳的動物性蛋白，其必需氨基酸的比值與理想蛋白質的比值比較接近，我國副食以肉、蛋、魚、菜為主，在膳食中，主副食混合後，蛋白質的營養價值大為提高，特別強調的是，大豆蛋白具有較高的營養價值，其八種必需氨基酸含量比值除蛋氨酸偏低外，其餘氨基酸的比值與理想蛋

白質十分接近，而且含量都比較高，因此在烹飪原料的選擇和搭配時，如包含適量的豆製品，就可明顯提高食物的營養價值，如來自小麥、小米、牛肉和大豆的蛋白質，單獨進食時，其生理價值分別為67、57、69和64，若四者分別按39％、13％、26％和22％的比例混合，則混合後進食的生理價值可高達89。

在烹飪中進行合理選料和科學搭配，不僅有利於提高菜餚的感官品質，而且有利於提高整個膳食的營養價值。

二、刀工對烹飪的作用

刀工是中國烹飪傳統技藝中的一絕，其精細之程度，技藝之高超，聞名中外，刀工對菜餚的成熟、入味、美感及原料的拼配等，都具有重要的作用。

(一)有利於熱量的傳遞

食物在烹製過程中，由生到熟全依賴於熱量的傳遞，食物吸收足夠的熱量後，本身的溫度就能上升到一定的程度，從而達到殺菌、成熟、變色、形成香氣和滋味等一系列變化。

以涮羊肉片為例，如果刀法嫻熟，切出來的肉片不僅薄而且厚度一致，切得薄既縮短了熱量傳至肉片中心的距離，又擴大了單位重量肉片的表面積，由於導熱速度快，肉片在短時間內就能夠成熟，從而保證涮羊肉鮮嫩的特點。刀工幾乎與所有菜餚及各種烹調方法關係密切。

如炒和燉是兩種不同的烹製方法，炒用熱油旺火，加熱時間短，經刀工處理後的原料導熱速度應快，才能縮短加熱時間，因此必須把原料切成表面積較大的片、絲、丁，使之容易導熱，炒

出來的菜餚才能鮮嫩可口；燉以水為傳熱介質，使用小火長時加熱，原料經刀工處理後，不論其形狀如何，其體積都可以大一些，原料體積大，熱量向原料內部傳遞的速度雖然較慢，但因為加熱時間長，傳熱量的總和也就大，因此原料內部也能吸收足夠的熱量，使其溫度升高到所需的程度，達到殺菌、成熟，形成良好的色、香、味、形。再如炒魷魚，既要求快速成熟，保證味鮮爽嫩的特點，又要求成菜後造型美觀，因此在刀工上要多下一番功夫，要使魷魚成熟快，就要加大其受熱面積。為此魷魚的刀工處理採取綜合刀法——剞，在原料剞出麥穗花刀，刀口深度達到五分之四左右，這樣就大大增加了原料的受熱面積，可以在短時間內吸收大量的熱量而成熟，而且在成熟後自動捲起成麥穗花形式，既質地鮮嫩又外形美觀。

(二)有利於原料烹製入味

原料在烹飪過程中，滋味的形成是多方面的，調味品向原料內部擴散是其中一個重要方面。

調味品擴散的速度快，原料就容易入味；反之就難以入味。在烹飪中為了加速原料入味，對於加熱時間短的烹調方法，如溜、爆、炒等，原料在進行刀工處理時，就應切薄一些，並採用適宜的刀法，增大原料的表面積，以加快調味品的擴散速度，使之在成熟時也能入味。對於加熱時間長的烹調方法，如燜、煨、燒時，原料就應切大一些、厚一些。調味品向原料中心擴散的速度雖然較慢，但由於加熱時間長，擴散量為擴散速度與擴散時間的乘積，所以調味品的總擴散量是足夠的，成熟後原料同樣能夠入味。加熱時間較長的烹製方法，對於整體或大塊原料，也應在刀工處理時，運用不同的刀法增加原料的表面積。如蒸魚時，把

原料剖上幾道花刀後，就能顯著增加魚與調味品的接觸面積，同時縮短了調味品向裡層及中心的擴散距離，在蒸製時就比較容易入味。

質傳遞與熱傳遞具有類似的規律，凡是能促進熱傳遞的措施，必然也能促進質傳遞，所以對原料進行適當的刀工處理，既能加速原料的成熟，又能加快原料的入味。

(三)有利於菜餚整齊美觀和拼配造型

中國菜餚的形態整齊美觀，絢麗多彩，多是透過刀工技藝表現出來的，廚師根據原料特點和烹飪方法的要求，把原料切成各種各樣的形狀，無論是片、丁、絲、條，還是塊、粒、末、茸，都能作到大小一致、粗細相同、厚薄均勻，這不僅有利於原料在烹飪中成熟和入味，而且成菜後形態美觀，催人食欲。

一些普通原料，一經名廚刀工美化，就能成為美麗的藝術品，蘿蔔傾刻之間就能雕琢成鮮艷的菊花、月季花或大麗花；以幾種不同色彩的蘿蔔為主要原料，還可以雕刻出「躍馬奔騰」的雄姿，令人讚不絕口，尤其是把刀工技藝和拼配造型相結合，巧妙運用各種熟料和可食生料，就能製作出栩栩如生的鳥、獸、蟲、魚、花、草等藝術拼盤，形象逼真，令人嘆為觀止。

三、火候的實質與掌握

火候是菜餚烹調成功與否的關鍵之一，〈呂氏春秋·本味篇〉曾這樣闡述火候在烹飪中的作用：「五味三材，九沸九變，火為之紀，時疾時徐，滅腥去臊除羶，必以其勝，無失其理」。指出原料在加熱過程中，發生許多變化，只要用火得當，就可以使原

料變為可口的食物。

在烹飪中掌握好火候,概括起來有如下意義:提高食物的食用品質和消化率;保證食物的衛生安全性;形成良好的色、香、味、形。火候是烹飪學一個重要課題,它涉及面很廣,從傳熱學角度闡述火候的實質和有關火候掌握的幾個問題。

(一)火候的實質

食物原料在烹飪過程中,因受熱溫度升高,引起一系列物理變化與化學變化,使其色、香、味、形呈現出一定的狀態。火候恰到好處時,食物就呈現出最佳狀態。北宋詩人蘇東坡在總結燒肉經驗時寫道:「慢著火,少著水,火候足時它自美」,說的就是這個意思。俗話說:「不到火候不揭鍋」也是這個意思。

火候與下列三個環節的控制緊密相關:一是熱源在單位時間內產生熱量的大小和用火時間的長短;二是傳熱介質所達到的溫度和在單位時間內向食物原料所提供熱量的多少;三是原料溫度升高的速度和所達到的溫度,而火候的最終判斷是食物所呈現的感官品質是否達到最佳狀態。②

上述三個環節分別由熱源、傳熱介質和食物通過一定的表現形式(外觀現象或內在品質)呈現出來,它與熱源的種類、傳熱介質的種類、食物原料及烹調方法密切相關,因此,人們通常認為,火候就是根據不同原料的性質和形態、不同的烹調方法和口味要求,對火力大小和用火時間進行控制與調節,以獲得菜餚由生變熟所需要的適當溫度,達到色、香、味、形俱佳的效果。

(二)火候的掌握

火候的掌握實質上是控制傳熱量的大小,包括調整火力的大

小；控制加熱時間的長短；改變傳熱系統熱阻的大小，如選擇厚薄適宜的炊具、使用不同的傳熱介質以及翻勺技術等等。

根據火候的實質及其影響因素，掌握火候要注意如下幾個問題：

■ **根據原料的性質和大小**

多數菜餚所使用的原料往往不只一種，不同原料其化學組成不同，物理性質也不一樣，有老、嫩、軟、硬之分，因此導溫係數有大有小。如果同一菜餚的不同原料，入鍋不分先後，火力不分大小，必然導致菜餚生熟不均，老嫩不一。只有採用不同的火力和加熱時間，才能作出上乘的菜餚。對於體積小而薄的原料，採用旺火短時間加熱，就可使其溫度升高到成熟的程度；對於體積大而厚的原料，由於熱量從表面傳至中心部所需的時間長，則必須採用小火和長時間加熱。

■ **根據傳熱介質的種類和烹調方法**

原料烹製時可使用不同的傳熱介質，烹製方法更是多種多樣。烹飪原料、傳熱介質和烹調方法三者之間的恰當組合，就可以製作出無數的美味佳餚，但是都離不開恰當的火候，而中心問題還是熱量傳遞的控制。以水為傳熱介質，水與原料之間熱量的傳遞屬於對流傳熱，其傳熱量與它們之間的溫差、接觸面積及對流傳熱係數成正比。

以油為傳熱介質，因油的種類多、沸點高，可以達到的油溫範圍寬，因此油向食物原料傳熱量的多少主要取決於油溫的高低。在單位時間裡，油溫高者向原料提供的熱量多，原料溫度升高快，成熟也快。不同烹製方法對火候的要求，固然隨著原料、傳熱介質和對製品的不同要求而千變萬化，但總的說來，採用炸、烹、爆、炒、溜、涮等烹製方法，要求菜餚香、鮮、脆、

嫩，加熱時間應短，否則原料失水太多，蛋白質變性（denatura-tion）嚴重，其質量要求就難以達到，所以要採用旺火加熱，在短時間裡提供大量的熱量，使原料迅速升溫成熟；採用燜、燒、煮、烤等烹製方法，要求菜餚酥爛入味，需要較長的加熱時間，就應該採用較弱的火力。

■ 根據食物原料在烹飪中的變化

　　火候是否恰到好處，取決於食物原料所發生的物理、化學變化是否達到最佳的程度，這一過程可根據食物原料在烹製過程中所產生的各種現象及其變化進行判斷，因此經驗豐富的廚師透過觀察原料的變化就能準確地掌握火候，如炒裡脊片應旺火速成才能做到質感鮮嫩，當肉片入鍋劃油時，一旦觀察到原料由血紅色變為灰白色時，就應及時倒入漏勺，避免繼續受熱，才能保持肉片中足夠的水分，產生鮮嫩的質感。

第二節　調味的原理及擴散的關係

　　講究調味是中國烹飪傳統技藝的一大特色，它是造成我國菜系眾多，風味迥異，並在國際上久享盛譽的重要因素之一。

一、調味的基本原理

　　呈味物質、味感和心理作用非常微妙。利用味感和心理作用的複雜關係，把兩種或兩種以上的基本味經過適當的配合，就能形成許許多多的複合味，這在調味中得到廣泛的運用。

　　我國調料十分豐富，據非正式統計，有五百種左右，這在世

界上是罕見的。除了鹹、甜、酸、辣、香、鮮、苦等基本味調味品外，還有大量的複合味調味品，如酸甜味、甜鹹味、鮮鹹味、香辣味、魚香味等。我國的調味品花樣多，味道好，特別是有些經過發酵製成的調味品，呈香呈味物質極多，除了改善、豐富口味外，還使菜餚增色、增香。

菜餚滋味的形成是由多種因素決定的，包括原料本身所含呈香呈味物質的種類和數量；原料在烹飪中因發生物理、化學變化所產生的風味物質；原料在烹飪過程中水分的變化；調味品原料內部的擴散量及相互間的作用等等。因此，影響菜餚風味的主要因素是：

(一)原料的種類和新鮮度

因為不同原料所含的呈味物質不同，並且其含量隨著新鮮度的不同而變化。如果原料新鮮度下降，美味成分就會減少，果味就會增加，所以要注意烹飪原料的保鮮工作。

(二)調味品的種類、用量和調味技術

因為不同調味品含有不同的呈味物質，其用量的多少及調味技術，不僅影響調味品的風味與原料本味的配合，而且影響調味物質向原料內部的擴散量。

(三)烹製過程中火候的掌握及菜餚的溫度

原料和調料在烹調過程中，不同呈味物質因擴散、滲透而相互交融，並產生美味，而擴散與滲透量均受溫度和時間的制約，所以火候掌握準確就能達到最佳效果。

(四)刀工的處理技術

由於原料刀工處理能改變其厚度及表面積，所以直接影響熱量和風味物在物質食物原料內部的傳遞過程，從而影響原料的入味。調味的基本原理是根據原料的性質特點和烹調方法，合理使用一種或多種調味品，運用刀工處理技術和火候的掌握，使原料和調味品的風味調和融合，以達到除去異味、增進香氣和美味的目的。

二、調味與擴散

廚師能夠根據不同原料、不同方法、不同口味要求，採用細膩的分階段調味，調料的用量、比例均恰到好處，投料的時間和次序也極為考究，因此菜餚的口味變化無窮，各有妙處。這種出色的調味技術把擴散的基本原理靈活地運用在調味的實踐中。

(一)調味品的用量

調味品的用量影響原料表面與內部呈味物質的濃度差。因此必須依據不同的情況投入適量的調味品。對於新鮮原料，如雞、瘦肉本身就有可口的滋味，調味品就不宜加入太多，否則原料裡擴散了大量的調味品，調味品的滋味就會掩蓋原料本身的美味。而有些原料本身無顯著味道，如海參、魚翅等，為了增進其滋味，就必須加入足量的提鮮增香的調料，以增大調味物質向原料擴散。像豆腐、粉皮、蘿蔔等滋味清淡的原料，若在加熱時適當加入一些蔥、薑、鮮湯或醬油等調料，就可使其滋味明顯改進。

對於一些具有腥羶氣味的原料，如魚、蝦、內臟、牛羊肉

等，若調料投入不足，則向原料內部的擴散量少，就不足以解除原料的腥羶氣味，因此調料加入量必須足夠，一般使用具有揮發性的酒、醋、蔥、薑等，如料酒可將魚、蝦、臟腑組織中所含的三甲胺、氨基戊醛等物質溶解，使之揮發，達成解除腥羶的作用。

(二)調味品投放的溫度和順序

根據原料的特點和烹調方法，調味一般可分為加熱前調味、加熱中調味和加熱後調味三個階段。調料中呈味物質向原料的擴散與溫度及時間成正比，加熱前調味由於溫度較低，呈味物質擴散速度慢，某些原料就需要進行較長時間的醃漬，才能保證其足夠的擴散量。在加熱中調味，由於溫度高、呈味物質擴散速度快，原料下鍋後，要在適當的時候根據菜餚的口味要求，加入數量準確的調味品，它往往就決定了菜餚的味道，像涮、蒸、炸等烹製方法，在加熱中無法調味，調味就必須在加熱後趁熱進行，以提高呈味物質的擴散速度，即使加熱前已進行調味的，加熱後也可加些輔助調料，已彌補加熱前調味的不足。

(三)翻炒技術

在烹製過程中，由於溫度高擴散速度快，要注意原料與調料的均勻接觸或混合，烹調中的翻、炒、攪、拌等操作，固然一方面是為了控制傳熱量，防止原料某一部分過熱，保證熱量均勻地向烹飪原料的各個面擴散，避免某些部位的味道過濃，而某些部位過淡的不均勻現象。用科學的眼光來看中國烹飪的調味技術，「非深孕乎文明之種族，則辨味不精；辨味不精，則烹調之術不妙。中國烹調術之妙，亦足表文明進化之深也」。

各種食品在色、香、味、形、質諸要素中，「味」是占第一位的，有人將味比喻是「靈魂」。

食品在製作加工的整個過程中，運用各種調味品和調味手段，在原料加熱前、加熱過程中或加熱後影響原料，或不需加熱調味後直接食用的原料，能否作到定味準確，五味調和百味香，歷來是衡量廚師廚房水準的重要指標。

三、中國烹飪調味的源流

遠在史前時期的有巢氏、燧人氏時代，先民們已經利用火和掌握火，將食物由生作熟來吃。

無論是利用自然界的野火，還是人工「鑽木取火，以化腥異」，那時先民們已經知道調整口味，吃的是原料本身所具有的味道，即「本味」和「淡味」。後來沿海和內陸的先民，利用鹽和鹹水進行調味，使得調味技術有了發展。

到了神農氏時代，「神農嚐百草之滋味，水泉之甘苦，令民知所避就，一日而遇七十毒」，分辨了藥物和食物，對各種藥、食的自然原料已能分辨出不同的滋味。有的既可食用，又可調味，還可當藥用，例如大棗、生薑、杏仁、山藥、枸杞、橘柚等。

酒是古代較早應用的調味品之一，陝西眉縣楊家村出土的六千多年前的陶酒杯，說明在當時酒的應用相當普遍，比夏禹時代的「儀狄始作酒醪，辨五味」要早二千多年。

到了周代，我國傳統的烹飪技術，開始接受「周易」、「陰陽五行」等古代哲學的指導，將火候、調味和各種原料，統統歸屬於陰陽五行之中，形成一個包括各道工序在內的烹飪系統工

程。調味屬這個大系統工程中的子系統，以酸、苦、甘、辛、鹹、淡等基本味，組成了調味的循環圈，並且與祖國傳統醫學和人體的生理、病理、養生相結合，一直延續運用了三千多年，做到了家喻戶曉，深入民心，為中華各民族的繁衍生息，維護民眾的身體健康，作出了巨大的貢獻。我國第一部中醫經典著作〈黃帝內經·素問〉將五味畫分了陰陽屬性，「辛甘發散為陽，酸苦涌泄為陰，鹹味涌泄為陰，淡味滲泄為陽」。又將五味分別歸屬於五行木、火、土、金、水，再根據陰陽五行、生克制化的規律，指導人們日常生活調味的適口與偏嗜，就和人體的健康情況聯繫在一起了。

到了秦代，世界上最古老的烹飪理論問世，〈呂氏春秋·本味篇〉記載有：「春三群之蟲，水居者腥，肉獲者臊，草食者羶。臭惡猶美，怕有所以，凡味之本，水最為始。五味三材，九沸九變，火為火紀。時疾時徐，滅腥去臊除羶，必以其勝，無失其理。調和之事，必以甘、酸、苦、辛、鹹。先後多少，其齊（劑）其微，陰陽之化，四時之數。故久而不弊，熟而不爛，甘而不噥（過頭），酸而不酷（濃烈），鹹而不減（澀），辛而不烈，淡而不薄，肥而不膩。」這種有關調味規律的精闢論述，言簡意賅，時至今日有一定的指導意義。

秦漢時，由於各種調味品已經很豐富，不但在調味上有特色，而且深知味的奧妙，《淮南子》卷一記載著「味之和不過五（甘、酸、鹹、苦、辛也），而五味之化（即變之意），不勝嘗也」。《論衡》的作者王充說：「狄牙之調味也，酸則沃以水，淡則加之以鹽。水火相變易，故膳無鹹，淡之失也⋯⋯此猶憎酸而沃之以鹹，惡淡而灌之以水也」。漢代以後各朝代，關於調味的文獻資料有很多。例如唐代文學家段成式說：「物無不堪吃，

唯在火候，善均五味」。宋代史學家鄭樵在《飲食六要》中指出：「食味無務於濃釅，其要在淳和」。釋文瑩在《玉壺詩話》裡記載「宋太宗命蘇易簡講《文中子》，……上因問『食品何物最珍』？對曰『物無定味，適口最珍』。」明代詩人高濂在《飲饌服食箋》中提醒人們「日常養生，務尚淡薄」，並要人們在調味時注意。「善烹調者，醬用伏醬，先嚐甘否；油用香油，須審生熟；酒用酒釀，應去糟粕；醋用米醋，須求清冽。且醬有清濃之分，油有葷素之別，酒有酸甜之異，醋有新陳之殊，不可絲毫錯誤。其他蔥、椒、桂、糖、鹽，雖用之不多，而俱宜選擇上品」。

四、目前的基本味和味型

自然界能產生氣味的物質約有二十萬至四十萬種，其中一般人可辨別的只有二百至四百種，由於現代科學技術的進步，化學領域的科學研究飛速發展，許多食品原料所含有的化學成分，已經被人們認識和利用，例如調味用的味精已進入千家萬戶。目前我國各地飲食、食品調味分基本味和複合味兩大類。現在將各地常用的基本味和複合味作了比較和統計，依據人們的口感，認為將基本味定為鹹、甜、酸、辣、苦、鮮、香、麻、淡等九種比較適宜。

基本味又叫獨味，是一種單一的滋味。複合味又叫味別、味型，是由兩種或兩種以上的基本味混合而成的滋味，其中的某個味較為突出，就稱其為某某味型。例如，口感以鹹鮮味為主的菜餚三絲魚翅，其中有鹹味、鮮味、香味、醇味、胡椒味等等，這一複合味的突出特點，是由鹹味和鮮味為主味構成的，就命名為

鹹鮮味型。再如糖醋丸子，用的是酸甜味，由酸味、甜味、鹹味組成；如果把酸、甜、鹹三種主要味的配方比例加以調整，可以分成大酸甜和小酸甜，大醋甜叫糖醋味型，小酸甜則叫荔枝味型。

目前，我國的複合味型約有五十種。③

1.酸味出頭的複合味有：酸辣味、酸甜味、薑醋味、茄汁味。

2.甜味出頭的複合味有：甜香味、荔枝味、甜鹹味。

3.鹹味出頭的複合味有：鹹香味、鹹酸味、鹹辣味、鹹甜味、醬香味、腐乳味、怪味。

4.辣味出頭的複合味有：胡辣味、香辣味、芥末味、魚香味、蒜泥味、家常味。

5.香味出頭的複合味有：蔥香味、酒香味、糟香味、蒜味、椒香味、五香味、十香味、麻醬味、花香味、清香味、香糟味、果香味、奶香味、煙香味、糊香味、臘香味、孜然味、陳皮味（中藥味）、咖喱味、薑汁味、芝麻味、冷香味（薄荷）、臭香味。

6.鮮味出頭的複合味有：鹹鮮味、蠔油味、蟹黃味、鮮香味。

7.麻味出頭的複合味有：鹹麻味、麻辣味。

8.苦味出頭的複合味有：鹹苦味、苦香味。

9.淡味，以原料的本味、無鹽為主，表現出淡香味。

五、根據人體生理、病理進行調味

　　人類在長期進食的過程中，認識到只有平衡膳食才能滿足人體正常的生理需要。在古代各種食物是由其所表現的性味來代表的，各種味對人體的生理、病理影響較大，〈素問‧五臟生成篇〉說：「多食鹹則脈凝泣而變色；多食苦則皮槁而毛拔；多食辛則筋急而爪枯；多食酸則肉胝而脣揭；多食甘則骨痛而髮落，此五味之所傷也。故心欲苦、肺欲辛、肝欲酸、脾欲甘、腎欲鹹，五味之所合也。」醫聖張仲景在《金匱要略》中指出：「所食之味，有與病相宜，有與身為害。若得宜則益體，害則成疾。」唐代名醫，藥王孫思邈在〈千金‧食治〉中指出：「五味動病法，酸走筋，筋病勿食酸；苦走骨，骨病勿食苦；甘走肉，肉病勿食甘；辛走氣，氣病勿食辛；鹹走血，血病勿食鹹」。

　　這些論述，至今看來，仍然是有一定的科學道理的，而且為大量的飲食文化生活實踐所證實。例如，人體每日由食物獲得的食鹽（氯化鈉）約為八至十五克，在腸道幾乎全部被吸收，食入量和排出量大致相等，氯化鈉能夠維持體內的水平衡、滲透壓、酸鹹平衡及加強肌肉的興奮性。當體內缺乏時，可引起食欲不振、倦怠乏力、暈眩噁心等症狀，由於體內血液中的鈉離子減少，就會主動的選擇含鹽食物，調味以鹹味為主。孕婦在懷胎的初期喜歡吃酸味，原因是胎盤會分泌出絨毛促性腺刺激胃分泌胃液，消化酶的活性因此降低，影響食欲和消化功能，會出現噁心嘔吐、食欲不振的症狀。由於酸味能刺激胃分泌胃液，並能提高消化酶的活性，促進胃腸蠕動，增加食欲，有利於食物的消化和吸收，所以孕婦只要吃些酸性食物，噁心嘔吐的症狀就能得到不

同程序的緩解。

六、根據「適口者珍」的原則進行調味

「適口者珍」是指人們在飲食的過程中，食品的味道和質地刺激口腔內和鼻腔內的神經後，經大腦高級神經系統及人的心理過程的參與，使人感覺到舒適和愉快。在日常生活中，由於人們各自的生活習慣不同，在口味方面常常是眾口難調。

中國廚師在長期的調味實踐中，不但能滿足每個人對口味的要求，還能做到求大同，存小異，古人云：「口之於味，有同嗜也」。其實，人們對味的追求，大體循著味輕→味濃→味重→味輕，如此循環，成為一個無形的味的循環圈，人們一生中的口味，就在這個圈中往復旋轉，是一個不規律的規律。廚師正根據人們不斷變化著的口味，總結出許多調味的經驗，儘量做到符合適口者珍的原則。其中有「好廚師一把鹽」，說的是，調味做到鹹淡定味適口，就是好的廚師。「唱戲腔要好，廚子湯要好，菜要味道好，須用好湯保」。

「要想味道好，捨得下調料」。清代文學家袁枚在總結廚師調味的文中說過：「味要濃厚，不可油膩；味可清鮮，不可淡薄」；「名手調羹，鹹淡合宜……調味者，寧淡毋鹹，淡可加鹽以救之，鹹則不能使之再淡矣」。他還在文中要人們上菜時應注意：「鹹者宜先，淡者宜後；濃者宜先，薄者宜後；無湯者宜先，有湯者宜後；且天下原有五味，不可以鹹之一味概之。度客食飽則脾困矣，須用辛辣以振動之；慮客酒多則胃疲矣，須用酸甘以提醒之」，等等即是如此。

七、根據地域差異與節候變化進行調味

　　中國烹調的顯著特點是因人、因地、因時制宜，根據地理、季節、氣候的變化進行調味。〈素問‧異法方宜論〉中，記載了兩千多年以前古代關於地土方宜、生活習慣、口味嗜好的民風、民俗，指出：「東方之域……魚鹽之地，海濱傍水，其民食魚而嗜鹹。西方者，金玉之域，砂石之處，其民陵居而多風，水土剛強，其民華食而脂肥。北方者，天地所閉藏之域也，其地高陵居，風寒冰冽，其民樂野處而乳食。南方者，天地所長養，陽之所盛處也，其地下水土弱，霧露之所聚也，其民嗜酸而食（腐熟）。中央者，其地平以濕，天地所以生萬物也眾，其民食雜而不勞。」從文中我們可以知道，自古以來，中國疆域遼闊，人口眾多，正因如此，故人們的飲食口味皆因地而異。

　　除了地理條件外，人們的口味往往隨著季節氣候的變化而有所不同，調味也要隨著變化而變化。〈周禮‧天官‧食醫〉根據季節變化，總結了用味的規律，「凡和，春多酸，夏多苦，秋多辛，冬多鹹，調以滑甘」。夏季氣候炎熱，人們喜歡調味清淡爽口，淡而不薄；冬天寒冷，人們喜歡濃厚味重；春秋氣候冷熱交錯，調味的濃厚與清淡、口味的輕與重則因人而定。以陝西為例，陝西地處我國中部，南北跨長江、黃河兩大流域，氣候四季分明，基本口味以鹹鮮酸辣香為主，突出了酸辣味。陝西春季多風忽冷忽熱，口味多鹹酸，配以油潑睜眼辣子，辣香而不烈，時鮮菜點有薺菜餃子菠菜麵，香精韭芽燴蓮菜；夏季炎熱，口味多清爽利口，配以香辣酸，有涼拌菜多酸辣，涼皮、飴酪、水盆肉、芥末肘子、漿水麵，花椒水香味濃；秋季多陰雨，口味多酸

辣鹹，醬味濃，蒜味香，有炒綠辣子、溫拌腰子、三皮絲、岐嶼、麻食麵；冬季寒冷，口味多濃厚，酸辣熱菜香，有粉蒸肉、酸辣湯、紫銅火鍋涮牛羊、粉湯羊血葫蘆頭、八寶肉辣白菜香。

八、根據調味品的理化性質進行調味

調味品在食物中的用量雖然不多，應用卻十分廣泛，變化也頗大，原因是每種調味料都含有區別其他調料的特殊成分，在醃漬或加熱烹製食品的過程中，會產生複雜的變化，透過這些特殊成分的理化反應，產生調和口味、改善飲品色澤、形狀、質感的作用。具體表現如下：

(一)味的相互對比

陝西在製作冰糖肘子、金棗扒肉等甜味菜餚時，要加入少許鹽有些人不解其意。行話說：「要想甜，糖加鹽」，實驗研究表明，15％的白糖溶液加入0.17％的食鹽，這種糖鹽水要比純糖水更甜。一般來說，未經提煉的紅糖比提純過的白糖要甜。製作拔絲紅肉時熬的糖較白糖甜而且香。在好的雞湯裡加鹽，會感覺味道很鮮，是由穀氨酸和氯化的結合而產生的。因此，味的相互對比，多用在鹹與鮮，甜與鹹，甜與苦等味之間，能增強食品的原味。

(二)味的相乘轉化

味精與鹽以適當比例配合，能增加食品的鮮味。用豬油炒、燒素菜，會增加素菜的香味（如豬油炒白蘿蔔絲）。魚、羊合烹，其味特別鮮美，且魚不腥，羊不羶（如陝西菜清蒸魚、牡丹

魚均用羊肉）。將醋、辣椒、精鹽粗成的複合味──酸辣鹹三味咬合，口感很舒適，既可醒脾開胃，又無單種味的濃烈感。用白糖、醋、醬油組成的糖醋味，酸甜鹹相互咬合，較原來的本味要適口得多。此外，還有五香味、甜鹹味、麻辣味、鹹酸味、酒香味等等，都是味的相乘轉化作用。

(三)味的功抑抵銷

當製作菜餚調味過酸或過鹹時，加入適量的糖，就會使酸味或鹹味減輕。在已調製過的鮮湯中，加入少許醬油，能使鮮味減弱。在加工、製作牛羊肉、魚類及腸肚類等腥羶異味重的原料時，用酒醋、蔥、薑、糖等調味的化學反應，可消除或抑制腥羶異味。

(四)味的轉換變調

在日常飲食中，嚐了某一種味後，緊接著又嚐另一種，能使人感覺到一種異樣的味道。

喝蛇膽酒有些苦味，過後呈現的卻是甜味。吃了甜味食品，接著吃酸味，會感覺到酸得厲害。

吃過甜味馬上喝白酒，會感到有些苦味。吃了麻辣味，接著喝啤酒，可減輕麻辣味感。由於存在著味的轉換變調現象，中國飲食在配餐時，特別強調調味的先後順序，以免產生令用餐者不愉快的味道。

(五)味的擴散、對流、滲透

由這個物體的分子運動到另一個物體裡面去的現象，叫作擴散。如中國菜餚中的夏季菜餚荷葉粉蒸肉，就是利用荷葉的清香

味，擴散到粉蒸肉內而別有風味。鮮花餅，是將調拌有玫瑰花的餡心，包入酥皮類麵點內，使玫瑰香味擴散到整個餅中。香酥鵪鶉及葫蘆雞在製作過程中，各種調料的味擴散到主料內，發出誘人的香味。

對流就是液體或氣體在流動傳導熱的過程中進行調味，在熬製雞湯時，先用冷水下鍋，水沸後改用小火，製成的湯味道鮮美。利用煮、蒸、煨、燒、燜、滷、醬等烹調方法製成的食品，調味都是經過對流來完成的。

滲透則是指調味時利用水的浸潤性和原料的滲透性，把味帶到食品裡，多用於中國傳統冷菜點和醃漬食品的調味，常見的有涼拌菜、冷點、小吃、鹽漬鹹菜、糖漬果脯、酒漬醉蟹、醉棗等等。

中國烹飪調味之術，還講求根據原料的不同性質進行調味，也是頗富特色的。這一切，不僅是中國飲食文化的重要組成部分；而且，透過古往今來的大量實踐活動，更大大豐富和弘揚了中國傳統的烹飪技藝。

第三節　中華美食的科學性與藝術性

烹飪與食品加工的目的是製作食物供人飲食之用。人類的飲食並不是簡單的充饑果腹，而是要在飲食中獲得生命活動所需的能量和營養素，並且從中得到一種高於生存需要的享受。因此，講究飲食營養和飲食的感官品質，追求優雅的飲食環境和豐富的飲食活動的審美情趣，把飲食和飲食活動的科學性與藝術性融為一體，成為中國飲食文化的重要組成部分。

一、倡導營養平衡的飲食結構

　　有人認為中國飲食歷來注重色、香、味、形，而忽視營養科學。其實中國人對營養科學的研究早在春秋戰國時代就已達到相當高的水準。飲食結構是人類營養的核心問題，它既要保證熱能和營養素的供給，又要保證各種營養素之間達成平衡。中國古代關於飲食結構方面的研究就已取得輝煌的成果，最有代表性的是《黃帝內經》裡提出的日常飲食中不同食物的組合：「五穀為養，五果為助，五畜為益，五菜為充」。這種組合即使用現代營養學的理論來衡量，也是一個十分合理的飲食結構。

　　人體所需的營養素很多，但對生命活動和健康等影響最大的是熱能和蛋白質。「五穀為養」強調的就是人體從飲食中所獲得的養分主要應來自「五穀」。對於「五穀」的解釋，眾說紛紜，其意思顯然不是「一穀」、「二穀」，而是強調種類不可單一，泛指糧穀類和豆類等五穀雜糧，它是中國人傳統的主食。糧穀類食物在營養上的特點是：碳水化合物含量豐富，消化吸收率高；蛋白質的生物價（biological value, BV）較低；礦物質和維生素的保存率和吸收率也低；脂肪的含量很少。而豆類食物的營養特點是：碳水化合物含量比穀類低；蛋白質含量不僅豐富，而且營養價值較高；礦物質和維生素的含量高於穀類；含有不利於人體消化吸收的抗營養因素。

　　由於穀類與豆類在營養上各有千秋，穀類氨酸的含量低，其蛋白質的營養價值不高，而豆類食物的氨酸含量都比較高，若穀類食物與豆類食物同時食用，就能產生蛋白質的互補作用，從而提高主食的營養價值。如麵筋與豆腐單獨進食時，其生物價僅分

別為67與65，若麵筋與豆腐按58％與42％的比例混合進食，則混合食物的生物價可提高到77。

豆類食物中最重要的品種是大豆，中國人在對大豆營養素的利用方面為人類作出了巨大的貢獻。如上所述，大豆既含有豐富的營養素，也含有一些抗營養因素，妨礙人體對營養素的吸收利用。如大豆中的「胰蛋白酶抑制劑」能妨礙大豆蛋白的消化吸收，「脂肪氧合酶」使大豆具有豆腥味等等。這種現象的生物學意義是生物體延續繁衍子代所設置的自我保護因素，而我們食用大豆就要設法破壞這些抗營養因素，中式烹飪關於大豆食品加工食用的方法既科學又藝術地達到了這一目的。

豆腐和豆芽是中國大豆加工品中兩種重要產品。大豆煮食，人體對其營養成分的消化吸收率僅為60％，而磨成豆漿或製成豆腐可提高到90％。消化吸收率提高與加工關係極為密切，磨漿前的浸泡能促使大豆植酸酶活性上升，植酸量下降，游離氨基酸增加，原來被植酸所整合的鈣、鐵、鋅等營養物質就釋放出來，從人體難以利用狀態變為可利用狀態。在加熱過程中又充分破壞胰蛋白酶抑制劑和植物紅細胞凝血素（PHA），鈍化脂肪氧合酶，消除豆腥味，降低植酸和纖維素的含量。所有這一切都極為有效地提高了大豆的價值，大豆用水浸泡促使其發芽時，大豆為了第二代植株的茁成長，自動解除了自我保護因素，把許多營養物質釋放出來，使其吸收利用率大大提高，甚至維生素C的含量可增至20mg。我們的祖先在品嚐軟嫩的豆腐和爽脆的豆芽時，也許未必熟知其中營養學的奧秘，但我們從實踐中總結出來的這份寶貴遺產都向全世界昭示著中國飲食文化令人驚嘆的科學性與藝術性。

《黃帝內經》在強調「五穀為養」的同時，提出了「五畜為

益」。「五畜」指的是什麼,說法也不完全一致,一般認為是泛指禽、畜類等動物性食品。它們在營養學上的特點是:蛋白質含量高、質量好;礦物質含量比較齊全;維生素含量豐富;碳水化合物含量低;含有較高的飽和脂肪酸和膽固醇。「五畜為益」就是要在「五穀」中增加這些動物性食品,它們所含的營養素不僅種類比較齊全,而且含量也較高,特別是富含人體所需的八種必需氨基酸。能夠彌補「五穀」類植物性蛋白生物價比較低的缺陷。但是「五畜」僅屬配角位置,因為它含有較高的飽和脂肪酸和膽固醇,若攝取過量,必對人體健康造成不利的影響,而出現肥胖、高血壓、冠心病等疾患,故「五畜」只能保持在有益的位置。

「五果為助」、「五菜為充」就是說人們的飲食除了「五穀」、「五畜」之外,還要以「五果」給予協助,以「五菜」加以補充。「五果」和「五菜」是泛指各類果品和蔬菜,它們在營養學上具有許多相同的特點:礦物質的含量比較高;含有豐富的維生素,尤其是維生素C和胡蘿蔔素;可消化碳水化合物含量較低,食物纖維含量高。在人類飲食中有「五果為助」、「五菜為充」,人體所需的各種營養就更加充實和完善。「五穀」和「五畜」中的蛋白質經消化吸收後,所含的硫、磷等成分被氧化為酸性物質,導致富含蛋白質的食物在生理上為酸性食物;水果、蔬菜所含的鉀、鎂、鈣、鐵等礦物質元素,經人體消化吸收後被氧化為鹼性物質,故水果、蔬菜在生理上為鹼性食物。在飲食中,穀、果、畜、菜不加偏廢就能保證人體的酸鹼平衡。

蔬菜、水果含有豐富的食物纖維,它們對腸壁具有刺激作用,引起腸壁的收縮蠕動,促進消化液的分泌。這不僅有利於食物的消化,而且能促使廢物的排出,從而防止一些病變的發生。

由於食物纖維能吸收較多的水分，增加腸內食糜的持水力，這也有利於營養成分的吸收。食物纖維還能整合膽固醇和膽汁鹽，減少血液中膽固醇的含量，從而有利於減少冠心病的發病率。此外，食物纖維能促使人體內代謝產生的有毒物質順利地排出體外，減少其在腸道的積累和與結腸接觸的時間，從而可以減少結腸炎和結腸癌的發生。食物纖維這些奧妙的生理功能被揭示的時間並不長，但我們的祖先卻早就提出「五果為助」、「五菜為充」的飲食法則，使膳食的構成更加合理。

　　中國傳統的「穀、果、畜、菜」的飲食結構，極其符合現代營養科學的重要理論——營養平衡，使中國的飲食文化立足於堅實的科學基礎之上，令世人刮目相待。

二、講究外觀內質的飲食特點

　　人類的飲食固然是要從食物中獲取人體維持生命所需的能量和營養素，然而由口腔攝入的食物，在為人體吸收利用之前，必須被人體所消化。所謂消化就是要將食物中的高分子有機物質轉變為能被人體吸收利用的小分子物質。消化作用的反應機制是水解。多醣、蛋白質和一部分脂質都必須先於消化道內，在消化液（唾液、胃液、胰液和小腸液等）中的各種酶的催化作用下進行水解，才能轉化為人體能夠吸收的單醣、氨基酸和甘油及脂肪酸。另一部分脂質則被肝臟分泌的膽汁乳化為微粒，直接被腸壁吸收。因此消化狀況決定著人體對食物的吸收和利用，而消化在很大程度上取決於消化系統中消化液的分泌量。

　　人體是一個統一的有機體，在飲食過程中，能不能分泌足夠量的消化液來消化食物，是受多方面因素影響的，其中食物的外

觀和內質起著決定性的作用。當它們能夠滿足食用者在視覺、嗅覺、味覺和觸覺方面的需要時，即食物具有悅目的色澤、美好的形態、誘人的香氣、可口的滋味和舒適的口感時，就能使食用者胃口大開，消化系統分泌出足量的消化液，把各種營養素水解為人體能夠吸收的小分子營養物質。反之，如果食物的色澤灰暗、氣味異常、味道不正、口感嗜老，就會使食用者食欲全無，消化液停止分泌，即使勉強嚥下的食物也難以消化。因此，中國人在飲食中講究色、香、味、形、質，不僅是為了滿足感官方面的享受，而且在營養學上也具有重要的意義。

除了少數香氣襲人的饌餚外，食物的外觀是最先作用於人的感覺器官的。明快的色彩、優美的造型，能使食物栩栩如生、艷麗動人，從而讓人覺得生機勃勃、精神振奮、食意盎然。中國菜餚對形態的講究在世界上是獨占鰲頭的，廚師根據原料的特點和烹飪方法的要求，把原料切成各種各樣的形狀，無論是片、丁、絲、條，還是塊、粒、末、茸，都能做到大小一致，粗細相同，厚薄均勻，這不僅有利於原料在烹飪中成熟和入味，而且有利於成菜後形態美觀，催人食欲。

由幾種不同色彩的原料，經過刀工技藝和拼配造型相結合，塑造出來的鳥、獸、蟲、魚、花草、人物，千姿百態，形象逼真，令人嘆為觀止。中國關於饌餚形與色的藝術呈現手法還充分運用了形式美的法則，透過反覆、漸次、對稱、均衡、調和、對比、比例、節奏和韻律等來表現，使饌餚的形與色更加動人，更富有藝術魅力。如把糖醋藕片盛裝在圓盤裡，由於藕片大小、形態一致，又和圓盤同屬中心對稱和軸對稱圖形，因此表現出反覆、對稱及調和等諸多美感。饌餚美好的色澤和形態能引起食用者視覺的快感，從而誘發食欲。但真正能使食欲亢奮的是饌餚的

陣陣幽香及入口後所產生的美妙感覺，這就是食物的內質——香氣、滋味和質感。

香飄四鄰的「佛跳牆」能使佛爺跳牆破戒而至，酒樓散發出的襲人酒香也令眾遊客「聞香下馬」。中華美食對香氣十分講究，各種香料琳瑯滿目，用於烹飪的就達幾十種，並根據香氣形成的原理，如裂解、擴散、滲透、吸附、溶解、重組等，採用多種調香方法。除了在加熱前調香，消除原料的異味外，還著重在加熱中調香：一是促使呈香前體物質在高溫中裂解，產生複合的香氣；二是用香料加以補充，以彌補香味之不足。為了使香氣更美好，加熱後還再進行一次調香，如在菜餚入味前後滴入芝麻油或撒些蔥絲、香菜、蒜茸、花椒等。

食物入口後給人的感覺主要是質感與味感。中國人對食物的質感也十分講究：硬度有軟、硬之分，濕度有濕、乾、焦之別；黏度有爽、滯、黏之分，韌度有嫩、筋、老之別；密度有鬆、酥、脆、實之分，表面光滑度有滑、滯、粗、糙之別。任何饌餚都必須達到固定的質感要求，才能體現出應有的特色。質感好的食物會給人帶來咀嚼時美妙適口的感受，如香酥雞的外酥裡嫩、粉蒸肉的軟滯、荸薺的爽脆、炸黃豆的乾脆、肉鬆的酥軟、豬排的糙嫩等等。

在食物的色、香、味、形、質裡，中國人最講究的是味，既講突出原料的自然之味，即「本味」，又極其注重調味，以達到適口。由於中國地域遼闊，人口和民族眾多，各地物產、自然環境、氣候條件和生活習慣均有差異，加之個人對味道嗜好的偏愛，使中國菜餚處在味道多變的狀態之中，也正是這樣才使中國菜的味道多種多樣，為世界所矚目。

中國菜由地方菜、民族菜、寺院菜（即素菜）、官府菜和宮

廷菜等組成。其中地方菜是中國菜最主要的代表，根據菜餚比較顯著的風味特色可畫分為四大菜系，即川菜、魯菜、粵菜和蘇菜。如果細分還可畫分為川、魯、粵、閩、贛、徽、揚、京、滬、蘇等十個菜系。每個菜系還包含若干地方風味，從而構成中國飲食的多層次、多方位、多品類的風味體系。中國的美饌佳餚給人們的不僅是視覺、嗅覺、味覺和觸覺的滿足，而且是一種物質與精神、科學與藝術相互交融的享受。

三、美饌佳餚的命名藝術

中國美食享譽全球，固然應歸功於饌餚的風味特色，但與其命名之藝術不無關係。所謂命名藝術，就是運用各種藝術手法，給饌餚所取的名稱不僅準確、科學，而且高雅、巧妙，富有美學和文學色彩，增添審美的情趣，催人食欲，發人幽思，令人久久難忘。

(一)饌餚命名的科學性

饌餚命名的科學性是指饌餚的名稱能夠恰如其分地反映饌餚的實質和特性。主要有反映饌餚的原料構成：如「番茄裡脊」、「鰱魚豆腐」、「洋蔥豬排」等等，這類命名方法用於主輔料不分，或難分主輔料，但輔料的口味起著重要作用的饌餚，令人看後就清楚這道菜是由什麼原料作出來的。反映饌餚所使用的調味料與調味方法，如「糖醋排骨」、「芥末鴨掌」、「鹽水鴨」等等，這類命名方法常用於調味有特色的饌餚，人們聽後食欲就油然而生。反映饌餚烹調方法：如「軟炸口蘑」、「清蒸鰣魚」、「乾燒明蝦」等等，這類命名方法用於具有烹調特色的饌餚最為

適宜，聽了饌餚名稱後，自己動手烹製一個就有幾分把握了。

反映饌餚形色香味方面的特色：如「蝴蝶海參」、「蘭花鴿蛋」反映饌餚的形態；「雪花雞」、「三色蛋」反映饌餚的色澤；「魚香肉絲」、「香酥雞」反映饌餚的風味，這類命名方法一般用於形優、色美、香濃、味醇的饌餚，給人留下的印象久久不忘。反映饌餚的地方特色：如「西湖醋魚」、「成都蛋湯」、「嘉興豆腐」等等，令人聽後，就想到該地去品嚐一番，否則心裡多少總有點遺憾。反映饌餚的主輔料和烹調方法：如「海參燉雞」、「芹菜炒牛肉絲」、「蘿蔔絲氽鯽魚」等等，這類命名方法可謂明白無誤、毫不保留地全部呈獻給食用者，即使是門外漢也可十拿九穩地自己烹製一個。反映饌餚烹製的用器：如「砂鍋豆腐」、「魚丸火鍋」，這類名稱質樸無華，它忠實地告訴食用者，這些菜是用什麼器具烹製出來的。

(二)饌餚命名的藝術性

饌餚命名的藝術性是透過各種修辭手法，不突出或隱去饌餚的具體內容而另立新意。通常採用的方法有：渲染饌餚的某一特色：如孔雀、熊貓及人們心目中的吉祥物，饌餚若能製成孔雀俏麗的雄姿和熊貓逗人的憨態，則必定為眾人所青睞，因此「孔雀開屏」、「熊貓戲竹」等著名工藝菜便應運而生，至於它們為何物，名稱中沒有提及，人們也並不在意，令人折服的是逼真的形態和高超的技藝。渲染饌餚奇特的製法：獵奇是人們一種正常的心理現象，利用這一心理特點，有些饌餚的名稱就極為奇特，如「炒牛奶」、「熟吃活魚」、「糊塗鴨」等等，人們一聞其名就想看個究竟，最好親口嚐一嚐，看看牛奶是怎樣炒的，活魚又怎樣熟吃，鴨子又是怎樣糊塗的，因此這類饌餚對食客具有強烈的吸

引力。

　　表示良好祝願：聽到良好的祝願，心裡會產生一種甜美的感受，中國饌餚的許多名稱滿足了人們的這種精神需求，如婚宴上的「龍鳳雙球」、「鳳入羅幃」和「相思魚卷」等；為老人祝壽的有「松鶴延年」、「五子獻壽」等；類似的饌餚名稱還有很多，如「鯉魚跳龍門」、「三元白汁雞」：祝賀人們不斷進步、節節升高，食用之後，連中「三元」（解元、會元、狀元）。賦予詩情畫意：中國悠久的歷史和民間許多美麗的傳說留下了無數動人的故事，遍佈神州大地的名勝古蹟吸引了歷代的文人墨客，他們所留下來的炙人詩句讓人反覆吟誦而其味無窮，所有這一切都成了中國饌餚命名的豐富素材，許多富有詩情畫意的饌餚名稱也就脫穎而出，如「霸王別姬」、「遊龍戲鳳」、「柳浪聞鶯」、「推紗望月」、「虹橋贈珠」、「詩禮銀杏」等等，這類饌餚名稱脫俗高雅，富有情趣，足以淨化和陶冶人們的心靈。

　　中國美佳餚的名稱，用詞典雅瑰麗，涵義雋永深遠，是科學與藝術的高度結晶，它令人浮想聯翩，使饌餚生色增輝。這些回味無窮的饌餚連同它們的美名一起成為中國飲食文化園地裡一朵朵瑰麗的奇葩。

四、追求優雅諧調的飲食環境

　　飲食既是一種攝取營養素的物質活動，也是種講究審美和情趣的精神活動。在物質享受的同時，體驗精神的歡愉，成為中國人對優雅諧調的飲食環境刻意追求的原動力。

　　人類的飲食必須在一定的環境中進行，飲食時，除了食物給予人的刺激外，環境中的各種事物，如飲食器皿、擺設、桌、

椅、廳堂建築風格、色彩、採光、燈光、字畫、盆景、花卉、音響、溫度、濕度和空氣清新度等，都會給人的視覺、聽覺、觸覺和嗅覺起一定程度的作用，從而使飲食增添一層客觀的精神色彩。環境在一定的程度上左右著用餐者的心境和情緒，從而影響對食物外觀內質的感知以及營養成分的消化吸收。飲食環境對人類飲食是起良好的積極作用，增添飲食時審美情趣，還是起不良的消極作用，敗壞用餐者的胃口，則取決於飲食環境組成的科學性與藝術性，其衡量標誌是環境組成對用餐者在精神上、心理上和欲望上的滿足程度。優雅的飲食環境與美食美器相互輝映，為就餐者在飲食時具有良好的心境創造一個重要的客觀條件，所以中國人歷來就十分重視尋找和創造一個優雅的飲食環境。

李白在「花間一壺酒，獨酌無相親，舉杯邀明月，對影成三人」的環境中，雖然無人相伴，有點神傷，但置身於鮮花叢中，在良宵美景中邀請皎潔的明月一起舉杯暢飲，此景此情卻也為人生之難得。歐陽修筆下的醉翁亭，位於水聲潺潺、峰迴路轉的山間，其景致十分宜人，「日出而林霏開，雲歸而巖穴暝」、「野芳發而幽香、佳木秀而繁陰」。如此優雅的環境令作者和眾遊客流連忘返。「醉翁之意不在酒，在乎山水之間也。山水之樂，得之心而寓之酒也」成為千古絕句。

中國人對飲食環境的追求充滿著浪漫主義的色彩，即使是品嚐一杯清茶，也著意選擇或精心構築一個美好的環境。明代許次紓在《茶疏》中列舉了飲茶時的十種佳境：明窗淨几，風日晴和，輕陰微雨，小橋畫舫，茂林修竹，課花責鳥，荷亭避暑，小院焚香，清幽寺觀，名泉怪石。一杯香茗在手，面對如此佳境，神馳八極，回味人生的苦澀甘爽，既格調高雅，又充滿著審美的情趣。

第四節　中式餐飲烹調方法

　　所謂烹調方法就是材料經初步加工及切配完成後，所進行的調味及煮炊法。中國菜的烹調法種類達數千種之多，但就基本程序而言，可分成數十種的烹調方法。菜餚的色、香、味、形都可經由烹調方法的應用具體地表現出來。

　　如果不掌握各種烹調方法，則不能操作多種味道的烹調，也不能滿足人們多樣化口味的要求。

　　因此，正確掌握並巧妙應用烹調方法，在保證菜餚品質及種類的豐富上，有重大的意義。

　　中國的烹調因為使用豐富的材料，所以各有不同的烹調過程，同一道菜因地區不同而有不同的烹調喜好，所以創造了多樣的烹調方法。

　　為了研究的方便，本書就從中國菜中主要而普通的菜式著手，研究其火候、材料及加熱方法的異同，定出初步的法則，將中國菜分類為以下九種烹調方法：

1.氽、涮、熬、燴（煮水或湯）。
2.燉、燜、煨（以文火煮）。
3.煮、燒、扒（煮）。
4.炸、溜、爆、炒、烹（使用多油的烹調法）。
5.煎、煽、貼（以鍋燒）。
6.蒸。
7.烤、鹽焗、煨烤、燻（烤燒、蒸燒、燻製等）。

8.滷、醬、拌、熗、醃（冷菜的烹調）。

9.拔絲、掛霜、蜜汁（甜菜的烹調）。

各種烹調方法，又可依其材料及作業上的特徵再予分類。在各種方法的說明之後，舉出若干實例，而且不分省別依代表性列出以供參考。

一、氽、涮、熬、燴

(一)氽

用於小型的材料，例如作成片、絲、條、丸子等的材料。一般是將湯或水用強火煮沸，將材料放進去，再加調味品，但不勾芡，煮開後從鍋中取出。也有如「生氽丸子」等在放入水的同時即將材料放入一起煮的。另外一種是從煮沸的鍋中取出煮熟的材料，放進大碗，再將預先作好的湯倒入碗中即成，此法叫作湯爆或水爆。氽的特徵是湯多、新鮮而柔軟。

(二)涮

涮是將水放入鍋中，沸騰後將切薄的材料以極短時間燙過，沾上調味品，一邊涮一邊吃的烹調方法。涮的特色是使用新鮮而柔軟的材料，湯的味道好，食用者可各按自己喜歡的味道調整涮的時間及調味料。但主材料的好壞、切的厚度、調味品及鍋子的質料對菜餚都有決定性的作用。

(三)熬（油炒、湯煮）

先在鍋中加油，熱火，將主材料放進去炒，再將湯（一般用濃湯，也有用水的）及調味品放進鍋中，用弱火煮。熬菜的特徵，一般而言可使材料柔軟欲溶，湯不膩，作法簡單，不用勾芡。有湯、有菜，適合作為下飯的菜。

(四)燴

大部分是將小塊的材料混合，用燙及調味品作成的湯汁菜。燴的特徵是有充足的濃湯，味濃厚而鮮美。作法有三種：

1. 鍋中放油，炒蔥或薑，將調味料、湯（或水）及預先切成丁、絲、片、塊的材料(部分已預先作熟處理或初步加工)依次放入鍋中，用中火或弱火煮過，在下鍋前勾芡。
2. 上述方法與勾芡稍異。將調味料及湯煮沸後，將主材料及副材料入鍋一起煮。（或是不將材料加進鍋中，而將湯澆在盛於器皿中的材料下面。）此法使用的材料大部分已經過汆、炸、燙等手續，菜餚軟而有鮮味。
3. 熱鍋放油炒蔥或薑，然後加湯及調味品，持續用強火將湯煮沸後，放入材料，在下鍋前將浮在上面的泡沫除去，不作勾芡，此法亦稱清燴。特色是湯上面會形成乳白色的油層，味美而香。

二、燉、燜、煨

(一)燉

　　燉有兩種，即隔水燉與不隔水燉。隔水燉是先將材料放入熱水中，除去血及腥味，然後放入陶製或瓷製的大碗中，加蔥、薑、酒等調味品及湯，用桑皮紙密封，放入有水的鍋中。（鍋的水位要比碗口低，使沸騰的熱水不致進入碗中。）蓋緊鍋蓋，使水蒸氣不會漏出，用強火使鍋中的水不斷滾沸，約三小時即成。用此法，材料的新鮮味道和香氣不會散失，作成的菜餚，能保存材料味佳而湯澄。或將盛了材料的大碗密封，放入蒸籠中蒸，效果大致相同，但蒸的溫度要很高，所以必須掌握蒸的時間，蒸的時間不足，材料會熟，香氣和味道不會出來；蒸的時間過久，則材料會溶解，失去鮮味。

　　不隔水燉是先將材料放入沸水中，除去血及腥味，再放入陶器（砂鍋）中，加蔥、薑、酒等調味品及水。（水要比材料多些，通常是五百克的材料，用七百五十克到一千克的水。）蓋鍋，直接放在火上煮。煮時，先用強火煮沸，除去浮起來的泡沫，然後用熱火煮到柔軟為止。通常二至三小時即成。

(二)燜（密閉後用文火煮）

　　一般是將材料用油加工成半製品後，加少量湯及若干調味品，蓋緊鍋蓋，以微火煮至柔軟。此法所作的菜餚，湯濃、味濃。

(三)煨

　　煨這種烹調方法和燉大體相同。不同的是，煨使用爐灶的餘熱（微火）長時間烹煮，直到材料柔軟為止。煨菜的特色是湯濃而黏糊，味道濃厚。

(四)燉、燜、煨三種烹調方法的比較

　　燉、燜、煨都是以水為加熱體的烹調方法，其使用的火力一般是弱火或微火，時間很長，通稱為「火功菜」，相似之點非常多。相異之點是湯及菜的風味各有不同。燜菜的水如果適當，火候也適當，則作成的湯味道都很濃。燉菜一般湯多而清爽。煨菜的湯為黏糊狀，汁和菜各半，湯的味道濃，有鮮味，油浮在湯的表面，油而不膩，入口有清爽味。

三、煮、燒、扒

(一)煮

　　將材料（有生材料，也有經過初步加工的半製品）放進多量的水或湯的鍋中，先用強火煮沸，然後用弱火煮。此法的特色是不作勾芡，湯多，味道新鮮。

(二)燒

　　燒也是以水為加熱體的烹調方法之一。一般先將材料用煸、煎、炸、蒸法之一作初步的熟處理，然後，加強調味料、湯或水，用強火煮沸，蓋鍋，改用中火或弱火慢慢煮，最後再改用強

火,會有很濃的煮汁出現。

燒菜的特徵是煮汁少而有黏性,而且味道鮮美濃又柔軟。

一般而言,這種烹調方法使用的湯約為材料的四分之一,乾燒的情形是,湯全部滲入材料之中,鍋中不剩煮汁,燒因調味品的顏色而分成紅燒及白燒兩種。

(三)扒

先將蔥及薑以鍋炒之,燴鍋之後,加上整齊排列好的材料(生的、蒸過的、經過煮等初步加工的半製品)及其他調味料,再加汁,以弱火煮之,最後,作勾芡,出鍋。

扒依其所使用的調味品,可分為紅扒、白扒、五香扒、蠔油扒、雞油扒等。扒菜的特點是排列整齊,形狀很美。

(四)煮、燒、扒三種烹調方法的比較

燒和扒的烹調過程大致相同,都是先用油鍋炒材料,然後用湯或水煮之。相異點是,扒菜煮好後在離鍋前作勾芡,有適量的湯汁,形狀和色彩都美,因此,切配的準備必須比較正確。

又,燒菜的湯一般比扒菜要多。煮菜的湯充足而濃厚,不作勾芡。

四、炸、溜、爆、炒、烹

(一)炸

是使用強火及多量油的一種烹調方法。一般都用大油鍋,油量比材料多數倍,火力要強,所以材料入鍋時會發出很大的聲

音，特色是香、酥、脆、嫩。依材料性質及味道的要求，可分為清炸、乾炸、軟炸、酥炸、紙包炸等多種。

■ 清炸

材料上了醬油、酒、鹽等調味料後，入油鍋以強火炸之。一般而言，清炸菜餚其特色是外脆而內嫩。

■ 乾炸

乾炸是將調味品加入生的材料中，等充分滲入後，沾粉或沾糊，再用油炸的方法。乾炸的菜餚內外都酥，色為黃褐色。

■ 軟炸

軟炸，一般而言是將小塊、片或條形材料掛糊，用七、八成熱（180℃至220℃）油炸的方法。油的溫度要特別注意，過高則外焦內生，過低則糊易脫落。炸時要分散入鍋才不致黏在一起。表面變硬（八、九分熟）時取出，等油的溫度再度上升，重炸一次。這種炸法時間非常短，外脆內嫩而芳香。

■ 酥炸

酥炸是將材料先煮軟或蒸過後，掛上用全蛋和太白粉做成的糊再油炸的方法。（也有不掛糊的，一般而言，去了骨的材料都掛糊，帶骨的材料則不掛糊。）炸時等油熱後將材料入鍋，直到變成黃色時取出。這種炸法的特色是芳香脆嫩。

■ 紙包炸

紙包炸，是將新鮮無骨的材料切好，用鹽、味精、酒等調味品，以玻璃紙包好，用高溫油炸的方法。這種炸法的特點是汁會留在紙中，特別能夠保持材料的美味和柔嫩。炸時必須強火，油加熱到四、五成熱（100℃至110℃）時，將材料放入，油溫升高，紙包浮起變成金黃色時即成。

上述各種炸法之外，尚有脆炸、鬆炸、油浸、油潑等特別炸法。

■ 脆炸

帶皮的材料（整隻雞、鴨）用熱水煮，使其外皮縮小，表面塗上麥芽糖，晾乾後，放入熱油鍋（油溫110℃至 170℃）中，不斷翻轉油炸。等材料炸成金黃色時，將鍋子略離火口，均勻炸透後取出即成。這種炸法，一般稱為脆炸，外皮非常脆，氣味芬芳，有「脆皮雞」可為一例。

■ 鬆炸

生的材料去骨，切薄或列塊，調味後，用起泡的蛋掛糊，以溫油（70℃至 100℃）慢慢炸。這種炸法通常叫做鬆炸，因為炸好後鬆脆膨脹，非常嫩，有「鬆炸銀鼠魚」一例。

■ 油浸（油淋）

新鮮柔嫩的材料浸入調味品中，入味後，放入九成熟（220℃以上）的油鍋，鍋離火口，慢慢炸，這稱炸法就是油浸或油淋，炸好的東西非常味美嫩軟，而且可維持材料本來的顏色，有「油浸鱖魚」、「油淋雞」二例。

■ 油潑

新鮮柔嫩而小型的材料浸於調味料後，放入漏杓。鍋中油加熱至冒青煙時，用鐵杓不斷舀油注澆材料，這種方法稱為油潑。

(二)溜

溜一般分為兩個步驟，第一個步驟是炸材料（不炸的要煮或蒸）；第二個步驟是將材料從鍋中取出做澆汁（澆汁也有不用油而用湯做的），將汁注澆於材料，或將材料放入汁中攪拌皆可。

溜菜的材料一般依照第一步驟的材料要求進行。以炸為主的

材料大部分是塊、片、丁、絲等。溜，因為以強火快速作成，所以能保持香、脆、鮮、嫩。依使用的材料及作法，可分為脆溜、滑溜、軟溜、醋溜、糟溜。

■ 脆溜

也叫炸溜、焦溜。先將材料用濕太白粉掛糊，或塗麵粉，油炸後澆上煮汁的烹調方法。炸時，使用大的油鍋，油量多，以強火炸到變成金黃色時取出，然後將油放入炒鍋（油量依澆汁之多少而定），油熱時，先將蔥、薑放入，次將紹興酒、糖、鹽放入，再用調水太白粉作勾芡，最後加麻油、蒜泥、醋作成燒汁，將此澆汁注澆於剛炸好的材料上即成。

澆汁基本上以油炸底汁。炸材料和作澆汁必須平行進行。也就是說，材料在油鍋中時，同時作澆汁，材料出鍋時，澆汁已作好，將熱的澆汁澆在熱的材料上，味道才好。此法的特色是，菜餚外酥內嫩，越有香氣。

■ 滑溜

滑溜的材料，以去骨的切片、切碎、切條、切丁、刀絲等小型的材料為主。作時，先將材料塗上調味品後，用蛋白和太白粉上漿。以強火將鍋油熱到五成熱（110℃）時，將材料入鍋，八成熱時取出。（如果是大塊肉未炸熟，可稍後再炸第二次。）

此法亦需同時作澆汁（作法與脆溜的澆汁相同），出鍋的材料放入澆汁中旋攪，使澆汁平均親和材料即可。其特點是滑溜、柔軟、有鮮味且芬芳。另一作法是將炸過的材料，澆上用甜醋或糟汁作成的澆汁，這叫做醋溜或糟溜。（作法與滑溜相同）醋溜在味道的分配上酸味稍多於甜味。

■ 軟溜

軟溜，一般是將整個（以魚類為多）材料先蒸，或放入熱水

鍋中（加蔥、薑、酒），煮到九分熟時取出材料，將剛作好的熱汁澆上即成。（材料出鍋時，水分要瀝乾）。

作澆汁時油要少，如果油過多，味道會不好。澆汁用油或湯均可。軟溜的特色是柔嫩、爽口。

(三)爆

爆是將煮過或炸過的材料，以強火高溫快速炒，翻鍋、出鍋的一種烹調方法。使用這種方法的材料大部分是小型無骨、厚薄粗細一定的材料。烹調前要先作好調味汁，調味後快速操作，均等調味，使菜餚有光澤。爆菜的特色是脆、嫩，食後，盤中的澆汁不會剩下。

■ 油爆

油爆，是將整齊的小型材料以熱水煮到四分熟後取出，將水瀝乾，立刻放入八、九成熱（220℃以上）的油中炸至七分熟後撈出，待油瀝乾，然後用小油鍋熱油，將炸過的材料放入，再將準備好的芡汁倒入，搖動鍋子即成。

調味芡汁是加了太白粉的澆汁，也叫做混汁。油爆用的澆汁，一般是調和蔥末、薑末、蒜末、醬油、鹽、紹興酒、味精、水、太白粉等作成。其他的油爆方法是將材料薄薄地掛糊或上漿，不經煮過而直接放入溫油中，炸到六、七分熟，再準備另一小鍋，重複炸一次的方法。油爆方法適用於小型新鮮的材料，例如雞丁、肉絲、蝦仁、雞肫等。

■ 醬爆、鹽爆、蔥爆

依調味品及調味過程的不同，另有幾種爆的方法。醬爆通常是將主材料掛糊，用溫油鍋炸後，再用甜麵醬等調味而爆，並澆汁。

鹽爆的烹調過程通常與油爆相同，但不用出鍋前拌和好的調味芡汁，而使用調味清汁作成，調味清汁是不加太白粉的調味汁。鹽爆所用的調味清汁通常是將香菜段、蔥絲、蒜末、鹽、紹興酒等拌和而成。

蔥爆通常將材料炸好後，另備小油鍋，將大蔥段和炸好的材料一起爆。其餘烹調過程與油爆相同。

(四)炒

炒是最廣泛的烹調方法之一。適用於炒的材料大多是用菜刀處理過的小型丁、絲、條、片等。

用小的油鍋炒，油量的多少視材料而定。先將鍋子燒熱，再將油放入。一般使用強火和高溫的油，但火力的大小和油溫的高低依材料而定。鍋子先要滑油，將材料依序放入，用鐵杓或鐵鏟攪拌。動作要迅速，一熟即可取出。特色是脆、嫩、滑。具體地說，可分為生炒（煸炒）、熟炒、滑炒（軟炒）、乾炒四種。

■ 生炒

生炒也叫做煸炒、生煸。材料不掛糊，也不上漿，烹調時，先將料放入。（易熟的材料較後放入亦可，不易熟的副材料和主材料一起放入。）加調味料後，快速翻炒數次，一熟即可取出。這種炒法汁少、材料新鮮而柔嫩。

■ 熟炒

熟炒，一般而言是先將切成大塊的材料烹成半熟或全熟（煮、燒、蒸或炸），然後切成片或塊，放入熱油鍋中煸炒，再依序將副材料、調味品及少量湯汁加入，翻炒數次即成。熟炒的材料大多不掛糊，鍋子離火時，可勾芡，亦可不勾芡。熟炒菜的特色在於味美且有少許滷汁。

■ 滑炒

　　滑炒也叫作軟炒。將形狀整齊的小型動物性材料,用蛋、鹽、太白粉拌和的糊上漿後(植物性材料則不上漿),放入以強火加熱的油鍋中,快速以鐵鏟拌和,炒熟後(植物性材料則變柔軟為止),倒入漏杓中,將油瀝乾,然後鍋底留油,以強火加熱,將滷汁和材料放入,快速搖鍋即成。可作滑炒的材料頗多,但作法卻有一定的規則,即是材料必須去掉皮、骨、殼,然後切成薄片或絲、條、丁、料、末等形狀。小型的原型材料(例如蝦仁之類)亦適用此法。配菜的方法,有配淨料(單一主材料),有配主材料、副材料,也有兩種以上都配成主材料的。

　　這些炒料必須上漿,滑炒的調味通常與爆的作法相似。滑炒的特色是滑溜、柔軟、滷汁裹覆材料、味美芳香。

■ 乾炒

　　乾炒,也叫做乾煸。將沒有掛糊的小型材料和調味品拌和,放入八成熟(220℃)的油鍋中快速翻炒。炒到外側焦成黃褐色時,加副材料及調味品(大半是含有辣味的豆瓣辣醬、花椒、胡椒等),炒至全部滷汁被主材料吸收時,立刻從鍋中取出。乾炒菜的特徵是香脆,並帶有一點麻辣味。

(五)烹

　　通常是將掛糊過的材料或未掛糊的小型材料,用強火熱油炸成金黃色後,立刻將鍋中的油濾出(留下少量),再加調味料(一般是將各種調味品混合起來作成調味汁,不加太白粉)翻炒數次,出鍋,即成。材料掛糊的叫作炸烹,未掛糊的叫做清烹。適合於烹的東西有小型的段、塊,及帶有小骨或薄殼者,例如明蝦的段、雞的塊、魚的塊等。炸、溜、爆、炒、烹,都是以較多

油將材料炸熟的烹調方法。在油量、油溫、取料、切配及調味的具體掌握上，變化很多。因此，能作出各具特色的多種菜餚。

以上所說者為其中比較主要且常用的數種烹調方法。炸、溜、爆、炒、烹，都是以較多油量為傳熱物的方法，相互之間有共通點，但也有不少相異點和特色。例如，炸一般要求外側香脆，內部含水而柔嫩。是這數種方法中消耗油量最多的一種。

溜，是以炸為基礎，再以滷汁作溜的烹調法。芳香、柔嫩，汁有厚味。

爆，是以強火熱油快速炒成。火的大小及刀法的處理要求較高，其特色是脆、嫩、暢。

炒，在這數種方法中，用油量最少。大半材料都是以刀工處理後再炒。由於上述理由，炒被用於較廣的範圍。炒菜，如果材料不同，則火的大小和調味也必須各有不同。其特色是味鮮、柔椒、脆酥、滑溜。

烹，也以油煎為基礎，再以調了味的汁調理，要求快速的操作。與溜不同的是，烹所用的調味汁通常是清汁（不加太白粉）。但，溜的菜餚大半使用混汁（加了太白粉）。同時，烹的材料必須先用熱油炸成金黃色，即所謂「逢烹必炸」，吃起來外側脆酥，內側柔嫩。溜的材料有的先炸，有的先燙、煮或蒸。

五、煎、煽、貼

(一)煎

煎，一般是以弱火熱鍋後，在鍋底均勻灑上少量的油，將處理成扁平的材料放入，仍用弱火，先煎一面，再翻轉煎另一面。

待兩面都變成金黃色後，加調味品，翻鍋數次即成。煎的材料一般必須在煎前調好味，有時也掛糊，煎後，立刻出鍋，不另用調味品調理，但可於吃時再沾調味品。煎菜的特色是外香內嫩。

(二)煸

煸，一般是將掛糊過的材料，先用少量油及弱火煎到兩面變成金黃色（也有用強火及熱油快速炸的），熬後，加調味料及少量湯汁，再用文火將湯汁煮乾。一般而言，煸菜和煎菜一樣顏色鮮明，但比煎菜更柔嫩，味道也更濃厚。

(三)貼

和煎大致相同，但貼在大鍋後只煎一面，不翻轉。貼菜是一面煎成香脆，一面保持柔嫩。

一般是將兩種以上的材料貼合，大多數要掛糊。特色是香、嫩。

(四)煎、煸、貼三種烹調方法的比較

煎、煸、貼都是以少量油傳熱的烹調方法。共同的特色是作成的菜餚都呈金黃色，外側香酥、內側軟嫩，有濃厚的油香味，冷熱都能吃。材料是扁平狀或厚片形，因為這種形狀容易調味。

六、蒸

蒸，是用蒸氣加熱的烹調方法。在各種烹調方法中，蒸是用得比較多的一種，不但用於製作菜餚，也用於材料的初步加工和菜餚的保溫。準備好蒸的材料（未加工的東西或已初步加工的半

製品），加上適合的調味品、湯汁或水（有的東西不必加湯汁或水），再用蒸籠蒸之。蒸菜的火候依材料的性質及調理的要求，各有不同。

　　一般而言，只要蒸熟而不要蒸爛的菜餚，以強火使鍋水滾沸，以蒸籠蒸之，蒸熟後立刻取出，可保持美味及柔嫩。要費工夫加工的各種花色菜，則依其需要，以中火徐徐的蒸之（如果以強火蒸，則稍打開蒸籠的蓋子），以使形狀不致潰爛，並保持其色及美。蒸的菜餚，如同以水加熱的情形，材料本身的汁不會輕易溶於水中，同時，由於蒸籠中用水蒸氣達到飽和點，所以菜餚的湯汁不會如用油加熱的情形那樣大量蒸發。因此，一般精工細緻的菜餚多用蒸法製成。蒸的菜餚有清蒸和粉蒸二種。

七、烤、鹽焗、煨烤、燻

(一)烤

　　是將生材料醃漬或加工成半成品後，放入烤爐中，使用柴、木炭、煤或瓦斯等燃料，利用輻射熱直接烤熟的方法。依烤爐的設備可分為暗爐烤及明爐烤。

■ 暗爐烤

　　暗爐烤是將材料掛在烤鉤（針）、烤叉上或放入烤爐盤中，然後關閉烤爐烤熟食物。一般生的材料多半用烤鉤或烤叉，半加工品含滷汁者用烤盤。暗爐烤的特點是能保持爐內的高溫，材料的周圍均等受熱，容易熱到內部，暗爐烤的菜餚特別多，例如北平「烤鴨」、廣東「叉燒」等均是。

■ 明爐烤

　　明爐烤通常用廣口的火爐或火盆，將鐵架放在爐（盆）上，烤時必須用烤叉刺入材料或將材料放在烤盤上，再將其放在鐵架上，一面翻轉一面烤即成。

　　明爐烤的特色是設備簡單，火的大小非常容易掌握。但因為火力分散，火很難平均通過材料，所以時間相當長。不過，在烤小型的扁平材料或以大型材料的一部分為烤燒的情形時，都比暗爐烤（密閉烤）效果良好。例如北平的烤牛肉、揚州的烤方（烤方肉）等，全部用明爐烤。

(二)鹽焗

　　鹽焗是將生的或半生的材料鹽漬、陰乾，用薄紙包裹，埋入炒熱的鹽中焗熱的一種烹調方法。鹽焗菜是廣東菜系統的獨特風味之一，其特色是皮脆、肉滑、骨香、味濃。

(三)煨烤

　　煨烤是一種獨特的燒烤方法，又叫作泥烤。烤時，先將材料鹽漬，用豬網油、蓮葉等包住表面，再用黏土密封，牢牢包裝之後放入火中烤熟。因為是將材料密封而烤，所以作成的菜餚味美而芬芳撲鼻，具有獨特的風味。

(四)燻

　　燻有生燻和熟燻兩種。生燻是將洗過的材料放在調味料中經一定時間後放進燻鍋中，以燻料（例如鋸末、茶葉、甘蔗、皮糖等）燃燒時所生的煙燻製。熟燻大多是經過蒸、煮、炸的熟料處理。

在材料的選擇方面，生燻要選新鮮、柔嫩、易熟者，例如扁平而薄的魚等。熟燻的材料是家畜的一部分，如整隻雞鴨、蛋或油炸過的魚，燻菜的特色在其香氣和色澤。

八、滷、醬、拌、熗、醃（冷菜的烹調）

(一)滷

滷，是先作滷汁，將材料放進滷汁中，用微火慢慢煮，使滷汁滲入，而材料軟嫩欲溶。滷過的老滷，有貯起來的必要。滷汁減少時，每次都要補充調味料和水。滷汁的保存期間愈長，香氣愈濃，味道愈重。滷汁的材料配方因地而異，例如廣州的作滷，分紅、白二種。紅滷的配方是熱水五百克、良質醬油一公斤、紹興酒五百克、冰糖七百五十克、鹽七十五克、八角茴香、甘草、桂皮、草果各二十五克至三十克，沙薑、花椒、丁香各十五克。白滷的配方是熱水約五百克，鹽約七十五克，其他香料及藥料（漢藥）與紅滷相同，但一般而言，不加冰糖亦可。

江浙和北方作滷所用的藥料相當少，但蔥、薑、紅麴的分量加多。其配方的內容是熱水五公斤、上好醬油一公斤、鹽一百二十五克、精製細糖一公斤、紹興酒七百五十克、蔥二百五十克、薑一百二十五克、八角茴香、桂皮各七十五克、紅麴二百克。滷汁的作法是香料用紗布袋包住，袋口縛緊，放入熱水中，加醬油、酒、鹽、糖等調味料（如果使用紅麴，要浸熱水二次，包在袋子中），用中火煮沸。香氣出，紅滷的顏色變成紫醬色即成。將此用於各種食品的滷味。

第一次製滷，用雞肉或豬肉調和的新鮮汁和香料、調味料一

起煮成，但以後要增加滷量時，不必再製新鮮的汁。滷汁順利製好後，可搖動容器，更不能加冷水。

(二)醬（漬後熬）

醬的製法大致和滷相似，不同的是，醬的材料鹽漬後，再漬在醬油或豆瓣醬中，或漬後在醬油、糖、酒、香料等調和製成的滷汁中熬，而將滷汁用微火熬乾。醬的滷汁大多是每次作成，一般不須先貯存（滷汁熬濃，塗在食物表面）。

(三)拌

一般是將生的材料或煮過放冷的材料切成絲、條、片、塊後，再加調味料攪拌而成。調味料主要是醬油、醋和麻油。因各人喜好，亦有加糖、蒜末、薑汁、辣椒麵、花椒麥、芝麻醬等調味料者。但無論放何種調味料，全都是為了獲得其芳香和清爽的味道。

拌菜之中葷料（動物性材料）多半先煮或燙過，放冷後拌和。但也有熱時拌和，放冷後吃的作法，例如「拌肚絲」、「拌蝦片」就是。拌素菜（植物性材料的拌菜）除了使用熟料以外，也可以使用生料。作生料時，材料全部要用熱開水或消毒水消毒後，切小再拌和。

(四)熗（熱拌）

熗菜一般是將切成絲、條、片、塊的材料，在沸水中輕煮或用溫油（100℃）很快炸過後，將水分或油分瀝乾，趁熱（或放冷後亦可，但趁熱調味料比較容易滲入，視烹調上的需要而定）和花椒油、花椒麵或鮮花椒為主的調味料拌和，放置一會兒，等

調味料滲入材料即成。

　　熗菜的特色是新鮮柔嫩，味道暢快。熗菜和拌菜不同點是拌菜要加很多醬油、醋、麻油（通常叫做三合油）等調味料拌和。熗菜則加很多花椒油等調味料拌和。又，拌菜大部分用生材料或熟材料放冷後作成，而熗菜大多將熟料趁熱或放冷後拌和。有幾樣拌菜，為了消除臭味有必要拌和花椒麵。

　　又，有幾樣熗菜也使用生的材料，例如「熗黃瓜」、「熗茭白」、「熗蝦」等。所以，有些地方將拌菜和熗菜當作同一調理法。

(五)醃

　　醃的方法很多，有鹽醃、醉醃、糟醃等。茲簡單介紹醃後立即可吃的作法。

■ 鹽醃

　　鹽醃是將鹽搓入材料，或將材料浸在鹽水中的醃製法，是醃製法中最基本的方法。其他醃製的過程，也都要經過鹽醃的過程。鹽醃的食品，水分滲出，鹽分沁入，很脆，能保持素材的柔嫩和整潔。

■ 醉醃

　　醉醃是以酒和鹽為主要材料的一種醃製法，將活的東西用酒醃死，不烹煮，立即可食。醉醃從材料上可分為紅醉（用醬油）和白醉（用鹽）兩種，從材料加工過程則可分為生醉和熟醉兩種。生醉是將活的東西直接醃裝，熟醉是將經過初步加工的半製品醃製。但生醉的製造過程必須嚴防病原菌的污染。

■ 糟醃

　　糟醃是以鹽和香糟滷為主要調味料的醃製法。一般是材料用

鹽醃製後，再用糟滷醃著，冷菜類中的糟製品大多在夏天吃，以保清新而暢快。

九、拔絲、掛霜、蜜汁

(一)拔絲（亦叫做拉絲）

主要是將糖放入鍋中加熱溶解成有黏性的糖，然後和材料拌和，作成拉絲似的一種甜菜。材料多使用水果、果乾、根菜、莖菜類，作成小塊、片或丸子。一般是將材料塗粉或掛糊後，放入熱油鍋中炸到內嫩外脆且硬的狀態（或用蒸、煮）。然後，在糖裡加水（水拔）或油（油拔），熱至能拉絲為止（此時糖變成黃色），將剛剛作好（或煮熟、或蒸熟）的材料放入糖中，沾上糖漿即成。拔絲的特色是脆、香、嫩。

(二)掛霜

掛霜是將材料切成塊、片或丸狀，先油炸，後沾糖掛霜。掛霜有兩種方法，一種是剛剛炸好的材料放在盤中，將糖從上面直接撒下。另一種是糖加少量的水或油，熬到溶解後，將剛剛炸好的材料放進去，攪拌後取出。冷卻後，在其表面撒上一層糖霜（有的是在冷前放在糖中，以攪拌使糖沾滿全面）。掛霜時，煮的火勢大小，只要是拔絲完成前的狀態即可。掛霜菜的特色是外側白如霜雪，又脆又香。

(三)蜜汁

蜜汁是有汁的一種甜菜。一般有兩種作法，一種是先將糖少

量用油炒至（加蜂蜜少許更佳）溶解，然後放入主材料，熬至主材料熬熟糖變濃（冒泡）即成。此種作法適合於加熱後容易變軟嫩的材料，例如香蕉、山芋。另一種是將主材料和糖或冰糖屑（加蜂蜜更佳）一起蒸發，熬到糖汁變濃（有時亦加少許太白粉，予以上漿），將其澆在材料上即成。此法適合於熬乾後仍很硬的材料，例如火腿、蓮子等。蜜汁菜的特色是糖汁芳香，甜而黏糊。

(四)拔絲、掛霜、蜜汁等烹調法的比較

基本上都是將糖漿澆在主材料上熬或蒸。材料有水果、果乾、根莖菜類、肉類、蛋類等。拔絲或掛霜時，先將材料的皮、核、骨等除去，再切成片、塊或作成丸子，然後進行烹調比較好。作蜜汁菜時，不一定要重新切過。

這三種烹調法，要注意火的大小，糖滷（漿）必須適切地熬，不可熬過度，也不可熬不夠。例如拔絲時，如果熬過度或熬不夠，就不能拔絲。掛霜和蜜汁的糖汁如果熬過度，會帶苦味，顏色也變壞。這三種甜菜各有特色。拔絲要趁熱吃，掛霜要冷後吃。蜜汁菜趁熱吃或冷後吃均可。

第五節　中式各地方菜系特點

各個不同的地方菜形成中國菜的特點，以下分別就北平菜、四川菜、江浙菜、湖南菜、福建菜及粵菜六大菜系作介紹。

一、北平菜

北方人以麵食為主，所以北平的鍋貼、烙餅、拉麵、餃子、燒餅等口味眾多且鹹甜適口，十分有特色。由於北京的地理位置偏北，加上氣候和人文因素的影響，羊肉的料理以「爆、涮、烤」的烹調方式聞名。

二、四川菜

四川菜簡稱川菜，川菜有成都、大河及小河之分。四川人愛吃辣，辣椒是川菜的主要調味料之一，使用的方法有其獨到之處。湯味分成清湯和奶湯。清湯講究清澈見底、明亮如水，奶湯則是色白如乳、濃而不膩。

而盛行的「魚香味」是用泡製的魚辣子，配上蔥、薑、蒜、糖、醬油和醋等佐料，川菜的魚常用此法的複合香味，例如，魚香茄子、魚香肉絲等菜餚，為川菜的一大特色。

三、江浙菜

江浙菜多以醬油和糖為主要原料，所以吃起來的味道多是甜甜鹹鹹的，而外表看起來的色澤則呈現醬的顏色，以下列舉幾種江浙菜來作說明：

1.寧波菜：以蒸、烤、燉的烹調方式聞名，多用海鮮，口味鹹甜合一，特別注重保持食物原味。

2.揚州菜：選料特別講究，配料較少，重用原湯汁，口味較平和，多用燉的方式烹調，主要的點心包括油酥點心、發酵麵點、燙麵點心等。

3.杭州菜：杭州菜以清淡為主，少辛辣、少醬油、少油，口味清醇。

4.上海菜：在上海吃的東西五花八門，特色是味道濃厚、糖放得重、油多、色澤鮮艷，以海鮮居多，常見的烹調方式有清蒸、油燜、紅燒、炒、燴等。

5.蘇錫菜：以蘇州和無錫為代表，蝦、魚、蟹類和糕餅類的烹調較為有名。

四、湖南菜

湖南地方包括洞庭湖區、湘江流域和湘西地方三大地區的風味為主。這些地區的地勢較低，氣候溫暖而潮濕。湘菜調味的一大特色是使用辣椒，具有提熱、驅風、去腥的效用。口味方面講究香、辣、鮮、嫩。

五、福建菜

福建菜首重海味的烹調，清新而不膩，有道非常著名的菜「佛跳牆」，據說是福州西禪寺附近的名菜，味道之鮮美，連寺內的佛也禁不住要跳出牆來嚐嚐看。

六、粵菜

由於廣東在較早以前接受到西洋文化，使得粵菜除了吸收一般的食譜之外，還吸收了西餐烹調的技巧。主要的代表有港式飲茶、廣東粥、滿漢全席等。粵菜由廣東菜、東江菜和潮州菜三種派系組成。

1. 廣東菜：擅長炒、煎、烤、焗、蒸等烹調方式，調味品多用梅醬、蠔油、蝦醬、沙茶和紅醋等，味道講究油而不膩。
2. 東江菜（客家菜）：菜品多為肉類，下油重，喜用豆豉入味，主料突出，有獨特的鄉土氣息。
3. 潮州菜：刀工十分講究，輕油、少鹽，最具特色的菜餚有素菜、甜菜等。

註 釋

① 楊昌舉，《中國烹飪傳統技藝與現代科學》（民80年），頁518。
② 同註①，頁520。
③ 李常友，《中國烹飪調味規律初探》（民80年），頁521。

第五章　西餐廚房作業

◆西式菜系的興起

◆西餐的烹飪方法

◆西式餐飲菜系

西元一七九三年法國大革命為西餐烹飪史上最重要的分界線，在此以前，大部分廚藝頂級的廚師多為皇家貴族掌廚，當法國大革命結束了舊有君主憲政之後，許多名廚因此失去了工作，於是他們紛紛在巴黎市區與近郊開設餐廳。

第一節　西式菜系的興起

一、義大利菜

　　國內近年來義大利菜成為西式菜系的主流，西華、晶華、凱悅、華泰等國際觀光旅館相繼設立義大利餐廳，推出道地的義大利菜餚。義大利菜的發展應從羅馬時代講起，可是羅馬時代的烹飪術也是經過數世紀的時間才培養出來的。最早的羅馬人是農夫和牧人，他們發現蒸發河流出海處的水以得鹽的方法後，就成了輸出海鹽的貿易國，當時有「鹽路」通往希臘，由於鹽路的往來，不但吸收了希臘文化（包括飲食的藝術），同時也從售鹽而得到了財富，使得羅馬人能建立羅馬帝國，也使得他們有閒情逸致能夠講求飲食之道。

　　在佛羅倫斯成立由十二位名士所組成的烹飪研究會，每次集會每人皆須展出一種別出心裁的菜。到了十六世紀末為止，義大利幾乎可說已具備了現在的義大利菜所使用的所有材料，包括引自世界各國與新大陸的材料在內，其烹飪技術以及其飲食習慣也已定型。可是在此時歐洲其他國家的烹飪仍然停留在中世紀時代的狀況下，假使要找美食的例子，只能在各地的修道院中發現

到，這些修士自給自足，總算還能維持烹飪的傳統。另外在德國的貴族裡，由於曾經統治過義大利的關係，也學到了享受美食與排場的習慣，不過並沒有進一步的發展。

二、法國菜的演進

　　首先得成熟後的義大利菜的真傳的歐洲國家是法國，一五三○年代以前，法皇法蘭西斯一世已經介紹數種義大利菜到法國來。在西洋烹飪史上值得大書特書的一件大事，是一五三三年佛羅倫斯城美第西（Medici）家族的十四歲的凱莎琳被她的叔父教皇克理門（Clement）基於政治的考慮，安排嫁到法國匹配給後來成為亨利二世的十四歲王子的這一件政治結婚。凱莎琳的父親早亡，她從小就被叔父收養在教廷裡，她的叔父也是個美食者，從他還當樞機主教時起，每次用餐必須有室內樂的演奏助興，所以凱莎琳從小就已經經驗到最佳的飲食與禮節。她本身也是個嗜食者，所以陪嫁的人員中，包括整班的廚師，這些廚師為法國帶來了當代最佳的烹飪藝術。

　　法皇亨利二世就位以後，法國國勢日益興盛，使得烹飪藝術有好的環境可向前發展，於是講究美食的凱莎琳便成了宮廷宴會的中心。其風範也為英國的伊麗莎白一世所模仿。於是上行下效，法國人開始熱衷於這種新藝術的研究，貴族之間競相以擁有義大利廚師為榮。這種學習義大利飲食傳統風潮到了亨利三世時達到最高潮，因為凱莎琳也從其家族中為其王子安排了一位義大利王妃，湊巧這位瑪莉王妃也是個美食家，所以到了一六○○年為止，法國廚師的手藝已可媲美義大利廚師，甚至可說有過而無不及。

取代義大利菜地位以後的法國菜，並沒有充分滿足法國貴族們的食欲，它的演進過程尚方興未艾。亨利四世的主廚Francois Pierre De La Varenne曾於一六五一年出版一本《法國廚師》（*Le Cuisineier Francais*），首先介紹「油糊」（roux）的使用以及各種沙司（sauce）的食譜，他摒棄向來注重香料調味的傳統，而以食物本身的汁來調味，為法國菜帶來了新貌。路易十四與路易十五都是注重美食的君王，每一頓餐食都舉行儀式般的排場，每次宴會都有「儀式與慶祝」的形式，在此期間（一六四三年至一七七四年）所有的法國人皆關心飲食之道，專注在烹飪的研究與發明，物理與化學的知識已被應用到烹飪的藝術上，所以到了十八世紀，法國菜已達到成熟的階段。法國廚師常被各國（包括沙皇時代的蘇俄）所招聘，把法國菜的影響力傳播到歐洲各角落。法國革命（十八世紀末葉）後貴族沒落、離去或死亡，迫使其家廚人員到外面自營餐館謀生，使法國增加了許多好餐館。這些民間的餐館在人力、財力上都無法作到宮廷式的排場，使得法國菜逐漸地更講求經濟性與實用性。

三、古典烹飪創始者

　　法國革命以後，在法國又出現兩位影響深遠而都被尊稱為「古典烹飪創始者」的廚師，他們就是卡雷姆（Marie-antoine Careme, 1874-1833，他喜歡人家叫他Amtonin）以及愛司可飛（Georges Auguste Escoffier, 1846-1935），兩人最大的貢獻是他們曾把當代的法國烹飪術記錄在他們的著作上。

　　卡雷姆是麵點師（pastry cook）出身，又對建築非常有興趣，他正處於人們仍然嚮往革命前大排場烹飪（La Grande

Cuisine）的時代，他又有機會在拿破崙的外交大臣Talleyrand的家廚工作，自始就能跟從最頂尖的大廚師學習烹飪術，由於他的好表現，後來成了主廚。

這位大臣的重要會議都在餐桌上舉行，所以卡雷姆有適當的環境可以發揮所長。他把建築的結構原理與美感，應用到餐點的「演出」（presentation）上，當時法國的大排場宴會就像我國傳說中的滿漢全席一般，所有的菜一齊上桌，一次上百餘盤菜者亦有之，同時要上三次才算完畢。此前的廚師皆僅重視量的排場，卡雷姆應用他對建築的研究，而將「秩序」和「味道」帶入排場上，他主張在餐桌佈置之外，也須將食物裝飾得吸引人才行。後人稱他為法國菜廚師界的摩西，因為他為後世廚師留下了發展的法則。連後來的愛司可飛都承認自己從他那兒受惠良多。他著有《十九世紀法國菜烹飪的藝術》（*L'Art De La Cuisine Francaise Au Dix-Neuvieme Siecle*），為後世留下了數百種食譜與烹飪的技術，並且指出烹飪藝術引人入勝之所在。另外在其《巴黎皇家麵點師》（*Le Patissier Royal Parisien*）一書中，他收集了很多食譜，並且把有關廚房的事物不分鉅細地記錄下來，連如何消除蟑螂，以及何種木頭可製造好的廚房用桌等都包括在內，幾乎可當作後繼者的百科全書。可惜他四十九歲就逝世了，不然一定會再留下更有影響力的東西。

隨著工業化與民主化的展開，一種促使法國菜更簡化的烹飪革命發生了，在這種趨勢下，愛司可飛終於脫穎而出。事實上首先主張法國菜必須簡化的並不是愛司可飛，他甚至反對過分簡化，所以他主張的簡化是「高雅的簡單」（elegant simplicity）。卡雷姆身處大排場的時代，所以他以「宴會」菜著稱，而愛司可飛以「小吃」取勝。他的貢獻包括發明很多有名的菜、提升菜色

的裝飾藝術、合理地調整餐點的分量、簡化菜單、推廣俄國式依菜單的順序一道吃完再出一道的服務方式，以及推行廚房組織的合理化，以加速出菜速度，現在西餐廚房人員的編制與職務內容，大致可說是由他所建立起來的。愛司可飛如同卡雷姆一樣，也留下經典之作，例如《菜單之書》(*Le Livre Des Menus*)、《我的烹飪》(*a Cuisine*)以及包含有五千種食譜的《烹飪指南》(*Le Guide Culinaire*)等。

愛司可飛所處的時代，正是國際間觀光活動日趨頻繁的時候，各國為接待外來觀光者，競相興建豪華的旅館，這些旅館內的餐廳皆以法國菜為標榜。當時聞名一時的旅館經營者「麗池」(Ritz)找到愛司可飛為其最佳搭檔後，更使法國菜征服了全世界，而被認為與中國菜並稱於世。亞洲人一聽到西餐，就會聯想到法國菜，所以我們才稱法國菜是西餐的主流，也是西餐的代表。不過，「簡化」是種相對的名詞，愛司可飛的菜比起卡雷姆來是簡化了，在我們看來還是複雜了一些，已成了傳統的古典烹飪術了。

美食也有流行，目前法國菜仍還在演變之中，近年來由於人們營養過剩，所以一種主張調味清淡、少油膩，儘量保持食物原味的「新式烹飪」(Nouvelle Cuisine)，已逐漸引人注意。

四、法國菜發展的要因

法國人從義大利直接吸收到的烹飪藝術可說是已集義大利一千五百年經驗之精華，可是在十七世紀，義大利菜已經到了顛峰之後，為什麼法國菜還能夠再發展成更高級的烹飪藝術呢？

同時為什麼這種發展不會發生在別的國家而只發生在法國

呢？追究其原因，可說一半在於其國家，一半在於其人民。法國在地理上是個得天獨厚的國家，它能生產各種不同的最佳食物和美酒，也有豐富的海鮮。法國人也很會選擇各季節裡的最佳食物，法國廚師最懂得新鮮材料的重要性。

在法國，有好的材料、好的廚師，有好的烹飪環境，也有好的美味欣賞者，這是其他國家所無法同時兼有的，所以法國菜才會大放光芒，而成了西餐的主流。所謂取法乎上，假使我們要學習西餐，我們應該從法國菜學起。法國菜的烹飪術已有很系統化的整理，無可諱言的，法國菜也吸收了其他國家的優點，所以有了法國菜的基礎以後，就很容易去了解西餐系統的其他國家的菜了。①

第二節　西餐的烹飪方法

一、清燙

清燙（blanching）是一種「殺青」的方法，可用來保持蔬菜的青翠顏色。清燙的特色是短時間的沸煮，通常都先燒水至沸騰，然後放材料入鍋，每次不要放進超過開水一半量以上，對於燙煮蔬菜，瑞士的資料主張採用十倍於材料的水量。總之，水量是愈多愈好，以免降低太多的溫度。繼續加熱至沸滾，依材料的性質決定起鍋的時刻，起鍋後若非立即作其他的加熱處理，皆須立即以冰水或流動的冷水冷卻之。煮時通常不加蓋，加蓋會使溫度增高而成蒸的效果，如果材料有特殊味道，其味道不但不會發

揮掉，反而會封入材料內部。不加蓋須煮較長的時間，但較能有良好的效果。用於沒有繼續煮完成的水煮，即有「預煮」（precook）的功效，可減少進一步烹飪時的時間。用於完成烹飪的水煮大都用來煮易熟的綠色蔬菜（如菠菜），煮時不加蓋，以免變黃。

除了上述的「殺青」以外，西餐中的燙煮尚有如下數種功能。馬鈴薯可用清煮來制止體內酵素的活動，以防止削皮後變黑；某些蔬菜（如包心菜）也可用清煮來減少體積，以利包裝或貯藏；堅果、水果以及某些蔬菜也可以用清煮來方便去除其皮；某些材料（如肝）可用清煮來方便去除其膜。骨頭和某些肉類（如鹹肉、燻肉或是髒了的肉類）也可用清煮來徹底洗淨，去除其特殊的味道，或是洗掉過分的鹽味。清煮骨頭或肉類時皆從冷水煮起，開滾後立即撈起用流動的冷水沖涼之，所用的煮液皆棄而不用。

西餐中並不特別強調殺青，但是仍然重視保存蔬菜的美麗的綠色，蔬菜的綠色來自名叫葉綠素的色素，可是蔬菜也含有氧化酵素，在長時間繼續加熱下，可促進葉綠素變為褐色的物質。

因此，水煮蔬菜時必須儘可能縮短加熱的時間，為了縮短加熱時間，非以熱水來煮不可。此外，高溫也可以抑止氧化酵素的作用，以延遲其褐變的速度，故清煮才有殺青的效果。不過一起鍋就須立即用流動的冷水加以冷卻，不然也一樣會變色的，所以一談到清煮，不必言明皆須包括有冷卻的步驟。

清煮蔬菜時，在煮液中加一點鹽，除可增進蔬菜的味道以外，也可以使綠色的顏色更鮮艷，並且也可使蔬菜更快軟化。在西洋烹飪中，蔬菜要煮到結實而不硬才好，傳統上西洋人並不習慣中國人強調蔬菜要脆才好的作法。另外，清煮某些蔬菜時，也

可以在其煮液中加點醋，加醋有增加材料的顏色的效果，例如可使花椰菜由黃變白，也可使紅包心菜不至於轉為深褐色。

二、滾煮

滾煮（boiling）是一種使用燒到沸騰（100℃）的液體，淹蓋過食物材料煮至熟的烹飪方法。如前所述，沸煮可用來關閉肉類食物的表面層，故常被用來當為慢煮肉類食物的前奏。可是若繼續以沸騰的溫度來加熱肉類食物的話，凝固收縮的蛋白質會遭到破裂，以致食物肉汁流出來，使得食物進而變成乾粗無味，也會跟乾燒一樣縮小體積，尤其在沸騰的水中，更會因互相碰撞而破壞其體裁，最後會分裂破碎成漿，所以這種烹飪方法對於大部分的食物並不適用。通常滾煮較常用於乾硬的米麵類、馬鈴薯以及脫水食物等。有些食譜，文字上雖用滾煮一詞，事實上是需要採用慢煮才行，例如「沸煮蛋」（boiled egg），絕對不可以用滾煮來煮之，若須真滾煮，時間上也都不會太長。

在西餐中，米的煮法和麵類相同，最常見的麵是義大利麵和通心粉，為了去除其異味，水必須有三倍以上的量，也唯有三倍以上的水，才不會在放入食物時降低太多的溫度。鹽有助於麵的「咬覺」，也使麵較不易黏在一起，故每公升的水須放十公克（二茶匙）的鹽。麵類須以熱水煮之，不加蓋，沸騰的水不但能使麵不易相黏，煮好後的咬覺也較佳，故放麵入鍋時，須一點一點放，以能保持高溫為原則。為防麵條沉底沾鍋，一手放麵另一手也須以攪拌棒攪動之。麵類須煮到柔軟而膨脹，並且也有黏度時就起鍋，義大利麵約需十五分鐘，通心粉需二十至二十五分鐘，不可煮得太軟，不然再好的沙司也救不了它們。

馬鈴薯則需以冷水加蓋煮之，使內外的溫差縮小，如以熱水煮之，內部熱時表面已過火而破裂了。另外煮馬鈴薯時不可加鹽，因為鹽會析出馬鈴薯內的水分，不但導致難煮（煮的時間會長一點），味道也會有所改變。不過若是煮馬鈴薯濃湯，則需以熱水加蓋來煮之，因為愈爛愈好。

　　脫水食物也須以冷水加蓋煮之，使其受到高熱前可多吸一點水，煮脫水食物須保持沸煮，水溫低了會使食物變硬，並且也會阻礙煮熟，水要隨時追加，起初不要加蓋，鹽須於中途才加之，以免影響吸水之速度。使用壓力鍋的話，溫度可以提高到 120℃度以上，在十五磅的壓力下，烹飪時間可以縮短約三分之一。對蔬菜而言，由於加熱的時縮短，味道與營養可得以保存，但對肉類而言，不但蛋白質會硬化，味道也較差，所以只在時間匆促時才值得採用之。

三、蒸

　　蒸（steaming）是一種利用煮水至沸騰而生出水蒸氣來加熱食物材料至熟的方法。通常一公克的水只要吸收一卡路里的熱量就可以提高 1℃ 的溫度，可是 100℃ 的水要變成 100℃ 的水蒸氣時，必須吸收五百七十二卡路里的熱量，可見蒸比水煮更費熱能，只是在蒸氣能充分供應的前提下，此方法能持續供應 100℃ 的熱度，能比水煮更快煮熟食物，不過它沒有足夠的水分，要軟化食物可要花較多的時間。蒸的方法簡單的只在鍋中加一有洞的底板，下加水、上加蓋即成，底板下的水受熱生蒸氣後即從洞口而出，蒸氣積集到某一程度就會推蓋而出，以減低其壓力，如蓋上加重物使不漏氣，則鍋內壓力增大，因而溫度會提高而成壓力

蒸鍋，壓力愈大溫度就愈高，大部分的高壓蒸鍋可產生十五磅的壓力，溫度可達 121℃以上，如此可減少40％至50％的烹飪時間，同樣地也較容易過火，故須小心注意把握時間，只要超過15％的時間就可能損害到食物的品質。在國外流行使用專為蒸而設計的廚具叫steamer，這種廚具都加壓，通常都用於製備綠色的蔬菜與切小塊的馬鈴薯塊，因為幾分鐘即可蒸熟它，對於某些水分較高的蔬菜（如紅蘿蔔和包心菜），可不必加水，只利用其本身所發散出來的蒸氣即可蒸熟之。

　　蒸的方法沒有水的滾動，故比水煮更不會損害到食物的形狀，不必讓食物泡在水中也更不會損失其味道成分或改變其顏色，是一種有利於保持食物的形狀、營養、味道、顏色與香味的烹飪方法。這種方法雖可保持食物的原有味道與香味，同樣地也會保留住食物中不受歡迎的氣味。不像燒烤或油炸的方法會使這些不受歡迎的氣味散發掉，也不像水煮的方法可用調味料來掩蓋之。

　　由於蒸不像烤會因焦化而增加新的香氣與風味，也不像水煮可自由調味，故在西洋烹飪中比燒烤與水煮不流行。蒸的方法通常僅用於少油質與氣味輕的食物，諸如魚（新鮮者才能少腥味）、某些種類的肉（雞較適合，少用於獸肉類）、蔬菜（尤其是根類蔬菜）、馬鈴薯，以及穀類食物等。在西餐中，太肥的肉與魚都不使用這種方法，因為蒸氣的高熱會使這種肉類的油質融化而流出或滲入食物的全體，以致降低其味道。多油的肉類應該採用焦化烹飪的方法來處理較能得到更高價值的食物。事實上用蒸的方法來處理肉類，不但得不到湯，而且溫度超過 88℃後會使蛋白質變硬而難咬，故較不適宜用來製備肉類。倒是用於製備蔬菜時，因完成後不必再經濾乾的步驟，可以省時省事，所以較常

用於蒸蔬菜。

　　蒸時必須等蒸氣大量積集後才放入材料，若一生蒸氣就放入材料，材料表面尚冷，水蒸氣立即凝成水滴而積成水，有如泡在無鹽的水中，滲透作用會損及食物的美味與營養成分。若等水蒸氣大量積集後才放入材料，因加熱溫度可立即恢復到 100℃，水滴的凝集可降低到最少的程度，除了蒸蛋與布丁外，放入材料後還須強火加熱以加速溫度的恢復。另外，在蒸的過程中必須儘量少開蓋，打開蓋會使蒸氣遇冷空氣而凝結成水，以致滴落在材料上而成泡水的狀態。若中途須追加水，必須加熱水，以利維持既有的溫度。②

　　蒸的特徵是可保持均一的 100℃，因不會蒸焦材料，故可長時蒸材料，大塊材料也可從容加熱至中心部位到達所需的溫度。蒸的另一特徵是蒸氣無孔不入，蒸具內的溫度沒有任何的浪費，即使堆積著材料一起蒸之亦無須加以翻動，而且營養成分與色香味的變化最少，故特別適於大量製備。不過材料表面還是會有液化的水滴，量雖少亦會析出美味成分，所以大塊的材料較值得使用蒸的方法，因為同樣的材料大塊者的表面積比較小，水的影響也就少很多。

　　蒸的方法也可用來大量解凍食品，因為容器內的溫度皆一致，可短時間解凍食物，食品內汁外流的量較少，是種有效的解凍方法。但是食物的數量與容器的大小要成比例，量多器小因不能提供足夠的熱量，反而會弄巧成拙。

四、慢煮

　　在法國菜烹飪術中，煮魚與家禽類時大都採用少量的高湯，

有時只淹蓋到食物的一半高而已，英文為了強調這種特殊的煮法，特別保留法文慢煮的原文 pocher，以波起（poach）和 simmer並列，以示有所分別。事實上法國菜烹飪術只有沸煮與波起兩種術語，雖稱沸煮，事實上大都用慢火來煮之，兩者的差別在於用水量，沸煮者材料須完全泡在水中，波起者則只使用勉強蓋過材料的水量而已。因此沸煮須用大鍋子，波起則用淺鍋子，可是英文的波起，大部分是用來指煮魚、煮去殼蛋，以及用慢煮來準備材料以備煎炒之需者。煮魚與家禽類是可以用食物一半高的液體來煮之，煮去殼蛋則液體須多到可使蛋浮起來的程度，可見波起的名詞只是一種習慣用法。

　　傳統上煮魚時都用一種特製的長方盒狀的鍋子，內附底座，其兩端有柄，可輕易地將煮好的魚吊起來，這樣就不會破壞到魚身，煮魚鍋因空間較小可減少液體量，以防魚的味道成分溶解出太多。可能因傳統的煮魚方式水量較少，用少量的水來煮就成波起的特色。煮魚也應從沸煮開始（瑞士的資料認為小魚及切塊者才以熱液開始煮之，如為整條的大魚則以冷液煮之），除可凝固表面的蛋白質以外，亦可減少魚實際受熱的時間，以減少魚肉變硬的可能性，並且高溫也可使魚腥味揮發掉，等液體回升到沸騰時，必須立即降低至慢煮的溫度，平均每磅需煮二十分鐘。若使用與魚相同高度的煮液，亦可採用紙蓋來蓋之，煮魚的煮液最常見者為白葡萄酒與水的混合液，或由香料與水調成的「簡易高湯」，也可用魚湯、番茄汁、檸檬汁，或香菇液等。

　　在傳統的烹飪術中，大魚可以冷的煮液開始煮起的理由，大概可說是相同於前述大塊肉可以從冷液開始煮起。煮魚用的簡易高湯就須預先調製，使得有時間可事先冷卻之，如此才能用來煮大魚。魚絕對不可沸煮，持續沸煮會使魚皮破裂而影響其外觀，

也會像沸煮獸禽肉類一樣，會硬化其肉纖維（肌肉）。魚（尤其是海魚）的肉內部含有較多的鹽分，所以煮液中不要加太多的鹽。魚肉中的筋肉纖維非常短，其結締組織也非常少，獸肉約有20％至30％的結締組織，而魚肉只有3％而已。因此，魚並不需要軟化的作用，因而很容易過火而影響到成品的品質，中餐廚師特別強調魚須於九分熟時起鍋是有道理的，因為餘熱已足夠完成其恰到好處的熟度。總之，測試魚的熟度時應儘早行之，以免來不及。

雙層鍋煮（Bain-Marie cooking）也是慢煮的一種，在熱水鍋中再加一鍋來煮東西，由於用來煮東西的鍋子不直接接觸到火源，外鍋中的熱水的溫度最多也不會超過 100℃，所以較容易保持固定的溫度，通常是 65℃ 至 80℃，絕無煮沸之虞，很適合於一些較敏感而絕不可煮沸之菜。Bain Marie（法文字「瑪莉」）是中世紀由義大利一位叫瑪莉的人所發明的方法，不一定須有兩層鍋，西餐廚師用來保溫的熱水槽，或以電熱空氣來保溫的電熱槽都可以叫作瑪莉，其中熱水槽亦可用來從事雙層鍋煮。

五、油炸（frying）

(一)深油炸

利用足夠完全淹蓋過食物的油量，加熱至 160℃ 至 180℃，然後放食物進入熱油中去炸至熟透的烹飪方法就叫深油炸（deep frying）。若使用密閉油炸鍋，由食物發散出來的水蒸氣無法排除，於是形成壓力，而成壓力炸（pressure frying），這種油炸法的最大好處是蒸氣壓力增加到某種程度以後，就可阻止食物再發

散水分，可使食物保持更多的水分，一般的油炸法只能保留50％的水分，而壓力炸則可保留75％的水分。另外因壓力增加可節省能源。

■ 用油要選擇耐高溫者

前面所作的說明能足夠說明並不是所有的油皆適於用為油炸，含不飽和脂肪酸的油較不安定，所以理論上要選飽和者才較能重複使用。含飽和脂肪酸的油類在常溫下呈固體狀，被吸進粉衣中的油冷了以後就凝固了，其好處是上桌時沒有滴乾的油因已凝固而不至於露出馬腳，但是口味較不爽口，歐美人並不以為意，所以歐美的油炸專用油都是固態的油脂。不過從健康的觀點來說，飽和脂肪酸會促使血中膽固醇增加，有提高心臟病的危險，所以營養學者皆反對使用含飽和脂肪酸的油類來油炸食物。

■ 油溫要控制適當

如同爐烤食物時肉塊大用小火、肉塊小用大火的原理一樣，油炸時食物小者用高一點的熱度，食物大者就用低一點的溫度，才能炸得恰到好處。但是油的溫度會使食物吸進過量的油，並且也達到焦化的目的而炸不出漂亮的顏色，所以所謂低溫也有其限度。因此超大塊或太厚的食物不宜採用這種深油炸的烹飪方法，只有一客分量大小的食物才適合。

■ 食物材料的處理

食物材料最好能以室溫的狀態去炸之，所以自冷藏庫取出的材料最好能先放置於室溫下五至十分鐘後才炸之。不然，太冷的食物放入熱油會引起更多泡沫，並且也有礙受熱的均勢，由於剛出冷藏庫的食物內部太冷，以致油炸時表面已焦而內部未熟。但是對於一些體積較小的冷凍食品，則可在冷凍的狀況下直接油炸之，若經解凍再炸，反而會因解凍時流失內汁（水分），油炸時

會吸進更多的油而影響其品質。

　　除了馬鈴薯以外，其他的食物大都須先沾麵粉後再炸之，所以材料可依食譜的指示預先調味或是浸泡調味醬汁，也不至於傷害到油的品質。這種沾麵粉的處理除可維護油的品質以外，也可防止食物內汁外流以確保其原味，更可炸出漂亮的外觀，以及增加食物的卡路里。

　　麵粉的沾法常見者有如下兩種：

　　沾麵包屑（breading）：這是英國的傳統方法，可分三步驟，將油炸材料完全弄乾後，先沾麵粉，再沾濕氣（蛋或牛乳，或兩者的混合液，也有再加沙拉油和鹽，其比例是一個蛋、四湯匙牛乳、一湯匙油、二分之一茶匙鹽），拿起滴盡後，再沾上麵包屑，沾上麵包屑後可用手輕按以牢固之。放入油鍋前須震掉多餘的麵包屑。經過這種處理者並不一定須立即油炸，可加以冷藏或冷凍，延遲油炸的時刻，故適於大量製備生產。對於較濕的食物，沾麵包屑後不宜立即炸之，須休息幾分鐘，使麵包屑與濕氣封住後才不會脫落，必要時亦可再重沾一次。油炸時最好先平放在油炸籃內，再降籃入油中。

　　沾蛋糊（batter dipping）：這是法國的傳統方法，幾乎所有的固體材料都可以用這種方法來油炸，有些切細的材料也可混以蛋糊，製成丸狀後再炸之。蛋糊由麵粉加蛋與水（或牛乳）打混而成（也有人再加入油或葡萄酒），將食物投入蛋糊沾滿蛋糊，取出後須立即炸之，故皆在油炸時才沾之。食物要乾燥才容易沾上蛋糊，因此，沾蛋糊之前，最好能先沾一點點麵粉。為防止蛋糊未乾固而與油鍋中其他食物黏在一起，投食物入油鍋時不要立即放手，手拿食物先在浸入至三分之二處停步，炸一下後再放手。蛋糊總是會往下滴的，對於某些須講究外觀者（如炸洋蔥

圈），為使炸出的粉衣均勻美觀，也可在放入油鍋的前一瞬間上下顛倒而投入油中，如此原來的下方變為上方，蛋糊倒流可使食物上的蛋糊均勻沾著。也有人加以改良，像上述沾麵包屑的方法一樣，先沾麵粉，再沾蛋水，最後再沾麵粉炸之，甚至最後沾上麵粉後，再重沾一次蛋水者亦有之，但必須注意，麵粉沾得愈厚者，油炸的時間就愈長。這種方式我們要名之為「沾蛋粉」來分別之。

■ 油炸的完成

每種食物的炸熟時間皆不相同，有的食譜提供有油炸所需時間的資料，不過最好自己先試驗一下，把正常比例的食物放進熱油中，當炸得變色後，取出一塊食物切開來看，若中心部位尚未熟透則須再炸之，反覆試驗直至完成。記下所用時間，以後皆以此時間為準即可。

油炸時最好利用油炸鐵網籃，以利操作取出。油炸籃的容量最好只放一半，最多不超過三分之二，使食物之間有充分的空間可以改變位置。油炸中須搖動油炸籃，翻動食物使能平均受熱，熟後拿起籃子猛震，儘可能震掉多餘的油，然後一個個攤開（不可堆積），放在會吸油的紙巾上繼續滴乾，以吸掉多餘的油，如此才能保持脆皮，絕對不可從油炸籃中直接倒進冷的空盤上，冷盤子有損油炸物的脆皮。大部分的油炸食物都在起鍋後才調味（點心類則上糖），由於滴乾後不能吸收鹽粒，所以必須使用極細的精鹽（或糖），使得入口時能有愉快的感覺，而不致有吃到砂粒的感覺。假使能在食物表面的油將乾未乾之際就調味的話，油會融化鹽粒，如此即可充分附著在食物上，其效果會更佳。

(二)淺油炸

淺油炸（pan fry）是一種油只淹蓋到食物一半高的炸法，其理論和材料的處理方法皆與深油炸完全相同。本來在法國廚房內只有深油炸和下述之煎炒兩種方法而已，所以一提到油炸即指深油炸。另外，pan fry一詞在英文語系的國家中，常被用為下述「煎炒」的同義字，事實上兩者的烹飪方法有所不同，淺油炸可說是深油炸的改良方法，也可以說是深油炸與煎炒的折衷方法。

深油炸時食物的味道會溶入油中，第二批以後的油炸物就會受到含有外來味道的油的影響，這也是為什麼油炸鍋須分類使用較佳。然而淺油炸的方法能使食物中的水氣與揮發油從食物的上部跑進空氣中，比深油炸更能保持油的清潔，並且少量使用炸油，每次使用完畢可經過過濾而移為他用，於是每次都用新油，較沒有舊油的問題，也能炸出更好的成品，所以從品質的觀點而言，淺油炸比深油炸好。不過淺油炸會消耗較多的油，也需要較費心去照顧它，但若處理得好，能得到較佳品質的成品。

淺油炸時不可加蓋，不然上半部的食物會為水蒸氣所蒸，而失掉油炸的風味。在西餐中，此種烹飪方法最常用於油炸雞與魚類，假使是需要長時間才能炸熟的食物，也可以先用淺油炸，炸到變成金黃色後，再取出放進低溫的烤箱中完成之。

六、煎炒

煎炒（sauté）是一種只用少許的油，在平底鍋中加熱（160℃至240℃）後，再將材料放入鍋中加熱至熟的烹飪方法。所加的油一般都深至四分之一吋，所以英文也稱之為fry，不過油量

與材料的厚度有關，薄的魚排只用八分之一吋深的油即可，若厚到三吋的魚卻則須用到四分之一吋甚至是二分之一吋深的油。有些食物材料本來就較不黏鍋（如蛋類），則可用更少的油，通常加多一點的油入鍋，是為方便使鍋底沾滿油，等油熱後都先倒出多餘的油才放入蛋液，油若太多反而會因起泡跳動，而影響蛋的體裁。

(一)煎炒用的油

煎炒的用油有人認為以和材料同種類的油脂為最佳，如煎炒豬肉則用豬油，不過這與各國的文化背景有關，法國人喜用奶油，義大利人和西班牙人喜用橄欖油，德國人喜用豬油，英國人喜用爐烤的滴油。由於法國菜是西餐的主流，所以給人的印象是西餐中較細膩的菜都須用奶油來煎炒才行。奶油和葡萄酒是法國菜的重要調味料，如同我們的醬油一樣，既可直接澆在食物上調味，亦可用來燒菜，可增加食物的色香味。

奶油依用途有含鹽與無鹽之分，烹飪用者皆為無鹽者。奶油中含有某些成分會在煎炒的過程中很快燒焦，以致連累到被煎炒的食物，所以使用前尚須經過淨化或澄清處理，如此可以提高其耐熱的溫度。較快的方法是放奶油於鍋中，以大火加熱至融化起泡，此時一定析出沈澱物，用湯匙取出泡沫後，倒出澄清的油即成。此法雖然較快，但是必須細心照顧，不然有燒焦變色的危險。另一種較慢而不必太操心的方法是利用雙層鍋以熱水來加熱，緩慢融化後的奶油上層是透明的液體，下層則為乳色的沈澱物，若屬含鹽的奶油，鹽分也會在淨化的處理中，和其他固體成分一齊沈澱下來。

(二)煎炒的方法

　　煎炒的烹飪法對於少量的食物是快速而有效的，只要是質嫩的食物皆可煎炒之，除非是可生吃的黑肉類，切得太厚者不易煎得恰到好處，所以煎炒皆以切薄片為主，只要十五分鐘左右的時間即可完成製備的工作。煎炒的法文sauté一字有「跳躍」的意思，以往西洋人都利用壁爐的火來烹飪食物，煎炒鍋都加長柄來操作，由於須用雙手來支持，因此就沒有多餘的手可用來翻面，只好在放入材料後前後搖動鍋子，使材料一直在移位，以免黏住鍋底，等到要翻面時就使勁用力將材料拋上空中，使材料跳躍在空中翻面，sauté之名由此而來。對於切得很薄的肉片（通常是小牛肉）一次不會只放一片入鍋，所以若一次放入很多薄片而不翻動，就會有重疊，以致無法受高熱而封住表面，因而肉汁會流失以致肉質變硬，故須不停地用叉子或小棒混來翻攪之，英文亦稱之為stir fry。

　　煎炒前亦須先調味，如為薄片單面調味即可，也可以再在食物上撒一層麵粉（切得較薄的白肉類皆須撒之），甚至也可以和深油炸一樣沾麵包屑、沾蛋糊或沾蛋粉，以吸收食物外流的肉汁或味道成分，並且加熱後的澱粉也會凝固而堵住肉汁繼續外流，還有焦化後的澱粉也有其香味，更能引出食物的風味。也有人把調味料摻在麵粉中，混合時麵粉須經篩過才行，這種方法很適合於大量製備，但是鹽味不會滲入食物中，對於較厚一點的食物其調味的效果就差了一些。

　　影響煎熟的因素有油的溫度、鍋的大小、肉的量、肉的質，以及肉的厚薄等，所以要說出應該煎炒多久才能熟是很困難的事。要試是否已完成烹飪時，如為獸禽肉，可用叉子的尖端戳刺

之，流出之汁如果尚為粉紅色則尚生，如果汁是清的則已全熟，如果是魚，則以叉尖或小薄刀試其肉與骨頭是否可分離，可則已熟。瑞士的資料亦強調以手指的觸覺來判斷，以手指壓之，若肉很柔軟則尚生，有點彈性有如壓嘴唇之感覺則為三分熟，結實而有彈性有如壓鼻尖之感覺者為五分熟，非常結實有如壓下巴之感覺者為十分熟。

(三)煎炒鍋的不黏鍋處理

煎炒時除了油量不足時會黏鍋底外，鍋底附著有雜物，或是沒有油膜附在鍋上，也都會引起黏鍋，所以在新鍋使用前，或是已經會黏鍋的舊鍋子，都需要經過一番英文稱之為「調味」（seasoning）的特別處理，我們要稱之為「調理」。

煎炒鍋的調理方法有兩種，其一是美國人所採用的「鹽與油」的調理，如為新鍋，首先用鋼刷和清潔劑清洗煎炒鍋，把可能的鐵鏽與雜物清除掉，油洗擦乾後放鹽入鍋，用乾布來固定鹽粒猛磨鍋底一些時候，倒掉鹽擦淨後，倒滿油強火燒熱後改以文火燒三十分鐘，然後倒掉熱油（棄而不用），以乾布擦淨即成。另一種法國人所採用的調理方法只使用油而已，煎炒鍋經徹底清洗擦乾後，倒二分之一吋高的油入鍋，用非常小的火（或放入烤箱中）燒到非常的熱，然後熄火，讓油留在鍋中漸漸自行冷卻，完全冷卻後倒掉油，以紙巾擦淨即成。經過這種調理後的煎炒鍋，鍋面會有一層保護油膜，所以可以防止食物中的蛋白質因凝固而黏於其上。剛調理過的鍋子若能先用於油炸食物一、二次，其調理的效果會更佳。

蛋類的烹飪須有專用的平底鍋，因為蛋很脆弱，一黏鍋就破壞其體裁，蛋本身是較不會引起黏鍋，有專用的鍋子不但較保險

也較可免於須經常調理鍋子的麻煩。蛋類專用的平底鍋習慣上用完都不清洗，僅以乾布擦淨即可。其他的煎炒鍋用過後通常也都僅以乾布擦拭而已，每次皆洗是黏鍋的原因，等到每餐烹飪工作完畢後才洗之。其清洗的方法是加熱水（冷水亦可）於鍋中，在爐上燒至沸騰後，以海綿擦拭鍋內，倒掉水後再以乾布擦乾，如果要收藏起來則再塗上一層油，這一層油可以防鏽也可當為保護油膜。

再度使用時先以文火加熱，然後再用乾布擦掉鍋中多餘的油後即可開始使用，可見西餐廚房中須準備很多乾布才行，在歐洲每位廚師的腰間都會持著一條擦拭用的乾布，並且有充分的備品可隨手更換。

七、燒烤

燒烤（grilling）是一種不用油，等平底鍋燒熱後僅在平底鍋撒一層薄鹽，然後就直接把食物材料放入鍋中乾燒的方法，相當於中國菜的「烙」的烹飪法，為了和前述的「燒烤」相呼應，我們還是音譯為「盆燒烤」較合適些。有人並不撒鹽，那麼就須在鍋中刷一點油，不論撒鹽或刷油，肉塊都須沾油後才入鍋。雖然撒鹽者可不用刷油，但它仍須靠食物材料中流出來的油才不至於黏鍋，所以也很接近「煎」的方法，由於它不是靠空氣為抵擋物，而又與油有關聯，因此我們才把它歸類在此。

烤，須先用較高的溫度燒好食物材料的表面，以封住肉汁，所以鍋子要燒到很熱，撒鹽或刷一點油後才放沾過油的肉片。如為薄片，僅翻面一次即可，翻面時也一樣不可用叉子刺破食物材料，以免肉汁外流。如果食物材料是較厚的，則於表面變褐後再

降到適當的溫度燒至完成。

　　為了有別於煎炒的風味，鍋中一積油就須立即倒掉，並且不加水不加蓋，其烹飪時間大致相同於火上燒烤的情形，凡沒有適當的燒烤器而又想作近乎燒烤風味的菜者，就可採用這種方法來烹飪。為了湯少積油，下鍋前肉塊上的肥脂皆須全部割除，如同燒烤一樣地調味後入鍋。

　　如係撒鹽而煎者，入鍋前的調味就不含鹽，也有人完全不先調味，而於完成後才用胡椒研磨器撒上黑胡椒粉。

(一)調味與預熱

　　通常要燒烤的時候才以鹽與胡椒調味肉片，厚者兩面調味，薄者只調單面，以免太鹹或太辣，然後全面沾上油（目的在於防止食物內部的水分被高溫所蒸發掉，所形成的油牆也可防止食物中水溶性的成分流出來）。

(二)控制適當的溫度

　　基於受熱的均勢的要求，燒烤時仍須視材料的品質與大小，增減其溫度，其溫度的控制可以調整火力的小大以及熱源的遠近來操作之。雖然燒烤的溫度比其他的烹飪方法為高，但仍然可將其火力分成三級：大者 450℃ 以下（以食物表面受熱的溫度為準），中者 315℃，小者 205℃。熱源遠近亦可分三段：遠距者離五吋，中距者離三至四吋，近距者離二吋。

　　由於熱度須與肉片的厚度成反比，所以肉片薄則用大火，厚則用小火，或者薄則近火（近火則較熱，形同較大的熱源），厚則遠火，必要時也可兩者並用，大火又近距，使受熱溫度更高，也可以小火又遠距，使受熱溫度更低。不過不要忘記燒烤的特色

是焦化，小火無法造成食物四周皆有相同溫度的熱空氣，因而效果較差，所以最好採用強火，再以距離來調節之較佳。

(三)烤到變色才翻面

雖然翻面有助於控制適當的溫度，但須烤到變色才翻之，未變色就翻面的話，表面的蛋白質尚未堅固收縮，肉汁較易外流，如此若再多翻幾次，肉質會因失汁而變硬。

(四)燒烤完成的判斷

燒烤完成的時間依肉塊的大小和厚度而不同，由於用此烤法的食物都不大，所以不易用其中心溫度來測定之。雖然有些烹飪書籍提供有燒烤完成的時間表，但是對於黑肉類傳統的測定方法是以手指壓肉，依其觸感來判斷完成的時刻。

一般採用燒烤的方法而有生熟之分者大都以牛排為最常見，特將牛排各種程度的熟度特徵介紹如下，以供認定的參考。

1. 很生（very rare）：只有肉片外表很薄的一層受熱而已，切了內部全生，會流出紅色血液。（中心部位「紅而涼」。）

2. 生（rare）：肉中央全生的部分較小，生肉的外圍已半熟呈粉紅色，流出血水仍為紅色，但已不是新鮮的血液。（中心部位「紅而溫」。）

3. 三分熟（medium rare）：肉中央的肉色呈鮮明粉紅色，血水呈粉紅色，指壓時已感覺到有點硬度。（中心部位「血粉紅」。）

4. 五分熟（medium well）：肉中央的肉色已不見粉紅色，

仍可見到血水（肉汁），但已非粉紅色，而是灰色或清澈。指壓時已沒太軟的感覺了。（中心部位「微粉紅」。）

5.全熟（well done）：肉中央的肉也全為灰色，幾乎沒有肉汁出現，外表已經乾縮了。（中心部位「灰黑」。）③

八、焗

焗（gratining）是一種用很高的溫度（200℃至 300℃）來烤，以便在菜餚的上面烤出一層焦黃皮的方法，國內有人以「焗」命名之，似乎沒有更好的名稱，姑且採用之。在西餐中「焗」的烹飪法有三種方式，法廚師稱之為「完全的焗」、「快速的焗」，以及「輕度的焗」。所須加熱溫度之選擇可依所須加熱時間之長短而定，「完全的焗」是把生材料焗到全熟，須時較長，故須用低一點的溫度；「快速的焗」，因材料已全熟，故可以高溫度短時間來焗之。

「完全的焗」是先用奶油擦拭焗盤，倒入沙司（通常是白沙司 béchamel），接著放入主要材料，然後再加沙司至完全淹蓋材料，在沙司上又撒一些麵包屑，最後在麵包屑上塗上奶油溶液，準備完後放入烤箱烤至全熟，並且也將麵包屑烤成焦黃，這一種方式較像中餐中「焗」的烹飪方法。

「快速的焗」是在預先烤或煮熟的菜餚上撒上麵包屑，塗上奶油後再放入烤箱，或是放入一種叫salamander的桌上型小燒烤器，用強熱把麵包屑烤至焦黃即成。

「輕度的焗」是最常見的一種方式，一般稱為Au Gratin（意即用焗的形式作的）者即屬此式，此方式也是種「完成的處

理」。通常是先用沙司調和麵糊，然後再把主要的材料混合在一起煮之，煮熟後盛入焗盤撒麵包屑，也可以撒上吉士粉，或撒上兩者的混合物，最後塗上奶油溶液再用中熱烤至表面焦黃即成。

九、烘焙

烘焙（baking）或烘烤是一種利用烤箱以密封的乾熱空氣來烤熟食物的方法，英文都叫baking。習慣上用烤箱來烤西點麵包類的方法都叫烘焙，可是英文中對於烤魚與烤植物類食物的方法也叫baking。為了使烘焙能專用於烤西點麵包類，我們想另用烘烤一詞來指烤麵點類以外的食物的方法。

烘焙或烘烤的理論大致可說和前述的爐烤雷同，不過若關聯到麵點類的烘焙時就不那麼單純。大部分的西點類都是以非常相似的材料所製成，只要稍加變化其準備工作或烘焙的方式就可製出完全不同的產品，怪不得它會自成一種獨立的專業知識與技術。烘焙成果的好壞不能只由烤的技術來決定，它還會受到所用材料與準備工作之正確與否的影響，並且烤的方式也須兼顧到材料與準備的因素才能有好的成果。因此我們認為烘焙須依製品分項討論，並且烘焙術是可以獨立出來自成一個系統來討論的。是故不想在此有所歸納，我們只想強調：烘焙時預熱烤箱與小塊小火、小塊大火的理論雖然還是成立的，但是製作的細節（尤其是溫度與分量的「精確」把握）「絕對」要遵守標準食譜的指示，不然不是不能達到應有的品質水準，就是會變成另一種新的「發明」。烘焙的方法並非只使用完全的乾熱，例如法國麵包的特色是有硬脆的外殼，所以須在烘焙的過程中注入水蒸氣，讓表面焦化得慢一點，以便形成厚而硬脆的外殼，因此烤箱須附有注入水

蒸氣的設備。

　　烘烤中也一樣須時加澆潤，其烤熟的判斷與燒烤者相同，但所用的溫度不同於燒烤，烘烤魚類須採用高溫，其目的是要快速完成烹飪，以保住較多的水分。此外，烤魚類也很適合用「紙包烤」的方法，不過其風味不同於烘烤，而比較近於燜的風味。適合用烘烤方法來烹飪的植物類食物是水分較高的蔬果（如番茄等），以及有水分的澱粉食物（如馬鈴薯等），在大量製備時，為了節省烹飪的時間，也可先將此類食物水煮至半熟後，再以烘烤的方法來完成之。

十、爐烤

　　西餐烹飪中，爐烤（roasting）是種極為基本且重要的方法，值得我們詳加說明，不過要知道爐烤的方法並非只有一種，每種方法各有各的獨特處理，然而其操作的要領還是可以作出如下的介紹：

(一)用鹽與胡椒調味

　　鹽與胡椒是西廚中的基本調味料，只說調味而不提其他調味料名稱，即指加鹽與胡椒，有些食譜只提用鹽擦抹肉塊的全部表面，然後塗上油即可入烤箱。調味都在開始要烤時行之，有人在烤前三十分鐘至一小時前先在肉塊上塗上水再上鹽，水可融鹽有助於深入肉中，有人主張烤到變色（褐變）後才調味，也有人主張烤到完成後才調之。其理由是鹽會引起血水外流，也會使焦化緩慢很多。有人為了避免這種顧慮，都把鹽調在有肥肉的一面，讓鹽隨著融化的油流下，沾在肉塊上而得到調味的效果，不過也

有人主張把肥肉割開，然後調味於肥肉下的肉上，接著再蓋上肥肉，更有人把鹽調味在滴汁中，再以滴汁澆潤肉塊，以達到調味的目的。

(二)預熱烤箱再放進肉塊

為了使肉塊表面的蛋白質很快地因凝固而變得堅固收縮，以儘早封住肉塊的表面以防肉汁外流，烤箱須先用強火預熱，使得肉塊一進烤箱立即受到高熱，以封住其表面層。假使不經預熱的步驟就放進肉塊的話，烤箱內要達到所要求的溫度尚須一段時間，在這一段時間內，溫度是慢慢升高，形同低溫爐烤，無法立即封住食物的表面層，在肉塊表面堅固收縮以前，肉汁有機會往外流，因而會流失很多肉汁而影響到成品的品質。

(三)有肥肉的一面須朝上

肥肉受熱會融化，讓肥肉朝上才能使融化的油澆在肉塊上或滲入肉中，所以就可以少用其滴油（浮在滴汁上面的油）或其他的液體（滴油不足時，通常就混以高湯）來澆潤之（術語稱為baste，即澆液體）（爐烤時須用滴油而非滴汁，沒有滴油的材料實在不宜爐烤），以加強其濕潤度，以防過火燒焦（我們以「澆潤」譯之）。不過太厚的肥肉，不但沒有必要，反而會使烹飪的時間拉長，所以須先加處理，只保留二分之一吋以下或四分之一吋厚的肥肉即可。

(四)以適當的溫度烤之

所謂適當的溫度是指足可減低肉塊的萎縮，以確保烤肉多汁而柔嫩的溫度。基於受熱的均勢的要求，適當的溫度尚須分為兩

段，第一段是封住表面層以及完成焦化的適當溫度，第二段是等肉塊烤到變色收縮後可用以繼續加熱直至完成烹飪目的的適當溫度。前段通常皆採用 200℃ 至 250℃ 之間的溫度，不過根據食品學者的研究，可以產生理想的焦化作用的最低溫度是 160℃。

(五)以中心溫度判斷熟度

完成爐烤所需的時間依肉的種類、肉的重量與厚薄、烤箱的溫度，以及所要烤熟的程度而不同，所以要說出確定的時間是不可能的，頂多是依經驗而說出一個平均時間而已，而有骨頭的肉就須較長的時間。因此，有些食譜所提供的爐烤時間表並不可靠，不過可用來作為何時進行熟度判斷的參考資料。傳統的判斷方法是用冷的粗長鐵針刺穿肉塊最粗厚之處至其中心部位，靜置十秒鐘後取出，取出後立即將鐵針上接觸到肉塊中心部位的地方放在嘴唇或鼻孔下方左右擦動，根據嘴唇所感覺到的溫度來判斷爐烤是否已完成。

十一、燜

燜（braising）的烹飪法最適用於肉質較硬，須經長時間加熱才能軟化的材料，例如三至六歲的牛肉以及一至二歲的羊肉等。但是肉嫩品質好的材料亦可採用之，尤其是須熟透才宜食用的白肉類，與其採用爐烤，不如採用燜法才會有較好的成果。因為要熟透就須烤較久，烤較久時若材料中的油脂不足，反而會被烤乾，所以採用有濕氣的燜法較佳，只是硬肉與嫩肉有不同的處理。

為了獲得足夠的濃度，傳統上皆由濃縮煮液而得之，現代人

講求經濟性與迅速性，使得廚師不得不放棄以往某些不合乎新時代要求的作法。目前除了燜煮的時間更加縮短以外，煮液的濃度也都依賴「油糊」來速成之。油糊的產生有如下三種方式：

1. 先將肉塊沾滿麵粉後才入鍋焦化，使肉塊與麵粉同時受熱變褐。有人認為此法因有麵粉，所以較有焦的效果，不過也有人認為麵粉極易燒焦，一失手就有損沙司的風味。

2. 先焦化完肉塊後再以其滴油炒麵粉成油糊。此法比前一方法較能把握住油糊的受熱狀況，但是須再把成塊的油糊打散成沙司是比較麻煩一些。

3. 綜合前兩種方式的優點，先將肉塊焦化到某種程度後再撒麵粉於肉塊上，繼續加熱至麵粉變褐為止。若另外尚有調味蔬菜須一齊或緊接在肉塊後加以焦化時，亦可把麵粉加在蔬菜中炒褐之。

以上三種方法皆有人使用，我們認為第三種方法較佳。這種先製成沙司再燜煮的方法，事實上也可以說是僅採用愛司可飛的燜煮二段法中的第二階段而已的簡速方法。只要肉質適當，僅採後一段的作法應該沒有關係，只是以麵粉來強化沙司的簡速作法，儘管其外觀是無可厚非，其風味應該會差了一些。

用於燜法的蔬菜主要是包心菜、芹菜、生菜與紅蘿蔔等，燜煮時亦不先加以焦化，但須先加以燙煮中和其苦味，並可減少其體積，燙煮後必須冷卻，並且必須滴乾外含的水分。燜煮時鍋中先放入調味蔬菜，再放入待燜之蔬菜，加入富有油脂的高湯至蔬菜的四分之一高深度（也有人認為煮液可高至蓋過蔬菜），加鹽與胡椒調味，加蓋後以 180℃ 在烤箱中燜煮一小時或至柔嫩，其完成時間原則上是依燙煮的程度而定。為了防止蔬菜表面乾掉，

亦可在蔬菜上面再加一片紙蓋,這種紙蓋也可以應用在魚的燜煮中。燜煮蔬菜也有「光澤煮」的處理,不過是真正如字義所示的「上糖衣」,因為是用糖、奶油,以及少量的水去燜煮的,完成時煮液已呈糖漿狀,起鍋前加以翻炒,就能使蔬菜(通常是紅蘿蔔)裹著一層光亮的糖衣。

十二、燴

燴(stewing)是指將食物材料切小塊後,放進蓋過食物材料的沙司中,用小火加蓋慢煮至熟爛的方法。

(一)燴的基本要領

■ 煮液須用與肉塊同類的高湯

如為牛肉燴菜就須用牛高湯,沒有這種高湯須求其次時,可採用雞高湯比其他高湯更溫和而不對抗他種肉類材料的味道,若完全沒有高湯可用時,只好使用水了。燴菜的肉塊皆切小塊,唯有多加一些煮液才有可能讓每一塊肉都能得到煮液的濕潤,因此煮液至少須蓋過肉塊才行,燴煮途中亦可依需要再添加煮液。基於沙司的顏色的需要,紅燴菜與褐燜的黃燴菜須用褐高湯,白燜的黃燴菜與白燴菜則須用白高湯,甚至是牛乳。

■ 煮液須有沙司的濃度

燴菜中的肉塊皆很小,不必像燜菜中的大肉塊煮那麼久,所以在前人的烹飪書中並不曾發現像燜菜那麼明顯的一段式的煮法,可是還是可以看出近似的處理步驟。愛司可飛燴菜食譜皆先用高湯煮一至二小時以後,再加入預先製成的沙司繼續煮十五至四十五分鐘即可,甚至也一樣有「光澤煮」的作法。目前仍有人

採用這種傳統的作法，可是最常見的作法是在加液體入鍋以前就先用麵粉調製成油糊，然後溶入液體成沙司來煮至爛熟，所以燴菜才另被歸類為「在沙司中烹飪」的烹飪法。

■煮時須用最低的火力加蓋慢煮

燴菜的材料皆須煮得很久才能煮爛，其時間依肉塊的種類與大小而不同，長者可達四小時，短者亦須二小時以上。可是煮時絕不可求其快，雖然剛開始時皆用強火煮至開滾，但是開滾後就須立即降低火力，其溫度以不至於讓鍋中的食物材料滾動為原則，並且還須時加留意鍋中動靜，以防鍋中因水蒸氣的累積而引起煮液再度滾動。有人比喻說照顧燴菜須像照顧嬰兒睡覺一樣，絕對需要保持寧靜才行，否則是不會有好的成果的，因為滾動的熱滾會急速分裂肉纖維，肉塊因乾縮而成了肉纖維塊，如此一來煮得再久也不會煮爛。

■裝飾蔬菜須配合其煮熟的時間入鍋

燴菜中的蔬菜有調味蔬菜與主要材料的蔬菜之分，調味蔬菜為的是加強煮液的味道，故皆與肉塊一樣地久煮，主要材料的蔬菜將用來當為肉塊的裝飾菜，與肉塊搭配上桌食用，所以絕不可過火，以便能夠保持其體裁、顏色與營養。因此須事先熟知裝飾蔬菜的煮熟時間，然後從肉塊煮爛的完成時刻反算過來，以決定其入鍋的適當時候。換言之，若同時須製備多種蔬菜時，須依各種蔬菜的煮熟時間之長短而分先後加入鍋中，亦即較慢煮熟者須先入鍋。若係魚燴菜，魚比蔬菜容易熟，那麼魚反而須在蔬菜之後入鍋，蔬菜的煮熟時間雖然會因其種類之不同而異，但是不要忘掉其大小也是決定因素之一。如同燜菜一樣，為確保裝飾蔬菜的美觀與視覺效果，也可以在另外的鍋中獨立製備這些蔬菜，免得和肉塊混合在一齊煮時，因翻動不易而搗碎蔬菜的體裁。等肉

塊煮爛以後，再將單獨煮熟的蔬菜加入煮肉塊的鍋中略煮一下即成。

(二)食物材料的處理

燴菜的主要材料是肉塊與蔬菜，最常用的肉類雖然皆以腹肉、胸肉、腿肉以及舌等便宜貨為主，但是仍然以多少帶有肥肉者為上乘，肥肉不夠者也可以在切塊後以培根（bacon）切條來貫脂條。通常紅燴菜與褐燜的黃燴菜皆採用黑肉類，而白肉類則用於白燜的黃燴菜與白燴菜。

第三節　西式餐飲菜系

一、法式菜餚

法國出口許多糧食、肉類、奶製品和水果等食物原料，豐富的物產資源，推動飲食及烹飪的發展，法式的菜餚是西方國家中飲食最著名的。特點是選料廣泛，如鵝肝、蝸牛都是法式菜中的美味佳餚，加工十分精細，比較講究吃半熟或生食，牛排、羊腿以半熟鮮嫩為其特色，海鮮類有的生吃，烤鴨類則為五或六分熟。多項法式菜是用酒來調味，且都有嚴格規定。清湯用葡萄酒，海味食品用白蘭地，甜品則使用各式的甜酒或白蘭地。

法式菜餚的名菜有鵝肝排、馬賽魚羹、鴨肝牛排、紅酒山鴨等。

二、義式菜餚

義式菜餚的特色是原汁原味，以濃湯著稱。烹調的方法注重炸、燻，另外煎、炸、炒、燴的烹調方法和奧地利、匈牙利等地的口味接近。

義大利人喜愛麵食，所以製作的麵條十分多樣，有實心麵條、貝殼型及通心麵條型。義式菜餚的名菜有焗餛飩、乳酪焗通心粉、比薩餅、通心粉素菜湯和肉末通心粉等。

三、英式菜餚

英國式的菜餚有家庭美食之稱。烹調時多以燒、蒸、燻、煮的方式烹調。講究鮮嫩，口味清淡，菜量少而精，選料時特別注重海鮮及各種蔬菜。英式菜色的特點是清淡、油少、烹飪當中較少用酒。餐台上放著各種調味品，客人可依自己的口味任意添加。

英式菜餚較著名的有雞丁沙拉、薯燴羊肉、明治排。

四、美式菜餚

美式菜餚是從英國菜發展出來的，所以烹調的方式和英式類似。菜色簡單、口味清淡，鹹中略帶甜。常使用水果當成配料和菜餚一起烹煮，例如蘋果烤鴨、波夢焗火腿。大部分的美國人喜歡鐵扒類的菜餚，喜歡吃新鮮蔬菜及水果，對辣味的菜較不感興趣。

美式菜餚中較著名的有烤火鴨、橘子燒野鴨、美式牛扒、糖醬煎餅。

註　釋

① 薛明敏，《西洋烹飪》（台北：明敏企管公司，民 79 年），頁 18。

② 同註①，頁 186。

③ 同註①，頁 286。

第六章　餐飲原料的採購、驗收、倉儲與發放

◆餐飲採購之意義

◆餐飲採購部的職責和其他部門之關係

◆餐飲採購之主要任務

◆驗收作業

◆倉儲作業

◆發放管理

第一節　餐飲採購之意義

　　採購是現代化餐飲管理中較新的學問及技術，近年來科技發達，餐飲之管理亦隨之科學化，因之管理制度日益受人重視。餐飲業之採購決策乃根據以往之經驗，對於採購技術不斷地改進與發展，以優良的採購政策增加業界之利潤。使不致因為盲目採購而發生巨大的損失，雖然，行業有別，但是對於採購及管理之重要性則始終一致。

　　採購是餐廳餐務作業之始，餐廳之備餐與供食均須仰賴物料之取得，唯有良好品質之物料才能使餐廳發揮本身之功能與特色，否則縱然廚師手藝再精良，若無良好採購之搭配，也難發揮其才華。

一、餐飲採購之定義

　　「採購」一詞可分廣義與狹義兩方面來說，謹分述如下：

(一)狹義的定義

　　早期「採購」定義範圍較今之定義狹窄，而與「進貨」相當，乃為狹義之解釋。

(二)廣義的定義

　　美國學者亨瑞芝（S. F. Heinritz）在其所著的《採購原理與應用》（*Purchasing Principles and Applications*）一書中，曾對

「採購」之定義作更明確的闡釋：「採購者，不僅是取得需要原料與物資之行為及其應負之職責，並包括有關物資及供應來源計畫、安排、決策以及研究與選擇，以確保正確交貨之追查，及驗收之數量與品質檢驗。」①

「採購，係指以最低總成本，在需要之時間與地點，以最高效率，獲得最適當數量與品質之物資，並順利及時交由需要單位使用的一種技巧。」

(三)實質上的定義

採購係根據餐飲業本身銷售計畫去獲取所需要的食物、原料與設備，以作為備餐供餐銷售之用。

二、現代餐飲採購研究之目的

現代餐飲採購研究之主要目的乃在提供採購部門各項資訊，確定採購人員之職責，釐訂標準採購作業程序，以提高餐飲採購效率，降低營運成本，增進營業利潤。謹將現代餐飲採購研究之目的分述於後：②

1.提供正確的採購資料。

2.培養採購專業人才，賦予權責。

3.建立健全採購機構，強化採購組織功能。

4.研究採購技巧，提高採購效率。

採購工作不但要重視管理，而且不可忽略實務，因此充滿了複雜性，例如物資採購的範圍、地區、方式的決定等，因適用環境的不同，得隨時改變運用之方法，茲分述如下。

依採購地區而言，可分為下列二種：

1.國內採購（domestic procurement or local procurement）。
2.國內採購（foreign procurement）。

依採購方式而言，可分為下列四種：

1.報價採購。
2.招標採購。
3.議價採購。
4.現場估價採購。

三、採購管理之機能

現代化的採購管理、物料的籌供管制及運輸倉儲為餐飲業在生產過程中的三大步驟，與銷售管理占同等地位。通常採購管理的主要機能如下：③

1.參與釐訂採購政策。
2.採購計畫與預算。
3.採購市場之調查。
4.供應來源之選擇與評價。
5.採購之品質與價格。

採購品質（quality）的選擇，乃是屬於技術上的要求，採購人員必須充分了解購料之特性與用途，並依本身產品需要以及市場供應情形，提出新的產品原料或代用品之建議。其次，研究採購價格管理及減低成本方案，並提供商情資料，以檢討一般之協

價方法。

　　另外就是價值（value）分析。採購料表面是物料本身，然再加以分析，則是採購的效用。所謂價值，乃是由物料之品質、價格與效用（function）相互關係所構成。即：

　　價值＝品質／價格

　　建立價值分析的目的，即是使採購作業能得到適當的品質，再設法降低採購的成本。

四、餐飲採購之職業道德

　　美國採購專家亨瑞芝認為買賣雙方彼此應立於公平地位，為建立雙方良好關係，買方應誠心的對待供應商，同時對廠商之報價、設計技術、專利應予保密，與廠商來往不可厚彼薄此，應一視同仁，平等對待之。此外買方本身應積極提高採購作業水準，培養優秀採購人員，以樹立優良採購制度，藉以建立良好採購道德。

(一)採購人員之職責

　　從事採購作業人員，其工作的觀念，應以最高之效率和合理之最低總成本來完成任務。採購處理程序，雖因公私組織而異，但其基本職責則無二致。所謂採購人員之基本職責為：

1. 採購人員執行作業時，必須謹慎研究有關之法律命令或公司規章，以作為執行準則。
2. 採購人員並須發揮「專門技術」的知識，以充分運用其創

造力、想像力及機智，並了解其基本作業上有關的一切事項。

3.採購人員對於外界不當行為所加的一切壓力，必須予以排脫的限制。

4.採購人員之處事態度，應針對問題，常加改進。

(二)現代採購所須具備之倫理道德觀念

採購作業人員素質的良莠，對採購任務影響重大，採購部門為整個組織信譽的帳房，必須有高度的道德標準加以維持，否則，企業無法獲得久遠的效益。根據美國的採購協會（National Association of Purchasing Agents）所提倡之《採購原理與標準》書中，有下列幾項原則，確是優秀的採購人員所應共同遵守：④

1.在各種交易中，應顧慮公司之利益，並信守既定政策的執行。

2.在不傷害組織的尊嚴與責任下，接受同僚之有力勸告及指導。

3.無偏私的採購，使每一元之支出發揮最大的效用，獲得最大價值。

4.努力研究採購物資產製之知識，以建立管理與實用之採購方法。

5.誠實的執行採購工作，揭發各種商業弊端，拒絕接受任何賄賂。

6.對負有正當商業任務之訪問者給予迅速與禮貌的接見。

7.相互間尊重其義務，促進優良的商業實務。

8.避免刻薄的實務。

9.如同行者在履行其職務時發生事故，應向其忠告並協助之。

10.與各從事採購作業之機構、團體及個人，加強聯繫合作，以提高採購之地位及業務之改進發展。

第二節　餐飲採購部的職責和其他部門之關係

一、餐飲採購部的職責

從現代化企業管理之觀點而言，採購部之主要職責是採購企業所需之一切物料以及提供有關支援採購之各項服務。易言之，採購部門之主要職責是以最適當合理的價格去購置最佳品質之物料，並使這些物品能達到及時供應之要求。為使讀者對餐旅採購組織之職責有更進一步的認識，謹將採購部門之主要職責分述於後：⑤

1.研究市場資訊，了解物價。

2.從事市場調查，選擇理想供應商。

3.採購條件與採購合約之簽訂。

4.確保貨源及時供應與服務。

5.採購物料驗收的查證與供應商售貨發票之處理。

6.採購單據憑證之處理。

7.採購預算之編製與價值分析。

8.各種物料及服務適時供應之管制與協調。

二、採購部門與餐廳其他部門之關係

採購部與餐飲業八大部門之關係摘述於後:

(一)採購與廚房之關係

「採購部必須經常與廚房人員聯繫,藉以了解廚房所需物料種類與品質。根據主廚所開列之魚、肉、蔬果以及各乾貨來進行採購。」採購數量之多寡須根據廚房用料預算以及庫存量來決定,因此必須與上述單位聯繫,才能決定適當採購數量。

有關採購對象、供應商選擇乃採購部門之權責,但是廚房可提供適用性意見以供參考。

採購物品交貨時間,務必與廚房用料時間密切配合。

(二)採購與餐廳之關係

採購部必須與餐廳經理人員經常聯繫,藉以了解所購置之物料食品是否合乎客人口味,其品質是否令顧客滿意。

根據餐廳主管所需物品之規格、用途、品質、數量以及交貨時間來進行採購。必要時得請餐廳經理提供正確情報供參考,以利採購工作之進行。

(三)採購與餐務部之關係

採購部須與餐務部主管聯繫,了解餐務部所需物料如刀、叉、餐具、烹調器具,以及清洗設備等各式器皿設備之名稱、用途、規格,以利爾後採購工作之進行。

根據餐務部之申購要求,選擇適當廠商提供適用物料。

採購部可隨時提供新式產品、用料、規格、價目等資料供餐務部參考，以建立標準化作業，提升服務品質。

(四)採購與財務部之關係

採購部必須與財務部、會計部相互保持聯繫，務使採購預算之編列與營業預算、現金預算相互配合。

採購部對於採購價款之支付方式與進貨帳目之登錄，必須事先磋商，並共同研擬加強物料稽核管制之方法，以切實掌握餐廳之財務動態。

(五)採購與宴會部之關係

採購部須與宴會部經常聯繫，藉以了解餐廳之訂席狀況，以便決定購料品名、數量及交貨時間，以應營運之需。

採購部門應協助宴會部蒐集其他餐廳之銷售策略與情報以供宴會部參考，並可估計材料成本，研討售價。

採購部門由於辦理購料關係，商情蒐集較易，可隨時提供一些用料性質、規格、價格等建設性意見供宴會部參考研究。

(六)採購與倉庫之關係

倉儲單位須隨時將最新庫存量記錄表通知採購部，同時採購部也必須將物料採購之情形以及進貨時間、進貨數量，通知倉儲部門。

進貨驗收結果不論合格與否，須立即知會採購單位，以便即時處理。採購部必須與倉儲單位共同處理倉庫中之呆料與廢料。

(七)採購與品管部之關係

採購人員所購置之物料，若要達到理想標準品質，則有賴與品管單位密切聯繫，一方面可學品管方法，另方面可增進對物料品質之進一步認識。品管部若發現所購進物品規格、品質不符，應即通知採購部處理。

(八)採購與人事單位之關係

採購部之組織編組、人員任用考核、人員訓練與培植，均須會同人事單位共同研議處理。

三、採購資訊之蒐集和預算

(一)採購市場調查的重要性

餐飲事業之本質為服務，易言之，餐飲業是一種服務性事業，其服務之對象為社會大眾，為達此目標，實非運用「低價格，高服務」之原則不可。因此任何餐飲業者為求有效營運，無不汲汲於市場調查，竭盡其所能研究減低採購成本、提高營運利潤之方法，而採購市場調查乃降低採購成本、獲取適當品質之最有效手段。

謹將採購市場調查的重要性分述如下：

1.採購市場調查所得資料情報可作為擬訂餐飲採購政策與計畫之參考。
2.可作為餐廳庫存量管理政策之參考。

3.有利於餐飲營運策略之擬訂。

4.可了解物料供應商目前之經營狀況及未來展望。

5.可獲得最新市場產品訊息，供決策單位參考。

(二)餐飲採購資訊的特性

採購市場調查是一項費錢、費時又費力之工作，而其功效並非立竿見影，因此儘管其深具重要性，卻常常為人所忽視或不予重視。事實上許多採購工作辦不好，大部分均是對餐飲採購市場情況不熟而引起的。因為採購市場調查之範圍甚廣，所須具備之知識十分廣泛，且其市場環境又複雜，所以從事餐飲採購市場之調查工作，推行起來並不簡單，但是為謀餐廳營運之正常化、效率化，是項工作務必要深入研究才可，否則餐廳營運成本增加，品質及貨源掌握不易，又如何奢言鴻圖大展呢？本節特別就餐飲採購市場之特性作深入探討，期使各位對此複雜抽象之採購市場能建立正確的概念。

(三)採購市場調查範圍廣泛

餐飲採購品涵蓋面甚廣，有魚肉類、蔬菜類、食品罐頭類、調味料、生財器具及日用品等等，舉凡日常生活所需幾乎全包括在內，對於這些物料之調查，有些須全面性調查，有些僅須區域性調查即可。

(四)採購市場調查需要豐富的專業知識

餐飲採購物料之種類繁多，且均屬專業性之特殊採購，對於其品質與價格之調查原則不同，它除了須具備餐飲實務經驗外，

尚得有國貿常識才能奏效，它所需要應用之知識範圍十分廣泛，例如創新之物料產品性能分析調查，必須有最新科技知識，若對某特定原料之性能規格標準缺乏了解，極易造成錯誤或不當之採購。

(五)採購市場錯綜複雜，不易掌握

採購市場本身是個極為複雜的市場，它不但富敏感性，且易受外在環境因素之影響，因此益加微妙難以捉摸，要想了解此市場，若非藉助於完善的觀光市場調查研究，委實難以探其究竟。

(六)餐飲採購預算之編列

■ 採購預算編訂之原則

近年來企業管理概念，已逐漸重視預算編制，不像以往傳統企業概念，認為採購僅是附屬於銷售或製造計畫，而認為採購是決定企業成敗之要件。預算編制數額之大小，端視企業本身性質與需要而定，如食品或銷售加工業其採購成本占生產總成本極大比例，因此採購預算額甚高，不論何項採購預算之編制均為建立標準作業，藉以有效控制物料，確保原料與成本之平衡，以利企業之經營管理。

■ 採購預算之功用

1. 採購預算可使採購數量與用料時間完全配合，可達適時供應之目的，不會產生有菜單無此道菜可供應之弊端。
2. 可避免因物料短缺而發生臨時高價採購之浪費。
3. 正確之物料採購預算可防止超購、誤購及少購之弊端。
4. 實施採購預算可增進營運效率、控制成本。

5.採購預算可使企業單位在財務上早作準備,並可供有關部門彙編與核准預算數量之參考。

四、採購數量預算編製之方法

首先必須將所需採購之物料依其本身重要性分類處理,通常可分四大類:

1.價值較高、價格較貴之物料,其需求數量又有時間性、季節性者,應預先予以估定,並應控制最低與最高存貨量者。
2.凡物料價值高但不必確定存貨量者。
3.預算採購數量已確定,但未決定需用時間者。
4.僅在預算期間內列明採購總金額之其他項目。

一般決定物料採購數量預算之步驟為:

1.先預估預算期內銷售所需物料數量。
2.根據預估銷售所需物料數量加上最低與最高存貨量,求出其需求量總數。
3.再以上述數減去上期期末存量,即為預算期間內之最低與最高採購數量。茲將此計算方法敘述於下:

生產需要量+最高存貨限額-期末存貨=最高採購限額
生產需要量+最低存貨限額-期末存貨=最低採購限額

第三節　餐飲採購之主要任務

一、品質與規範的表示應注意之因素

■ 品質的特性

　　採購某項物料，必須了解其使用的特質，分析哪些是主要條件，哪些是次要條件，即能配合實質需要並且能擴大供應來源，為表現品質特性的兩項基本原則。

■ 市場因素

　　即以物料來源為討論對象，包含對供應商的選擇與影響供應商的意願，此兩項為表示品質須注意之要素。

■ 經濟性

　　品質或規範的優劣程度，特製品與標準規格的取捨、包裝、運輸等，都與價格有關係，因此需加以慎重比較以後才作決定。

■ 技術發展與革新

　　由於技術的發展日新月異，代替品的選擇，發展中的物料，不宜隨便引用或作為規範表示的依據，我們對於各種物料，應隨時注意有關科技的發展與革新，否則便無法跟上時代的潮流。

二、規範與品質之種類

■ 一般規範型態分類

1. 商標或品牌。
2. 生產方式。
3. 規範標準。
4. 市場等級。
5. 圖面規範。
6. 標準樣品。

■ 一般品質條件分類

1. 依照樣品為準之品質。
2. 依照規範為準之品質。
3. 依照標準品為準之品質。
4. 依照廠牌為準之品質。
5. 規格標準化（specification standardization）。近代企業為提高事物之質量或方法而制定了其基準，此基準即所謂的標準（standard）。我們利用科學的方法將此標準加以研究而成為有系統之標準，稱為標準化（standardization）。

三、餐飲採購供應來源之選擇

供應來源的選擇，不但要注意供應物料的品質與成本，而且對供需雙方是否能團結合作，在非常情況下是否能提供特別的支

援，不是單純地以賺錢為主要目的等，都是選擇供應來源所必須要考慮的主要因素。選擇供應來源應注意事項：

1. 由於地利之便，如果品質沒有問題，本地之供應來源（local sources）應列優先。
2. 為避免限於一種來源採購，因人為或天災因素（如罷工、火災等）而無法如期交貨，以致使生產中斷，必須對供應來源作一家或多家的選擇。
3. 忠誠度因素的選擇。如果信用不佳之供應商，即使價格低廉，亦不予考慮。
4. 互惠條件的選擇。由於公司政策的要求，有時因其向本公司購買產品，所以基於互惠的原則，必須研究公司政策而作互惠的採購選擇。
5. 指定廠牌之選擇。設計部門在規範上往往指定使用廠牌而成為一種限制性之採購，此種限制採購是否有確切之理由，必須加以調查而後決定。
6. 利益相互衝突的因素。由於現代企業競爭相當激烈，如果供應商屬於本企業之競爭廠商，我們在選擇供應來源時，必須事先衡量得失而加以考慮。

四、影響採購價格之因素

採購價格因受各種因素之影響而造成高低不同。在國內採購方面，商情資料、時間與地區等關係尚易加以預測與控制，而國外採購則因世界各地市場之供需關係，以及其他如規格、運輸、保險等之影響，所以其價格之變動很大，現將一般影響採購價格

之因素列述如下：

■ 物料之規格

　　各國之工業水準不同，因此相同之規格情況下，其功能可能不盡相同，所以其價格就有差異。

■ 採購數量

　　採購數量不但要考慮買方的經濟批量，亦應考慮賣方的經濟生產量，因為採購數量的多寡，往往影響價格之高低。⑥

■ 季節性之變動

　　例如農產品，如果能利用生產旺季採購，則價格必定合理，而且易獲得較佳品質。

■ 交貨的期限

　　採購時對交貨期限的急緩會影響可供應廠商之參考或承售意願，因而對價格亦會有影響。

■ 付款條件

　　對部分供應商如事先提供預付款則會降價供應，又如以分期付款方式採購機器設備，因其加上了利息，所以一般比現購價格為高。

■ 供應地區

　　如果是國外採購，因採購國之遠近而使運費有很大之差距，因此貨價亦不同。

■ 供需關係

　　市場供需數量與價格相互關聯，此乃經濟理論基礎，此外景氣或循環變動、通貨膨脹、緊縮等都會影響物價之高低。

■ 包裝情形

　　物料之包裝用貨櫃裝運者與用散裝船裝運者不同，所以物價成本亦會受影響。

五、餐飲採購之方式與合約

近代工商業日益發達，採購方式之使用亦趨於複雜。通常採購方式之使用，須視採購機構規模之大小、需要物資之性質、數量之多寡、使用之緩急，以及市場供需情況如何而決定。大抵餐飲業採購方式之抉擇，一般依採購性質可分類為使用情況、數量的大小、時間的急緩、物資的性能、市場行情、供應來源情況、採購地區。

(一) 報價採購

目前一般餐廳業之採購方式雖然很多，不過其中以報價採購較廣為人們所沿用，此種採購方法乃最簡易之交易方式，因此較普遍受歡迎。本節特別將報價採購之意義與種類，深入淺出加以探討，最後再介紹報價之一般原則供各位在從事報價採購時參考。

■ 報價採購的種類

報價採購之責任與約束力，端視要約內容而定。由於要約內容不同，報價採購之種類亦異。一般而言，報價種類雖多，但主要可分二大類，即確定報價與條件式報價等二種。其他尚有還報價、聯合報價、更新報價等等。⑦

所謂「確定報價」，係指在某特定期限內才有效的報價。易言之，此種報價係指在有效期內，賣方所提價格為買方所接受，此種交易行為即告成立，若是逾期對方不寄發接受通知，此買賣交易行為即不存在，但是若對方（買方）在接受此報價時，尚附有條件者，則原有「確定報價」即告失效，但是卻成為一種新的

要約。確定報價目前是國際貿易中最普遍的一種報價。

■報價的一般原則

　　報價乃是今天商場上交易最普遍且最常用的一種採購方式，目前各地廠商所採用之報價單名稱不一，計有：quotation、estimate、pro forma invoice、offer sheet等四種，但其內容與報價原則卻大同小異。謹將目前一般報價原則分述於後：⑧

1. 報價單上可附帶任何條件，這些附帶條件之重要性與主要項目一樣，常見之附帶條件如：「本報價單有效時間至一九九五年十二月有效」、「本報價單僅限該批貨售完為止有效」等等。

2. 買方對於報價單內容一旦同意接受，則事後不得將它退回或毀約。易言之，報價單所列附帶條件經接受後則不得撤回，此乃國際貿易之慣例。

3. 報價單之效期，須以報價送達對方所在地時始生效，並不是以報價人之報價日期為基準。

4. 報價之後尚未被買方接受時，賣方可撤回其報價。

5. 報價單若超過報價規定接受期限，則此報價即自動消失其效力，但若未規定時限，在相當期限內買方仍未發出接受函，此報價仍失效。

6. 報價若係電報內容誤傳，報價人不負此項錯誤之責。

(二)招標採購

■招標採購之意義

　　所謂「招標」又稱「公開競標」，它是現行採購方法最常見之一種。這是一種按規定的條件，由賣方投報價格，並擇期公開

當眾開標,公開比價,以符合規定之最低價者得標之一種買賣契約行為。此類型之採購具有自由公平競爭之優點,可以使買者以合理之價格購得理想物料,並可杜絕徇私、防止弊端,不過手續較繁複費時,對於緊急採購與特殊規格之貨品無法適用。

■ 招標採購之程序

公開招標採購,必須按照規定作業程序來進行,一般而言,招標採購之程序可分為下列四大步驟,即發標(invitation issuing)、開標(open bids)、決標(award)、合約(contract)等四階段。謹分述如下:⑨

1. 發標:發標之前須對採購物品之內容,依其名稱、規格、數量及條件等詳加審查,若認為沒有缺失或疑問,則開始製發標單、刊登公告並開始準備發售標單。

2. 開標:開標之前須先作好事前準備工作,如準備開標場地、出售標單,然後再將廠商所投之標啟封,審查廠商資格,若沒問題再予以開標。

3. 決標:開標之後,須對報價單所列各項規格、條款詳加審查是否合乎規定,再舉行決標會議公布決標單並發出通知。

4. 合約:決標通知一經發出,此項買賣即告成立,再依招標規定辦理書面合約之簽訂工作,合約一經簽署,招標採購即告完成。

■ 理想標單之特質

在整個招標採購過程中,最重要的是標單之訂定,理想之標單必須具備三原則,即具體化、標準化、合理化等三項基本原則,否則整個標購工作將弊端叢生,前功盡棄,因此如何擬訂出

一份理想標單，確是標購作業中不可忽視的一項重要基礎工作。
一份理想的標單，至少須具備下列幾項特質：

1.能夠釐訂適當的標購方式，不要指定廠牌開標。
2.規格要明確，對於主要規格開列須明確，次要規格則可稍
　富彈性。
3.所列條款務必具體、明確、合理，可以公平比較。
4.投標須知及合約標準條款，能隨同標單發出，內容訂得合
　情合理。
5.標單格式合理，發標程序制度化、有效率。

(三)議價採購

　　餐飲業所需之物料貨品種類繁雜，規格不一，有時須作緊急
採購以應急，由於此種種因素之關係，餐飲業者均較主張議價採
購，因此本單元就議價採購之意義與優劣點先作詳盡分析，再根
據議價作業之程序逐項探討，各位研讀本單元之後，將可對議價
採購有正確之認識。

■ 議價採購之意義

　　議價採購係針對某項採購物品，如果品牌物料，以不公開方
式與廠商個別進行洽購並議訂價格之一種採購方法。

■ 議價採購之優缺點

　　為使各位對議價採購方式有更進一步之了解，謹在此就其優
缺點分述於下：

　　優點方面：

1.議價採購最適於緊急採購，它可及時取得迫切需要之物
　品。

2.議價採購較其他採購方式更易於獲取適宜之價格。

3.對於特殊性與規格之採購品，議價採購最適宜，且能確保採購品質。

4.可選擇理想供應商，提高服務品質與交貨安全。

5.有利於政策性或互惠條件之運用。

缺點方面：

1.議價採購是以不公開方式進行磋商議價，容易使採購人員造成舞弊機會。

2.秘密議價違反企業公平、自由競爭之原則，易造成壟斷價格，妨礙工商業進步。

3.獨家議價易造成廠商哄抬價格之弊端。

(四)現場估價採購

買賣雙方當面估價之採購方式，其方法是自數家供應商取得估價單，然後雙方面洽其中的內容，一直到雙方認為滿意時才簽訂買賣合約。此種方式因有品質、服務及交貨期等問題，所以買方不一定向價格最便宜之供應商採購，但一般都已經事先作好品質調查，認為沒有問題的供應商才向其索取估價單，所以如果交貨期及服務等沒有問題時，大部分都向價格較便宜之供應商訂購。

■ 買賣雙方當面估價採購方式之優點

1.因為蒐集各供應商的估價單在一起比價的關係，所以是僅次於投標方式可獲得單價便宜的方式。尤其在不景氣時，想要取勝同業間的競爭，此方式在價格上就會很便宜。

2.可以省略供應商之估價手續及為了估價所需種種資料的準
備，手續上比其他方式簡單，因之各種費用可以減少。

3.比投標方式在單價折衝上較有彈性，因此品質、交貨期、
服務等之把握較有可能。

■ 買賣雙方當面估價採購方式之缺點及其對策

1.景氣良好時供應商有許多的訂單，所以其單價常有偏高之
傾向，因此需適當地選擇情報來源，以便選擇較多的同業
或公司，而尋求便宜的供應來源。

2.估價之前，同業供應商常事先商議而協定價格，而將估價
提高或常將買方的決定予以玩弄耍花樣等。要防止這些則
不應有委任供應商之事，而且分析估價所需之必要資料要
齊全，同時採購人員須有正確的價格知識，如果判斷估價
有異常的情形，則應考慮再從其他公司索取估價單以作必
要之檢討。

(五)餐飲採購合約之類別

一般買賣交易所訂定之合約，大都視採購物料之性質及其方
式而訂立不同之條款，通常採購合約之種類如下：⑩

■ 以交貨時間分類

1.定期合約（established term contracts）
2.長期供應合約（continuing supply contracts）

■ 以買賣價格分類

1.固定價格合約（fixed price contracts）

2.浮動價格合約（floating price contracts）

■ 以成立方式分類

1.書面合約。
2.非書面合約。

■ 以銷售方式分類

1.經銷合約。
2.承攬合約。
3.代理合約。

第四節　驗收作業

　　驗收（receiving）工作是項十分重要的業務，物料採購之後，必須經過驗收才可入庫。驗收工作必須迅速、切實，但不可為爭取時效或因某原因而草草驗收了事，必須注意所付出之代價與進貨品質是否符合？物料規格是否合乎當時採購要求？一位良好的驗收員必須具備各項物料專業常識及良好職業道德，對所有購進之物料詳加檢驗，視其品質、數量是否合規定？不可僅以肉眼查驗，務使採購品表裡合一，驗收工作完成後，須將驗收結果填入事先印製好的報告表上，整個驗收作業始告完成。

一、驗收之意義與種類

所謂驗收，是指檢查或試驗後，認為合格而收受。檢查之合格與否，則須以驗收標準之確立，以及驗收方法之訂定為依據，以決定是否驗收。所謂的驗收標準，其一是以物料好壞為標準，其二是在驗收檢查時試驗標準，前者常有限制，可能因人而異，所以並不具體；後者則就抽樣鬆緊方法之不同而言，有時或以供應商信用可靠，不經檢驗即可通過。因此，驗收只是一種手段，而不是目的，無論如何，驗收必須要考慮到時間與經濟等經濟原則，並經雙方妥為協定後，才能收到效果。

採購物料之驗收，大體上來說可分下列四大類：

■ **以權責來分**

1.自行檢驗：係由買方自行負責檢驗工作，大部分國內採購物資均以此方式為之。

2.委託檢驗：由於距離太遠或本身缺乏是項專業知識，而委託公證行或某專門檢驗機構代行之。如國外採購或特殊規格採購適用之。

3.工廠檢驗合格證明：係由製造工廠出具檢驗合格證明書。

■ **以時間來分**

1.報價時之樣品檢驗。

2.製造過程之抽樣檢驗。

3.正式交貨之進貨檢驗。

■ 以地區分

　　1.產地檢驗：於物料製造或生產場地就地檢驗。

　　2.交貨地檢驗：交貨地點有買方使用地點與指定賣方交貨地
　　　點二種，依合約規定而定。

■ 以數量來分

　　1.全部檢驗：一般較特殊之精密產品均以此法行之，又名百
　　　分之百的檢驗法。

　　2.抽樣檢驗：係就每批產品中挑選具有代表性之少數產品為
　　　樣品來加以檢驗。

二、驗收的基本原則

　　採購的最終目的在於確保交貨的安全，欲達此一要求，需在
於檢驗工作之是否合宜。若忽略此點，則一切採購成果便落空，
所以從事採購者，應明瞭整個採購的任務及責任，方能確實作好
檢驗的工作。茲就實務觀點，列舉在驗收時所應注意的基本原則
如下：⑪

(一)訂定標準化規格

　　規格之訂定涉及專門技術，通常由需用單位提出，要以經濟
實用，以及能夠普遍供應者為原則，切勿要求過嚴。所以在訂定
規格時，要考慮到供應商的供應能力，又須顧及交貨後是否可以
檢驗，否則，一切文字上的拘束易流於形式。但亦勿過寬，致使
劣貨冒充，影響使用。總之，要以規格之釐訂與審查走向合理

化、標準化的途徑，如此，驗收工作才能有合理的標準可循。

(二)招標單及合約條款應確切訂明

規格雖屬技術範疇，但是招標時仍列作審查之要件，蓋其涉及品質優劣與價格高低，自不得有絲毫含混，故在招標單上須作詳盡明確的訂定，必要時並應附詳圖說明，以免賣方發生誤會。至於買賣完成後，於合約內亦應加以明白訂明，使交貨驗收時，不致因內容含混而引起糾紛。

(三)設置健全的驗收組織以專責成

有專設單位方能設計出一套完善的採購驗收制度，同時對專業驗收人員施以高度的訓練，使其具有良好操守，以及豐富的知識與經驗，然後嚴密監督考核，以發揮驗收應有的功用。

(四)採購與驗收工作必須明白畫分

近代採購工作講究分工合作。直接採購人員不得主持驗收的工作，以發揮內部牽制作用。再細分之，則驗收與收料人員之職能，亦宜加以畫分。一般用料品質與性能，由驗收者負責，其形狀、數量及可以目視或由簡單度量衡儀具表示之規範，則由收料人員負責。各依職責行使，以達預期效用。

(五)講求效率

無論在國內或國外採購，驗收工作應力求迅速確實，儘量減少賣方不必要的麻煩，不可只求近利，忽略後患，廠商須知一切費用與風險，全部估算在購價之內，此點必須了解。

三、驗收之準備工作

驗收工作的準備十分重要。通常合約載明承售商必須在某月某日前交貨,並須於交貨前若干日,先將交貨清單送交買方,以便買方先作準備工作,這包括有預備存儲倉位及驗收工作,到貨接運入倉及應該怎樣陳列於倉庫內,以便逐件驗收,需用何種度量衡器具,應否邀請專家協助檢驗,以及邀請有關部門會同驗收等,均應事先安排妥當,屆期到場辦理。承售商如有延期交貨或因事實上需要變更交貨地點等,亦應先函告買方。茲約略敘述驗收部門對一般驗收工作應行準備的事項如下:⑫

(一)預定交貨驗收時間

採購合約應訂明交貨期限,包括製造過程所需預備操作時間、供應物資交貨日期、特殊器材技術驗收時所需時間,或採分期交貨之排定時間。同時,如果發生延長交貨者,其延長交貨時間亦應事先預計,以便妥為配合。

(二)交貨驗收地點

交貨驗收的地點通常依合約的指定地點為之。若預定交貨地點因故不能使用,須移轉他處辦理驗收工作時,亦應事先通知檢驗部門。

(三)交貨驗收數量

檢驗部門依合約所訂數量加以點收。

(四)交貨時應辦理手續

每次交貨時由訂約商列具清單一式若干份，在交貨當天或交貨前若干天送主辦驗收單位，同時在清單上註明交付物品的名稱、數量、商標編號、毛重量、淨重量，以及運輸工具之牌照號碼、班次、日期及其他尚需註明點，以作準備驗收工作之用，同時，採購合約的統一號碼、分區號碼、合約簽訂日期及通知交貨日期等，亦應註明於該清單上，以供參考。

交貨的包裝費、雜費以及送達地點之交貨運費、進口港工捐，均由訂約商負擔。卸貨費、拆包費及堆積費，則由採購機構負擔。合約另有規定者，從其規定。如果所交的貨未經核對，或未履行有關應負擔之費用，得一併列入拒絕驗收品項目中。在交貨現場，驗收機構應該核對交來貨物的種類及數量，並鑑定一切因為運輸及搬運上的損害，核對結果，並即編具報告，詳細加註於清單上。

(五)訂約商的責任

訂約商對交貨有二責任：

1. 交貨前之責任：應負責至所交物品全部履行完畢為止。在收貨人倉庫儲藏期間發生缺少或損害，而係屬於不可預防偶然發生事項或屬於採購機構的過失者，訂約商可不負賠償之責。

2. 交貨後之責任：一般處理方法差異，視其實際情形及協議而定。

(六)驗收職責

一般而言，國內供應物資的驗收工作，都由買賣雙方會同辦理，以昭公允。如有爭執，則提付仲裁。國外採購因涉及國際貿易，通常皆委託公證行辦理。至於涉及理化生物性能或品質問題，則抽樣送請專門化驗機構，憑其檢驗報告書作為判定的依據。如果，買賣雙方或一方具有化驗能力者，則經雙方同意後，亦可由雙方共同或一方化驗之。

■ 實際驗收工作時間

驗收的時間視實際需要而定，一般以盡速盡善為準，不可拖延太久，妨礙使用時效，或竟遭致物議，皆有不宜，故應明確規定驗收工作時間。

■ 拒絕收貨之貨品處理

凡不合規定的貨品，應一律拒絕接受。合約規定准許換貨重交者，待交妥合格品後再予發還，應該依合約規定辦理。

(七)驗收證明書

買方在到貨驗收之後，應給賣方驗收證明書。如因交貨不符而拒收，須詳細載明原因，以便洽辦其他手續。上項驗收結果，並應在約定期間內通知賣方。

四、驗收之方法

驗收工作之準備十分重要，通常合約均載明供應商必須於某年某月某日前交貨，並須於交貨前若干日，先將交貨清單送交買方，以利買方準備驗收工作，如安排儲藏空間及擬訂驗收作業流

程等，均須事先安排妥當，屆時驗收工作始能順利進行。本單元將以交貨驗收應準備之工作項目來加以研討，最後再以一般驗收方法供作研究，使讀者對驗收工作有全盤的認識。

■ 一般驗收

所謂一般驗收，又可稱為目視驗收，凡物品可以一般用的度量衡器具依照合約規定之數量予以秤量或點數者。

■ 技術的驗收

凡物質非一般目視所能鑑定者，須由各專門技術人員特備的儀器作技術上的鑑定，稱之為技術的驗收。

■ 試驗

所謂試驗，是指通常物資除以一般驗收外，如有特殊規格之物料須作技術上之試驗，或須專家複驗方能決定。

■ 抽樣檢驗法

凡物資數量龐大者，無法逐一檢驗，或某些物品一經拆封試用即不能復原者，均應採取抽樣檢驗法辦理。

第五節　倉儲作業

餐廳倉儲的主要目的就是要保存足夠的食品原料及各項餐飲用品，以備不時之需，並予有效保管與維護，將物料因腐敗或遭偷竊所受之損失降至最低程度，此乃倉儲的基本意義。本節將分別就倉儲之意義、倉儲設施、各種食物之儲藏方法以及倉儲作業須知等細目，分別為讀者詳細介紹，深信各位研讀本節之後，對於倉庫管理及各類食品之儲存方法將有基本的概念，對於以後餐飲管理工作將可觸類旁通，進而奠定成功之基石。

一、倉儲之意義

所謂「倉儲」，就是將各項物料依其本身性質之不同，分別予以妥善儲存於倉庫中，以保存足夠物料以供銷售，並可在某項食品物料最低價時，予以適時購入儲存，藉以降低生產成本，此外妥善之儲存更可使餐飲物料用品免於不必要的損失，因此今大任何一家餐廳或旅館均有相當完備的倉儲設施。本單元特別就倉儲之意義，深入淺出為各位詳加闡釋，期使各位能建立正確倉儲管理之概念。

(一)現代倉庫管理的目的

有效保管並維護物料庫存之安全，使其不受任何損害，這是倉庫管理最主要的目的。為達此目的，倉庫設計必須要注意防火、防蟲、防盜等措施，並加強盤存檢查，以防短缺、腐敗之發生。[13]

1.倉庫良好的服務作業，協助產銷業務。
2.倉庫應有適當空間，以利物品搬運進出；儲藏物架之設計須注意人體工程力學，勿太高。
3.提供實際物料配合採購作業。
4.有些物料如在儲存期間發生品質變化，可隨時提供作為下次採購改進之參考。
5.有效發揮物料庫存管制之功能，以減少生產成本。
6.縮短儲存期，可減低資金凍結，減少呆料之損失。
7.改善倉儲空間，加速存貨率週轉，以促進投資報酬之提

高，即是促使倉庫之利用發揮到最大效果。

(二)中央倉儲的意義

近代大規模連鎖經營之餐廳，為求大量採購與集中儲存，對於倉儲作業均逐漸走向中央極權的管理方式，如物料中心之設置即為一例，因為材料集中儲存管理較之分散管理為優。謹將其優點分述如下：

1. 大量儲存，節省空間。
2. 集中作業，可減少分散工作之重複，並減少用人，有利分工。
3. 便於集中檢驗及盤存之控制。
4. 物料儲存集中，可以互通有無。
5. 監督方便，可增進管理效率，且便於興革。不過中央集權式倉儲管理往往因為儲存物太多，或是設置地點不佳，容易造成許多不便，而影響生產效率。所以在倉庫管理之措施上，應考慮各餐廳本身營業性質、銷售量大小，以及儲存物特性來決定是否採用集中化，絕不可誤以為中央集權式倉庫及為現代倉儲管理之萬靈丹，設置與否，端視各餐廳本身實際需要而定。

二、倉儲地區之條件

倉儲之主要目的是為儲存適當數量的食品物料，以供餐廳銷售營運之用，並可藉以有效保管維護物料，以減少不必要之損

失。所以倉儲地區之規劃，首先應該考慮其建倉庫之目的與用途，其次考慮應該設置於何處，最後再選擇適當理想之倉儲設備，如儲存物架、冷凍冷藏設備等問題。

(一)倉庫設計之基本原則

1.首先確定建倉庫之目的與用途，分別作不同之設計，並估計其預期之效果。
2.選擇倉庫場地，必須先排除各種不利因素，配合將來發展之設計。
3.適當地設計倉庫之佈置與排列（圖6-1）。
4.必須考慮到儲存物料之種類與數量。
5.注意物料之進出與搬運作業。
6.考慮使用單位之需求，並加以妥善存放。
7.考慮物料在倉庫內之動向與機械化之配合。

(二)倉儲地區應具備之基本條件

1.能夠供給有效組織化的空間。
2.能顧慮到盤存數量的變化與需要彈性。
3.便於材料之收發、儲存與控制。
4.減少倉儲費用。
5.能以儲存品之性質，予以適當分類以利盤存。
6.能考慮盤存之作業流程，如採先進先出法（first in first out）。
7.能適應新型機械設備之操作。

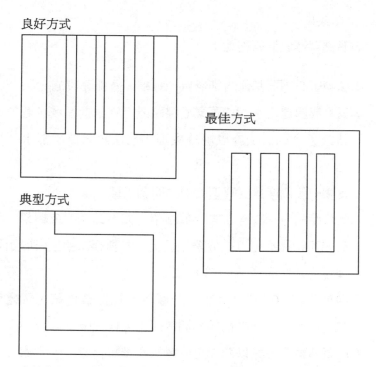

良好方式

最佳方式

典型方式

資料來源：Douglas C. Keister, *Food and Beverage Control,* © 1977, p.239. Reprinted by permission of Prentice-Hall Inc., Engle-wood Cliffs, N.J.

圖 6-1　倉儲位置設計圖

8.適當的儲存方式。可分為：(1)分類式；(2)索引式；(3)混合式。

(三)倉儲設施之選擇

現代化倉儲設施種類很多，但具有代表性者不外乎乾貨儲藏庫及日用補給品儲藏庫。茲分述如下：

■ 乾貨儲藏庫

乾貨儲藏庫設計原則如下：

1. 儲藏庫必須要具備防範老鼠、蟑螂、蒼蠅等設施。
2. 餐廳或廚房之水管或蒸氣管線路避免穿越此區域，若是無法避免，則必須施以絕緣處理，務使該管路不漏水及散熱。
3. 倉庫一般高度以四呎至七呎之間為標準。
4. 乾貨儲藏庫須設有各式存放棚架，如不鏽鋼架或網架，所有儲存物品不可直接放置地板上，各種存物架之底層距地面至少八吋高。
5. 各種儲藏庫面積之大小，乃視各餐廳採購政策、餐廳菜單，以及物品運送補給時間等因素來作決定。
6. 乾貨儲藏量最好以四天至一週為標準庫存量，因倉庫太大或庫存量過多，不僅造成浪費，且易形成資金閒置與增加管理困難。根據統計分析，每月每倉庫耗損約為儲藏物品總值的0.5％，包含利息、運費、食品損失等項在內。

■ 日用補給品儲藏庫

目前各旅館或獨立餐廳對於文具、清潔用品、餐具、飾物之需求量相當大，通常基於安全與衛生之觀點，將這些日用補給品另設置一儲藏庫加以分類儲存，以免一時疏忽誤用肥皂粉、清潔劑、殺蟲劑或其他酷似食品之化學藥劑。同時將食物與日用物品分開保存也可預防因化學藥品之反應導致食品變質。

日用補給品儲藏庫之面積最少要四十平方呎，最大面積則須視餐廳供應餐食份數多寡而定，即每百份餐食需一平方呎之儲藏面積，不過這僅供參考而已，大部分仍須視實際業務需要與所需

日用品款式而定。舉例來說，若是餐點外帶餐廳（take out restaurant）或汽車餐廳（drive in restaurant），則所需紙質材料貨品數量較諸其他類型服務之餐廳要消耗得多，當然此類餐廳之補給品倉庫所需面積更大一些了。

三、食物的儲存方法

餐廳食品原料儲存的主要目的就是要保存足夠數量，以備不時之需，並予有效保存，將食物因腐敗所受的損失降至最低程度。因此儲藏室應有足夠的空間，以便利作業，且室中要有良好的通風設備，隨時保持乾淨。食品原料因受微生物、氧氣、溫度、水分等因素極易變質或腐敗，因此餐廳大都備有冰庫與冰箱，使食物原料能保持近乎天然或調製時之原有風味。依照食物的冷藏規定，凍結冷藏最低於5℃之冷凍食物，冷卻冷藏在5℃至15℃，以不引起食物凍傷失鮮，隨著食物的冷藏溫度而異，另外要注意魚、肉、牛奶等易腐敗的食物，不要混在一起擺置，隔離冷凍不得超過必要的時間。

1.冷藏食物預防冷氣外洩。
2.煮熟的食品或高溫之食品需於冷卻後才可冷藏。
3.水分多的或味道濃郁的食品，需用塑膠袋綑包或容器蓋好。
4.食品存取速度須快，避免冷氣外洩。
5.冰庫冰箱定期清洗和保養。
6.冷凍過之食品，不宜再凍結儲存。食物之儲存，須依其性質分別儲存。

茲將各類食品儲存方法介紹如下：

(一)肉類儲存法

肉和內臟應清洗，瀝乾水分，裝於清潔塑膠袋內，放在凍結層內，但也不要儲放太久。若要碎肉應將整肉清洗瀝乾後再絞，視需要分裝於清潔塑膠袋內，放在凍結層，若置於冷藏層，其時間最好不要超過二十四小時，解凍過之食品，不宜再凍結儲存。

(二)魚類儲存法

除去鱗、鰓、內臟，沖洗清潔，瀝乾水分，以清潔塑膠袋套好，放入冷藏庫凍結層內，但不宜儲放太久。

(三)乳製品之儲存

1. 罐裝乳粉、煉乳和保久乳類，應存於陰涼、乾燥、無日光或其他光源直接照射的地方。
2. 發酵乳、調味乳和乳酪類，應貯於冰箱冷藏室中，溫度在5℃以下。
3. 冰淇淋類：應貯於冰箱冷凍庫中溫度在−18℃以下。
4. 乳製品極易腐敗，因此應儘快飲用，如瓶裝乳最好一次用完。

(四)蔬果類及穀物類之儲存

■ 蔬果類儲存方法

先除去敗葉、灰塵或外皮污物，保持乾淨，用紙袋或多孔的塑膠袋套好，放在冰箱下層或陰涼處，趁新鮮食之，儲存愈久，

營養損失愈多，冷藏溫度5℃至7℃（五至七天）。

　　冷凍蔬菜可按包裝上的說明使用，不用時存於冰箱，已解凍者，不可再凍。去果皮或切開後，應立即食用，若發現品質不良，應即停用。水果打汁，維生素容易被氧化，應儘快飲用。

■ 穀物類儲存方法

　　1.放在密閉、乾燥容器內，並置於陰涼處。

　　2.勿存放太久或潮溼之處，以免蟲害及發霉。

　　3.穀物類去塵土及污物，用紙袋或多孔的塑膠帶袋套好，放
　　　在陰涼處。

(五)蛋、豆類儲存

　　1.蛋：擦拭外殼污物，鈍端向上存於冰箱蛋架上。

　　2.豆類：乾豆類略清理保存，青豆類應清洗後瀝乾，放在清
　　　潔乾燥容器內。豆腐豆干類用冷開水清洗後瀝乾放入冰箱
　　　下層冷藏，並應儘早用完。

(六)油脂類之儲存法

　　1.置放陰涼處，勿受熱光照射。

　　2.開封使用後，應將瓶蓋蓋好，以防昆蟲或異物進入，並應
　　　儘快用完。

　　3.不要儲存太久，若發現變質，即停止使用。

(七)罐頭食品之儲存法

1. 存放在乾燥、陰涼、通風處，但不要儲存太久。
2. 要歸類儲存，先購入者先使用。
3. 時常擦拭。因其外表若灰塵太多、濕氣太重，易生鏽、腐敗。
4. 不可貯存於冷凍庫中。因冷凍庫內 −18℃ 的強冷會將食物凍結成海綿狀，如此一來質地會改變。

(八)醃製品之儲存法

1. 儲放在乾燥通風陰涼處或冰箱內，但不要儲存太久，應儘快用完。
2. 開封後，如發現變色、變味或組織改變者，應即停用。
3. 先購入者置於上層，方便取用，同時也避免蟲蟻、蟑螂、老鼠咬咀。

(九)飲料之儲存法

1. 儲放在乾燥、通風、陰涼處或冰箱內，不要受潮及陽光照射。
2. 不要儲存太多太久，按照保存期限先後使用。
3. 拆封後儘快用完，若發現品質不良，即停止使用。
4. 無論是新鮮果汁或罐裝果汁，打開後儘快一次用完，未能用完時，應予加蓋，存於冰箱中，以減少氧化損失。

(十)酒類儲存要領

1.放置於陰涼處。
2.勿使陽光照射。
3.密封裝箱，勿常搬動。
4.儘量避免震盪，喪失原味。
5.標籤瓶蓋保持完好（標籤向上或向下）。
6.不可與特殊氣味一併存放。

啤酒是唯一愈新鮮愈好的酒類，購入後不可久藏，在室內約可保持三個月不變質，保存最佳溫度為6℃至10℃。歐美的啤酒因酒精量太少，約5℃以下，且尚有未發酵的成分，所以不穩定，對於酒質的保證，只能務於送貨後的十四天內用完最佳，此外啤酒存放冰箱後取出放置一段時間，再放入冰箱反覆冷熱，則易發生混濁或沉澱現象。

四、倉儲作業須知

目前一般餐廳為儲存保管足夠食品物料以供銷售，均設有冷凍及各項倉儲設備，但仍有食物因儲存不當或倉儲作業之缺失而遭到無謂的重大損失，因此本單元將一般倉儲作業應注意事項分述於後，俾供讀者參考，以防爾後不必要的浪費並藉以降低營運成本，提高營業利潤。常用的解凍方法及食物冷藏冷凍安全期見**表6-1**、**表6-2**。

表 6-1　幾種常用的解凍方法

解凍方法	時間	備　　　　註
冰箱之冷藏室	6小時	時間充裕時用之，以低溫慢速解凍。
室溫	40-60分	視當天氣溫而異。
自來水	10分	時間不充裕時用之，但必須用密封包裝一齊放入水中，以防風味及養分流失。
加熱解凍	5分	用熱油、蒸氣或熱湯加熱冷凍食品，非常快速，若想解凍、煮熟一次完成，則加熱的時間要延長些。
微波烤箱	2分	按不同機型的說明進行解凍。

(一)食品儲藏不當之原因

1. 不適當的溫度。
2. 儲藏的時間不適當，不作輪流調用。如把食物大量的堆存，當需要時由外面逐漸取用，因此使某些物品因堆存數月以致變質不能使用。
3. 儲藏時堆塞過緊，空氣不流通，致使物品損壞。
4. 儲藏食物時未作適當的分類。有些食品本身氣味外洩，若與其他食物堆放一起，易使其他食物變質。
5. 缺乏清潔措施，致使食物損壞。
6. 儲存時間的延誤。食物購進後，應即時將易腐爛之食物分別予以冷藏或冷凍。如魚肉蔬菜、罐頭食品等，應先處理魚肉，其次蔬菜，最後罐頭食品，以免延誤時間，致使食物損壞。

表 6-2　食物冷藏及冷凍之安全期

保存期限 食品種類	開封前		開封後	
	溫度	期間	溫度	期間
乳製品				
牛奶	7℃以下	約7個月	7℃以下	1-2 日
人造奶油	7℃以下	6 個月	7℃以下	2週內
奶油	7℃以下	6 個月	7℃以下	2週內
乾酪	7℃以下	約1 年	7℃以下	儘早食用
鐵罐裝嬰兒奶粉	室溫	約1 年半	—	約3 週
冰淇淋製品	-25℃	—	—	儘早食用
火腿香腸類				
裡脊火腿、蓬萊火腿	3-5℃	30 日以內	7℃以下	7 日以內
成型火腿	3-5℃	25 日以內	7℃以下	5 日以內
香腸（西式）	3-5℃	20 日以內	7℃以下	5 日以內
切片火腿（真空包裝）	3-5℃	20 日以內	7℃以下	5 日以內
培根	3-5℃	90 日以內	—	—
水產加工品				
魚肉香腸、火腿（高溫殺菌製品、pH調製品、水活性調製品）	室溫	90 日以內	7℃以下	1-2 日
魚糕（真空包裝）	7℃以下	15 日以內	7℃以下	7 日以內
魚糕（簡易包裝）	7℃以下	7 日以內	7℃以下	3 日以內
冷凍食品				
魚貝類		6-12個月		
肉類		6-12個月		
蔬菜類	-18℃以下	6-12個月	—	—
水果		6-12個月		
加工食品		6個月		

資料來源：行政院衛生署，食品安全手冊。

(二)倉儲作業原則

1.專人負責：負責場所整頓、清潔及貨品出入日期、數量之
　登記。

2.貨品分類：貨品應分類存放並記錄，常用物品應置於明顯方便取用之處，易造成污染之物品如油脂、醬油應放於低處。

3.鋪設置物架：食品、原料不可直接置於地上，放物架應採用金屬製造。

4.良好通風，以防止庫內溫度過高因此最好能裝設溫度計。

5.良好採光並有完善措施以防病媒侵入。

6.定期清理，確保清潔。

7.應設貨品儲存位置平面點與卡片，並記錄出入庫貨品的品名、數量及日期。

8.貨品存放時應排列整齊，不可過擠。

第六節　發放管理

現代企業經營管理之餐廳，為求有效控制生產成本，所有採購入庫之物料如食品、原料、日用品及各類乾貨，均依物料本身性質分別儲存於冷凍冷藏庫、乾貨儲藏室或日用品存放室，凡物料出庫，必須依規定提出物料申請單由各單位主管簽章，並根據庫房負責人簽章之出庫傳票出庫，每天分類統計，記載於存品帳內，每日清點核對庫存量，以確實掌握物品之發放，藉以作為餐廳成本控制之資料。

一、發放之意義與重要性

　　餐飲成本控制之基本作業主要有四大步驟,即採購、驗收、儲存與發放。為求有效控制生產成本,增進營運利潤,必須切實有效來推動此四大基本作業,此四大基本作業表面上是各自獨立,但事實上彼此間卻是息息相關的,吾人深知:由於物料之發放,始造成庫存量之需求,復因庫存量之有無,而影響到是否須採購與驗收。所以說採購、驗收、儲存、發放此四項作業,事實上是整體的循環,其中任一環節之缺失,均將影響到整個餐飲產銷之成敗,前三者已如前章所述,本單元僅就發放作業之意義與重要性來探討。

(一)發放之意義

　　庫藏作業之功能乃在使物料得以妥善保管,防止損耗與流失,至於發放之意義有二:積極方面係仕使庫藏品能依產銷運作需求,適時適量地迅速供應以提高餐飲生產力;消極方面是在管制庫存量,防止庫藏品之浮濫提領或盜領,使物料進出得以有效管制,進而建立良好成本控制概念。

(二)發放之重要性

　　倉儲發放管理近年來備受餐飲業者所重視,究其原因不外乎有下列幾點:

■ 可防範庫存品之流失與浪費

　　庫藏與發放乃一體之兩面,表面上其性質相異,但實質上其作用是相同的,均係為妥善保護庫藏品免於無謂浪費,完備倉儲

發放作業可完全管制庫存免於浮濫領用之缺失。

■可防範庫存品之損壞或敗壞

　　倉儲發放作業，一般均係採先進先出之存貨轉換法，先購物品先發放使用，以免庫藏時間過久的損壞。

■有效控制庫存量，減少生產成本

　　發放管理能確實控制庫存量，使庫存品保持基本存量，不但可避免累積陳舊腐敗之弊，更可避免公司大量資金之閒置。

■有利於了解餐廳各有關部門之生產效率與工作概況

　　餐飲管理部可從物料進出帳卡中來了解各單位對庫存品之領用。⑭

二、發放作業須知

　　餐廳設置倉儲區之目的，係為有效管制物料用品之進出，且對於可能發生流弊之原因，事先加以妥善防範，以減少浪費與耗損。健全的發放作業不但可提高餐飲銷售能力，更可減低直接成本，增進營運收入。反之，若發放作業處理不當，不但物無法盡其用，貨也難暢其流，結果不但造成生財器皿折舊率加遽惡化，且庫藏品也將因而大量流失浪費，即使餐廳銷售業績再好，終將虧損累累。因此本單元特別就餐廳發放作業需要注意事項，分別敘述於後，期使讀者對倉儲管理能建立正確理念，進而培養良好倉儲管理能力，以應將來工作之需。

(一)庫存品發放作業流程

　　庫存品發放作業須依一定程序辦理，謹將其發放作業流程分述於後。

■申請單之填寫

　　由使用單位人員提出所需提領之物料申請單，依規定格式詳細填寫並簽名。

■單位主管簽章

　　申請單由申請人填妥後，須先送所屬單位主管簽章核可。

■倉儲主管簽章

　　申請單位主管簽章後，再將此申請單送交倉儲單位主管審核無誤後轉交倉庫管理員如數核發。

■物料發放

　　倉儲管理員根據核可之物料申請單開立出庫憑證如數發貨。

■庫存表之填寫

　　倉庫管理員根據出貨憑單每日統計並填寫庫存日報表，且於每月定期或不定期盤存，並製作月報表呈核。

(二)倉庫管理員簽出庫憑證（表6-3）

　　1.申請單。

　　2.物料發放。

　　3.申請單位主管。

　　4.統計。

　　5.倉庫部主管。

三、發放作業應注意事項

　　餐廳庫房為求有效管理物料進出帳目之確實，以確實掌握餐廳財物用品與物料管理，在發放作業時，必須注意下列幾點：

表 6-3　物料領用單

領料單						
領用部門：			年　　月　　日　No.			
品　　名	規格	單位	數量		金額	
			請領數	實發數	單價	小計
合　　計						
備　　註						

領料人：　　　　　　　　主廚／部門主管：　　　　　　　倉庫保管員

1. 由使用單位如廚房、餐廳、酒吧等，提出出庫領料單。
2. 各負責主管簽名或蓋章之出庫傳票發出，無簽蓋之申請不能發出，領用手續要求齊全，使帳目清楚。
3. 發出程序應迅速簡化，以達餐飲業快速生產銷售之特性。
4. 發交廚房之物料，只發每日的需要量，尤其是較昂貴的食物原料更須如此。
5. 乾貨庫存量以五天至十天為標準。
6. 每日應分別依各單位提領的物料分類統計。
7. 月終應依據當月之領料申請實施倉庫盤存清點，亦可不定期實施盤存清點，以杜絕浪費等流弊。

註　釋

① Stuart F. Heinritz, *Purchasing Principles and Applications*, p.2.

② 葉彬，《採購學》（台北：中華企管管理叢書，民 65 年 8 月增訂三版），頁 5。

③ G. Jay Anyon, *Managing an Integrated Purchasing Process*, p.2. 許成，《採購與物料管理》（民 69 年 4 月初版），頁 7-10。

④ Wilber B. England, *Procurement Principles and Cases*, p.1.

⑤ 同註①，p.12.

⑥ 葉彬，《企業採購》（台北：中華企管管理叢書，民 65 年 10 月再版），頁 5-7。

⑦ 同註①，p.355.

⑧ 中央信託局購料處，「國內外採購訂定底價準則」第六條。

⑨ 同註⑥，頁 349-362。

⑩ G. Jay Anyon, *Managing an Integrated Purchasing Process*, p.102.

⑪ Stuart F. Heinritz, *Purchasing Principles and Applications*, pp.135-160. 葉彬，《企業採購》（台北：中華企管管理叢書，民 65 年 10 月再版），頁 104-105。

⑫ United States Postal Service, *Procurement and Supply Handbook*, Section 6, p.6.

⑬ 張子建，《企業管理》（自版，民 80 年），頁 356。

⑭ 同註⑬，頁 362。

第七章　餐廳出納作業管理

- ◆餐廳出納作業準則
- ◆餐廳收入之分類
- ◆餐廳費用之分類
- ◆餐廳出納作業流程
- ◆餐廳現金管理作業

餐廳出納結帳是服務流程的一部分，出納人員除了要具備良好的結帳技能，更要有親切的態度，所以餐飲經營主管必須重視出納人員之訓練，讓顧客留下美好印象，增加顧客再度光臨的機率。

第一節　餐廳出納作業準則

一、客觀性

　　所謂客觀性，意指會計記錄及報導應該根據事實，並依據一般公認之會計原則來處理，而藉以增進會計資料之準確性，避免會計人員評價之主觀與偏見。

　　所以為達到所謂之客觀性原則，在處理會計實務時，於儘可能之範圍內，應以實際之交易為依據，並以外來之商業文件為憑證，才得以增加會計資料之可信度。

二、一致性

　　所謂一致性，是指某一餐廳對於某一會計科目之處理方法，一經採用後，應前後一致，不得任意變更，而且得以使各期間之財務報表能夠互相比較分析。並且也可顯示該餐廳各期間經營變化之趨勢，不受會計方法變動之影響。

　　當然，一致性原則並非意指所採用的會計方法永遠一成不變，倘若會計人員認為改變現行的方法，能產生更合理之財務資

料時，自應予以變更。但應將改變之理由及事實，以及改變後對該期間損益的影響，在財務報表上明顯地揭示出來。

三、穩健性

所謂穩健性，係指會計人員從事會計工作時應保持穩健的態度，要做到「寧願估計可能發生之損失，而勿預計未實現之利益」，亦即強調「資產與利潤應被適當的表達，而非過分的強調」。①

第二節　餐廳收入之分類

餐廳在收入帳目上，都很簡單而且很直接的以借方「現金」或「應收帳款」、貸方「銷貨收入」，來記錄每天之交易。然而，為了收入、成本及毛利之分析，以及為求營業額瓶頸之突破，的確有必要將「收入」適當的分類，以便比較並得知在同業中本餐廳之「平均消費額」、「週轉率」、「消費人數」是否理想。因此，餐飲業應該將收入分成下列之各科目：

■ 食品收入

它是屬於貸方科目，員工或經理人員的帳單應不屬於銷售帳目。另外，牛油、骨頭以及其他廚房副產品的銷售，則屬銷售成本的貸方，而非收入。

■ 食品折讓

是屬於食品收入相反的帳目，亦即銷售後之折扣。

■ 飲料收入

同樣地，經理人員在被允許範圍內之額度所飲用之部分，亦不屬於收入帳目。

■ 飲料折讓

是屬於飲料收入相反的科目，是表示飲料銷售後之折扣。

■ 服務費收入

一般餐廳其收入之10％為服務費收入。在歐美許多餐廳的會計科目中，並沒有這個科目，因為他們把服務費全數歸給服務員，以提升並鼓勵他們能提供顧客更好的服務態度。

■ 其他收入

如香菸、口香糖、開瓶費、最低消費額等，均屬於其他收入，當然這些雜項收入，在餐廳分析食品與飲料收入比例時，或分析毛利時，是不被包含在內的。尤其在分析食品成本及飲料成本時，只會針對食品與飲料的收入作比較與分析。

小費的會計處理問題往往為各餐廳所忽略，甚至於被認為是一種不存在的問題。然而，待接到國稅局之通知單時，才警覺到事情之嚴重。

如果是現金小費，由於小費是直接給服務人員，所以沒有任何會計程序可言。但是如果客人以信用卡或簽帳的方式給小費，那麼小費就會加寫在信用卡三聯單或顧客簽帳單上。

因此，小費政策一致性的會計方法應當予以建立。例如，服務人員的小費何時可以拿到，是立刻可以拿到，或是下班後才可以拿到；又如信用卡小費，其中信用卡之收帳費，是公司吸收還是由服務人員吸收……。所以小費政策攸關服務人員拿到小費的時間或金額，不可疏忽。

另外，服務人員經由客人簽帳或客人刷信用卡而得到之小

費，對服務人員來說，必須列入他們個人的「其他收入」，並扣個人所得稅。因為在公司會計記錄上，對此種小費均有完整的證據，顯示服務人員收了多少的「客人簽帳小費」。

第三節　餐廳費用之分類

　　餐廳費用包括經營一家餐廳每天所需的成本，與餐廳、資產的折舊、預付款項的沖銷、到期預付費用的攤銷等等。編製財務報表時，其費用可分為五大類：銷貨成本、營業費用、管銷費用、固定費用及營利事業所得稅。銷貨成本及營業費用可以歸類為「直接費用」，管銷費用為「間接費用」，所得稅則為費用中的另一類別。

一、直接費用

　　直接費用係指與餐廳之營業有直接關係，只要餐廳開門營業，就會連帶發生的費用，當然這些費用是該餐廳經理所能夠掌握的。

　　直接費用又可細分下列各項：

1.銷貨成本。
2.員工薪資。
3.與員工有關的費用：勞保、加班費、年終獎金。
4.顧客用品：火柴、牙籤、報紙、紀念品等。
5.重置費用：瓷器、玻璃器皿、銀器、布巾類等營業生財設

備破損之「重置」。

6. 各種布巾及制服之洗衣費、乾洗費。

7. 文具印刷費：信紙、信封、原子筆、報表紙等。

8. 清潔用品：清潔劑、桶子、抹布、拖把、掃帚。

9. 菜單：包括菜單設計及印刷所需之費用。

10. 外包清潔費：包括與清潔公司簽訂餐廳地區清潔之契約。另外，抽油煙機、下水溝、除蟲及消毒也可能包括在契約內。

11. 執照費：所有經濟部及市政府之執照、特殊許可證，都應列在此科目。

12. 音樂及娛樂費：包括藝人、鋼琴租用、鋼琴調音、錄音帶、散頁樂譜、專利權使用費、管弦樂團及提供給藝人之免費餐飲的所有成本。

13. 紙類用品：本科目包括所有紙製品的費用，例如餐巾紙、杯墊、包裝紙、紙杯、紙餐盤、吸管等。

14. 廚房用具：本科目包括食物調理過程中所需工具之費用，如蒸籠、砧板、鍋子、攪拌器、開罐器及其他。②

二、間接費用

此費用乃指與營業沒有直接關係，而且亦非餐廳經理所能控制的，是屬於最高管理階層的責任。

間接費用包括下列各項：

1. 信用卡收帳費：各種所接受之信用卡，其手續費均列入此科目。

2.交際費：各種因公宴客或送禮之費用。

3.現金短少或溢收：本科目係出納所經收現金的短少或溢收，均列入管理部門的這個科目。

4.捐獻：指慈善捐款的捐獻。

5.郵票：因公對外行文之郵票費用。

6.旅費：員工因公出差之旅行費用。

7.呆帳費用：本科目係指應收帳款無法收回的損失，後文將較詳細說明各種呆帳費用不同的會計作業處理規定。

8.電話費：各種因公所打之電話費用。

9.會費：本科目係指參加各商業組織的費用。

10.專業人士：如聘任會計師、律師及顧問等費用。

11.廣告費：本科目係指餐廳業者在國內外利用各種型態或媒體以便推銷其商品之費用。其廣告方式可列舉如下：

 ·直接郵寄廣告：包括信封、信函、印刷、郵票及其他郵寄工作委外承包的工作費用。

 ·戶外廣告：包括海報、看板及其他用以推銷餐廳標誌的費用。

 ·媒體廣告：包括在報紙、雜誌上刊登廣告之費用。

 ·電視及收音機廣告：即在電視或收音機打廣告的費用，以及其他相關的支出。

12.業務推廣費：本科目係餐飲業者為了推廣業務，在國內或國外所作一系列之參觀拜訪所需要之費用。甚至為了更直接開拓國外市場，而在國外設立事務所之費用，也可以列入本科目中。

13.能源成本：亦即我們常用的水、電、瓦斯費用。

14.維修費用：在美國餐飲業其標準之會計制度及費用辭典

中，並非只採用單一科目來記錄所有的維修工作，而是將維修費用分配到下列科目中：

- 工程用品：係指用以保養餐廳設備的用品，例如小工具、燈泡、水管、溶濟、黑油、保險絲、螺絲等。
- 各種設備維修合約：如電梯、空氣調節系統、廚房設備、冷凍、冷藏設備等。
- 庭院及景觀工程：係指與庭園維護有關之所有物料與契約之費用。

三、固定費用

此費用係指不論餐廳營業與否都將會發生，亦即這些費用與營業額無關，餐廳經理無法控制這些費用，這些費用之控制乃是餐廳負責人或董事長之責任。其費用可分類如下：

1. 租金：本科目係指租賃土地或建築物之費用。
2. 財產稅：如土地及建築物是屬於公司的，那麼本費用係指餐廳所繳之土地稅及房屋稅。
3. 利息支出：本科目係指各種抵押貸款、信用借款及其他形式之負債而產生之利息支出，如果利息支出面額很高，則必須設立個別之科目，來顯示其利息支出產生之主要來源為何。
4. 保險費：本科目係指投保建築物及設備之費用，以防止因火災、天災及其他意外而導致損害。在歐美日等先進國家，其對餐飲業「保險」範圍之要求特別嚴格，主要目的除了保障它的名譽及可能遭受之連帶損失外，對餐廳之永

續經營，以及對員工、顧客生命安全之保障，也相對地提高。

5.折舊費用：本科目係指可以折舊之固定資產的分期性成本分攤，應使用個別之科目，來區分折舊費用的來源。

6.攤銷費用：本科目係指租賃權、租賃改良及其他無形資產之分期成本分攤。

第四節　餐廳出納作業流程

1.親切問候：顧客到出納櫃台時，態度親切的問候客人，協助結帳。

2.確認帳單：當顧客要結帳時，應主動提示點菜內容給顧客，並確認。

3.詢問付款方式：

　・現金付款。

　・信用卡付款。

　・房客帳付款。

　・簽帳付款。

4.處理付款流程：

　・詢問統一發票編號。

　・付款處理。

　・遞交發票。③

第五節　餐廳現金管理作業

現金是所有資產中最敏感的，因此餐飲業擁有一套有效的內部控制系統來管理現金，乃為當務之急。經常使用的控制方法有以下各點：

1. 一切銀行往來帳戶及支票簽署，都須經由財務主管之授權。

2. 一切銀行往來帳戶應每月製作調節表，並由查帳員檢查。

3. 包括已註銷支票在內的銀行對帳單，應由銀行直接送給準備編製銀行調節表的人員。簽署支票或從事與現金交易有關職務之人員，不可調節銀行往來帳戶，而且調節過程應包括簽名和背書的檢查。另外，應為現金收入和現金支出之記錄，作一般準確度的結果測試。

4. 現金的保管應為總出納之職責，但已收現金的會計及現金交易的查核工作，應分派給另一位員工。這種職務分離的方式，可以看出出納員之工作表現。

5. 總出納每年必須強迫休年假，而其休假期間的職務由另一位員工擔任。如有弊端，將可乘機發現。

6. 庫存現金及零用金，應由獨立於現金控制業務之外的員工不定期作檢查，而對於非現金項目如借款條或顧客之私人支票等，應特別注意其是否適當。

7. 來自零用金的支出必須有發票及收據或其他文件，作為附件加以證實。

8.餐廳出納員應注意事項：

- 每完成一筆交易，應即關上抽屜。
- 收銀機記錄帶上若出現斷裂、夾紙或用完時，出納必須在記錄帶上圈畫並簽名。
- 出納不在場時，收銀機一定要上鎖，並帶走鑰匙。
- 交易一定要在誠實的系統中進行，任何一筆現金交易進行完後，一定要有鈴聲明示。
- 出納不可將手提袋、手提包、皮包、化粧包或其他種類之袋子，置放在收銀機附近。
- 若遇收銀機發生問題，出納須立即告知經理。
- 出納應在結帳點錢並簽名於繳款袋時，便應立即證實並確認現金的數額，不應在事後才計算。

註　釋

① 經濟部，《餐飲業經營管理技術實務》（台北：經濟部，民 84 年），頁 463。

② 同註①，頁 469。

③ 蔡界勝，《餐飲管理與經營》（台北：五南圖書出版公司，民 85 年），頁 360。

第八章　餐飲服務

◆專業服務人員的個人特質

◆餐飲服務之方式

◆客房餐飲服務

◆中式餐飲服務

餐飲服務可以定義為一種食品流程（從食品的購買到供給顧客食用）的狀態，也就是食品生產完成後，供給顧客食用的一個過程。

飲料服務的定義則為一種飲料流程的狀態，亦即飲料生產完成後，供給顧客飲用的一個過程。

餐飲服務雖與食品飲料生產同為餐飲企業營運的一體之兩面，但業者必須體認一個事實，那就是餐飲服務完全是台面上的活動，每個客人都看得非常清楚。至於餐飲生產方面有哪一位客人能知道它的流程？正因為如此，餐飲服務方法成了餐廳形象好壞的大關鍵。這裡試先提出有關食品服務方法的幾項基本要求：①

1. 營運系統須能實現業者的營運理念。而業者的營利目標須與顧客的消費目標一致。這意思是說，業者賺了錢，消費者花了錢仍認為值得。
2. 業者要有能力展現其餐飲的吸引力，而且絕不忽視其餐飲產品的營養品質。
3. 注重品質管制。這一點對於自助餐的業者尤為重要，因為他們提供的餐飲雖然品類繁多，但是品質上難免大同小異。
4. 提供快速而有效率的服務。縱使是高級餐廳，顧客會較為悠閒的進餐，但服務總不能太慢。
5. 服務人員的態度必須親切和藹。務必製造出一種氣氛，使顧客有賓至如歸的感受。
6. 確保食品衛生安全的標準。這要注意食物的處理與烹調過程，尤其是服務人員的個人衛生。

7.營運成本與營業利潤應在財務方針所規劃的範圍以內。唯有這樣，才能保障食品與服務的品質水準。任何型態的餐飲營運，均應做到或符合上述的基本要求。

第一節　專業服務人員的個人特質

　　成功的專業服務人員之特質可以分為二大類——身體的（專業的外觀及個人的衛生）及行為的（專業的服務人員之個人特色）。對於有抱負的前場（front-of-the-house）人員，以下的說明可當作參考資料。

　　作為一個專業的服務人員，你必須注意，你給人最初的印象是來自於你的外表。要給別人好的印象，良好修飾對於在前場工作的人是非常必須的。工作時穿著的制服，即便是女服務生的制服，小晚禮服或風格化的服裝都是專業化的象徵，穿著時必須引以為傲。此外，一個修飾良好的人，總是看起來是、而且也真的是乾淨的。衣服必須合身，鞋子必須擦亮及維持良好的狀況，包括鞋跟也是一樣。並應用這些原則在你的日常修飾習慣上。

　　一個真正專業的前場人員所必須具備的另一項重要特色，或許就是與人應對的能力。這項能使客人高興的能力不是任何裝飾或知識所能取代的。這種人性化的個人特色卻也不易具備。

　　下面列出了餐飲服務業的專業工作人員必須具備的特徵。②

一、專注

專業的服務人員必須隨時保持對每一個餐桌現在狀況的了解。謹慎觀察用餐者的用餐進度是必須的，預先估計何時應再倒酒，何時餐具須被清理，或如何協調一些點餐，這些都需要服務人員把注意力集中在手邊的工作上。

二、殷勤有禮

請、謝謝及對不起這些神奇的字眼，是餐飲服務人員的重要字彙。文雅的字句及體貼的行為顯示出對其他人的尊敬——對同事及客人皆相同。

三、可信任

可信任（dependability）是成熟的真正象徵及任何行業都需要的個人特質。可信任的人，可以相信他會完成他所承諾的事、在承諾的時間內工做及實踐諾言。可信任是雇主考慮僱用的一個重要因素。

四、節儉

專業的服務人員要避免浪費，必須作到：

1.小心處理及存放磁器及玻璃器皿。

2.小心不要將餐具當作垃圾一同拋棄。

3.避免檯布有污點。

4.供應標準規格的分量。

5.如果可能及合法,將未用過的東西歸還至廚房

6.在填加奶油、小圓麵包及咖啡前先徵詢客人。

7.使用清潔品要適量(誤用會傷害被清洗的東西)。

五、效率

行動有效率(efficiency)是指事半而功倍,有能力分類客人的點菜單及規劃到廚房與服務區域的路徑,而節省了步驟。由於有組織所節省的時間,可以用來對顧客提供較好的服務。

六、誠實

對任何人來說,誠實(honesty)都是一個重要的特色,特別是一個與公眾交際的人。在固定營業時間的工作中,用餐室所有的員工有無數的機會去欺瞞餐廳及客人。所以,專業的服務人員在他每日的例行公事中,必須避免非難。

七、知識

專業服務人員熟知餐廳中的特別服務、營運時間及特殊的設備,對業務是有益的,而且對新的客人可說是非常有幫助的。

藉由閱讀有關酒類及食物方面的書籍,專業的服務人員在與

客人討論時，顯得較為博學多聞，同時由此認識烹飪領域的種種。憑著豐富的知識以贏得客人的信心，可以促進商譽及增加小費。成功的專業服務人員經常利用時間使自己成為見聞廣博的人。

八、忠誠

專業的服務人員對於他們服務的餐廳應盡量遵守其規則及認真的工作。保持高品質的水準也是對公司忠誠的一個證明。

九、準備

餐飲服務業不是有拖延習性的人的行業。事前的思考與準備是非常重要的。在服務開始前，完成所有的準備工作，拖延一些本來可以預先做好的工作，例如排放服務用桌及折疊餐巾，到頭來還是要做，但卻因而沒有時間去照顧客人。擁有適當的設備（拔塞鑽（corkscrew）、火柴或打火機、一支額外的鉛筆或原子筆），可以使服務人員在客人面前顯得更加專業化。

十、生產力

雖然優雅的態度及令人炫目的技巧有助於成為一個成功的現場人員應該要能投入其工作中，尤其是從事桌邊烹調的人。同時必須是個真正的工作者──永遠記得對客人作最好的服務，是最重要的目標。

十一、寧靜

前場不是讓員工聊天的地方。服務人員只討論與業務有關的話題，也應儘量避免與正在工作中的同事講話。如客人打開話匣子，話題也僅及所服務的餐食。說話時應使用清楚的聲音及愉快的音調，千萬不可太大聲。好的服務應是寧靜無聲的。

十二、敏感性

對很多客人來說，特別是在早餐或午餐時，一頓飯只是在一連串的其他事件中的一個中斷，並非一個終止。即使是美食者，偶爾也會在用餐之後要去趕火車或趕一場電影。

第二節　餐飲服務之方式

廚房的產品送到顧客桌上供其食用，需要某種方式的服務，例如一般餐廳由侍者服務，而在自助餐廳中則由顧客自己動手。雖然由侍者服務的餐膳營運一直是傳統的方式，但也有許多非正式的服務方式，諸如食物外帶服務（顧客選購食物帶到家裡或其他地方食用）、櫃台點菜並在原地食用服務、販賣機服務等。

一般說來，無論何種餐膳服務方式，業者基本上必須能做到食物的品質好，價錢合理，服務人員的親切和藹，方可建立良好的餐廳形象，從而吸引顧客上門，這就需要有效而合乎實際的服務規劃，慎重決定營運方針，特別是市場的資訊之掌握。

所謂餐飲服務方法的分類，實際上就是各種不同營運型態的餐膳服務之分別說明。

餐飲服務方式最常見的有：法式服務、美式服務、英式服務、俄式服務、客房餐飲服務及中式服務等六種。這些不同類型之服務方式均有其特點，因此任何一家餐廳在考慮採用何種服務方式時，必須先對這些特點有一正確之了解，再考慮餐廳本身之條件如：菜單、設備、裝潢、人力以及市場需求，再作決定。

一、法式服務

在國際觀光大飯店之高級餐廳，其內部裝潢十分富麗堂皇，所使用的餐具均以銀器為主，由受過專業訓練的服務員與服務生在手推車或服務桌現場烹調，再將調理好之食物分盛於熱食盤服侍客人，這種餐廳之服務方式即所謂「法式服務」。

(一)法式餐桌之佈置

一般而言，在正餐中供應二道主菜之情形並不多，通常所謂「一餐」，還包括一道湯、前菜、主菜、甜點及飲料，因此在餐桌上所準備之餐具須符合上述需求才可。餐廳之經理可隨意決定杯、盤、刀叉之式樣與質料，原則上這些餐具只要合乎美觀、高雅、實用即可。至於餐具擺設之方式則不能隨心所欲，因為法式餐飲服務之餐具擺設均有一定的規定，何種餐食須附何種餐具，而這些餐具擺設方式也均有一定位置而不可隨便亂放。謹分別敘述如下：

1.前菜盤一個，置於台面座位之正央，其盤緣距桌邊不超過

一吋。

2.前菜盤上放一條折疊好的餐巾。

3.叉置於餐盤之左側，叉柄朝上，叉柄末端與餐盤平行成一直線。

4.餐刀置於前菜盤的右側，刀口朝左，刀柄末端與餐叉平行。

5.叉與叉，刀與刀間之距離要相等，不宜太大。

6.奶油碟置於餐叉之左側，碟上置奶油刀一把，與餐叉平行。

7.在前菜盤的上端置點心叉及甜點匙，供客人吃點心用。

8.飲料杯、酒杯置於餐刀上方，杯口在營業時間要朝上，此點與美式擺設不同，若杯子有二個以上時，則右斜下方式排列之。

9.若要供應咖啡，應在點心上桌之後，咖啡匙係置於咖啡杯之右側底盤上。

(二)法式服務之特性

法式服務是把所有菜餚在廚房中先由廚師略加烹調後，再由服務生自廚房取出置於手推車，在餐桌邊於客人面前現場烹調或加熱，再分盛於食盤端給客人，此項服務方式與其他服務方式不同。現場烹調手推車佈置華麗，推車上鋪有桌布，內設有保溫爐、煎板、烤爐、烤架、調味料架、砧板、刀具、餐盤等等器皿。手推車之式樣甚多，不過其高度大約與餐桌同高，以方便操作服務。

法式服務之最大特性是服務員有二名，即正服務員與助理服

務員等二人，其服務員須受過相當長時間之專業訓練與實習才可勝任，是項專業性工作，在歐洲法式餐廳，服務員必須接受服務生正規教育，訓練期滿再接受餐廳實地實習一、二年，才可成為準服務（Commis de Range），但是仍無法獨立作業，須再與正服務員一起工作見習二、三年才可升為正式合格服務員（Chef de Range），這種嚴格訓練前後至少四年以上，此乃法式服務特點之一。

法式服務由於擁有專業服務人員，可提供客人最親切高雅之個人服務，使客人有一種備受重視之感覺，此外法式餐廳之餐具不但種類最多，且質料也最好，大部分餐具均為銀器，如餐刀、餐叉、龍蝦叉、田螺夾、蠔叉、洗手盅等均為其他餐廳所少用之高級銀器。這些高雅餐具與桌面擺設，配合現場優美之烹飪技巧，使得原已十分華麗高雅之餐廳，更顯得十分羅曼蒂克，氣氛宜人。不過法式餐廳價格昂貴，其服務人員須相當訓練與經驗者才可勝任，同時餐廳以手推車及桌邊服務，因此餐廳可擺設座次相對減少，增加營運成本，服務速度較慢，供食時間較長，也是法式服務之缺點。

(三)法式服務之方式

法式服務係由正服務員將客人所點之菜單，交給助理服務員送至廚房，然後由廚房將菜餚裝盛於精緻漂亮的大銀盤中端進餐廳，擺在手推車上再加熱烹調，由正服務員在客人面前現場烹飪、切割及銀盤裝盛。當正服務員將佳餚調製好分盛給客人時，助理服務員即手持客人食盤，其高度略低於銀盤，正服務員可一手操作而不用另一隻手，因此即使助理服務員不在身邊幫忙時，他也可以照常熟練地完成餐飲服務工作。

當正服務員準備盛菜給客人時，應視客人之需要而供應，以免因供食太多而減低客人食欲且造成浪費。當餐盤分盛好時，助理服務員即以右手端盤，從客人右側供應。在法式服務之餐廳，除了麵包、奶油碟、沙拉碟及其他特殊盤碟必須由客人左側供食外，其餘食品均一律從客人右側供應，至於餐後收拾盤碟也是自客人右側收拾，但是若習慣用左手的服務員，可以左手自客人左側供應。

收拾餐盤須等所有客人均吃完後才可收拾餐具，否則會使客人感覺到有一種被催促之感。同時餐盤餐具之收拾動作要熟練，儘量勿使餐具發出刺耳之響聲。刀、叉、盤、碟要分開，最重要一點是避免在客人面前堆疊盤碟。

法式服務之另一特點是洗手盅之供應，舉凡需要客人以手取食之菜餚如龍蝦、水果等等，應同時供應洗手盅。這是個銀質或玻璃製的小湯碗，其下面均附有底盤，洗手盅內通常放置一小片花瓣或檸檬，除美觀外，尚有除腥味之功能。此外，每餐後還要再供應洗手盅，並附上一條餐巾供客人擦拭用。

二、美式服務

美式服務大約興起於十九世紀初，那時美洲大陸掀起一股移民熱潮，許多來自世界各地的移民，紛紛成群結隊湧至美國大陸，因此當時各大港埠餐館林立，這些餐廳之經營者大部分均來自歐洲為多，因而餐廳之供食方式不一，有法式、瑞典式、英式及俄式等多種，後來由於時間之催化使得這些供食方式逐漸演變為一種混合式之服務，即今日的美式服務。

(一)美式餐桌之佈置

1. 美式餐桌桌面通常鋪層毛毯或橡皮桌墊,藉以防止餐具與桌面碰撞之響聲。

2. 在桌墊上再鋪一條桌巾,桌巾邊緣從桌邊垂下約十二吋,剛好在座椅上面。有些餐廳還在桌布上以對角方式另鋪一條小餐桌布(top cloth),當客人餐畢離去更換檯布時,僅更換上面此小桌布即可。

3. 每兩位客人應擺糖盅、鹽瓶、胡椒瓶及菸灰缸各一個,若安排六席次時,則每三人一套即可。

4. 將疊好之餐巾置於餐桌座位之正中央,其末端距桌緣約一公分。

5. 餐巾之左側放置餐叉二支,叉齒向上,叉柄距桌緣一公分。

6. 餐刀、奶油刀各一把,及湯匙二支均置於餐巾右側,刀口向左側,依餐刀、奶油刀、湯匙的順序排列,距桌緣約一公分。

7. 奶油刀有時也可置於麵包碟上端,使之與桌邊平行。

8. 玻璃杯杯口朝下,置於餐刀刀尖右前方。(**如圖8-1**)

以上餐桌佈置及美式餐桌餐具的基本擺設,若客人所點的菜單中有前菜時,應另加餐具,所有上述餐具即使客人不用,也得留在桌上,當客人入座時,服務生應立即將玻璃杯杯口朝上並注入冰水。每當客人吃完一道菜,所用過之餐具須一起收走,當供應甜點時,須先將餐桌上多餘餐具一併撤走收拾乾淨,清除桌面殘餘麵包屑或殘渣。

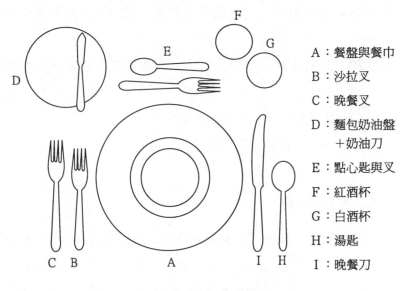

A	：餐盤與餐巾
B	：沙拉叉
C	：晚餐叉
D	：麵包奶油盤 　＋奶油刀
E	：點心匙與叉
F	：紅酒杯
G	：白酒杯
H	：湯匙
I	：晚餐刀

圖 8-1　美式餐桌佈置

(二)美式服務的特性

　　美式服務的特性是簡便迅速、省時省力、成本較低、價格合理。在美式服務之餐廳，所有菜餚均已事先在廚房烹飪裝盛妥當，再由服務員從廚房端進餐廳服侍客人。客人除一道主菜外，尚可享有麵包、奶油、沙拉及小菜等等，最後有咖啡等飲料之供應。美式服務之基本原則是所有菜餚從客人左側供食，飲料由客人右側供應。收拾餐具時，則一律由客人右側收拾。至於美式餐飲服務不必像法式那麼刻意考究，因此餐飲服務員只要施予短期之訓練與實習即可勝任，熟練之餐飲服務員一名可同時服侍三、四桌之客人。為了使讀者更了解其特性及優點，謹將美式服務之特性條列於後：

　　1.便捷省力，成本低，價格低廉。

2.食物係由廚房烹飪裝盛妥於餐盤，再端至餐廳餐桌給客人。

3.除了飲料由客人右側供食外，其餘菜餚均自客人左側供應。

4.餐具之收拾一律自客人右側收拾。

5.服務員一人可服侍三至四桌。

(三)美式服務之要領

　　美式服務可以說是所有餐廳服務方式中最簡單方便的一種餐飲服務方式，主菜只有一道，而且都是由廚房裝盛好，再由服務員端至客人面前即可。美式上菜一般均自客人左後方奉上，但飲料則由右後方服侍。謹分述於後：

1.上菜時，除飲料以右手自客人右後方供應外，其餘均以左手自客人左後方供應。

2.收拾餐具與桌面盤碟時，一律由客人右側收拾。

3.當客人進入餐廳，即引導入座，並將水杯杯口朝上擺好。

4.將冰水倒入杯中，以右手自客人右側方倒冰水。

5.遞上菜單，並請示客人是否需要飯前酒。

6.接受點菜，並須逐項複誦一遍，確定無誤再致謝離去。

7.所有湯道或菜餚，均須以托盤自廚房端出，從客人左後方供食。

8.若客人有點叫前菜，則前菜叉或匙須事前擺在餐桌，或是隨前菜一併端送出來，將它放在前菜底盤右側。

9.客人吃完主菜時，應注意客人是否還需要其他服務，並邊上甜點菜單，記下客人所點之甜點及飲料。送上甜點之

後，再送上咖啡或紅茶。

10.準備結帳，將帳單準備妥，並查驗是否有錯誤，若無錯
　誤，再將帳單面朝下置於客人左側之桌緣。

三、英式服務

英式餐飲服務（English service）在一般餐廳甚少為人所採
用，它大部分係使用在美式計價的旅館中，這是指房租包括三餐
在內之一種旅館計價方式，此外一般宴會場所也經常會使用此類
型服務。英式服務所有菜餚係由服務生自廚房以華麗之大銀盤端
出來，再將菜分送至客人面前之食盤。

四、俄式服務

俄式餐飲服務（Russian service）又稱為修正法式餐飲服
務，此型服務之特色，係由廚師將廚房烹飪好的佳餚裝盛於精美
的大銀盤上，再由餐飲服務員將此大銀盤以及熱空盤一齊搬到餐
廳，放置在客人餐桌旁之服務桌，再依順時針方向，由主客之右
側以右手逐一放置一個空食盤，俟全部空盤均依序擺好之後，服
務員再將已裝盛得秀色可餐之大銀盤端起來，讓主人及全體賓客
欣賞，最後再依反時針方向，由主客左側以右手將菜分送至客人
面前之食盤上。俄式服務也是以銀器為主要餐具，這種服務方式
十分受人喜受，最適於一般宴會使用，尤其是私人小型宴會最理
想。

第三節　客房餐飲服務

　　在觀光旅館之住宿旅客中，經常有人為求安逸舒適地享受一份美食，或基於某項原因不克前往餐廳用餐，他們均會要求將餐食或飲料送到其房間，這些餐食當中以早餐之食物與飲料最多。此類型之服務稱之「客房餐飲服務」（room service）。在本節將為讀者介紹有關客房餐飲服務的基本常識與服務要領，將會了解客房餐飲服務之方式與服務技巧。

一、客房餐飲服務之方式

　　當旅館住店旅客以電話或其他方式要求餐飲服務時，首先須正確記下客人所點叫的餐食內容、房間號碼、旅客姓名、送餐時間等等，再將此訂菜單送至客房餐飲服務中心或廚房，交給負責客房餐飲服務的人員。等到餐食備妥後，須依指定時間送至客房。如果客人所點叫的東西不多，則可以托盤送去，反之，須以客房餐飲專用推車來送餐食。使用推車時務須特別小心，勿使推車因地毯鬆動或地面不平而傾倒。俟推車或東西送達樓上客房門前，絕對不許直接開門入內，務必先輕輕敲門，直到客人囑咐你送進來時，才可以進入房內。此時應先請示客人要在哪裡用餐，再依客人指示地點將東西依規定擺設好，這時候服務員可先請客人簽帳單，再道謝轉身離去，不必留在客房服侍客人用餐。大約一小時之後，即可前往收拾餐具餐盤了。凡是客人用過的剩餘物或餐具，不可留置於客房內或客房外之走道上，以免產生異味，

孳生蟑螂、螞蟻、蚊蟲,應將餐具確實清點後再分類整理,若屬於客房部之餐具,須立即清洗乾淨歸還,其餘物品則送回餐廳廚房,並將托盤或餐車放回原位。

在客房餐飲服務中,客人所點之餐食以「早餐」最多,因此客房餐飲服務員須對早晨之食物有相當的認識才可。一般早晨之食物主要有四大類:水果或果汁、蛋類、麵包類以及飲料如咖啡或紅茶。謹將早餐服務要點摘述於下:

■ 果汁或水果

一般餐廳均以當地季節性之水果為主,如鳳梨、木瓜、香蕉、西瓜、葡萄、柳橙等。若供應水果,須同時附上水果刀或水果叉。

■ 蛋類

蛋類之作法很多,主要有煮蛋、煎蛋、水波蛋、蛋包等四種。煮蛋分為三分熟及五分熟兩種;煎蛋有單面及雙面之別,通常煎蛋須附火腿、培根或香腸,這些附加物必須請示客人要哪一項。

■ 麵包類

麵包為早餐之主食,一般附有奶油、果醬。通常餐廳所供應客人之麵包有二種:土司與圓麵包。供應麵包須同時供應奶油、果醬,並附上奶油刀一把。

■ 咖啡或紅茶

外國人非常喜歡喝咖啡,尤其是早上,能有一杯香醇可口的熱咖啡,是種最高的享受。因此早晨之咖啡供應宜特別注意,咖啡須以保溫壺裝盛,其容量約二杯份左右,同時須附奶水、糖包、咖啡杯皿及茶匙。若是紅茶則須另加一片檸檬,其餘物品與供應咖啡同。

客房餐飲對於正餐之服務較少，其服務方式與餐桌擺設要領必須依餐廳作業程序為之。如果客人想要在客房吃全餐，則服務員須先將第一道菜的湯與麵包，隨同準備好的各式餐具以餐車送進客房，然後再依餐廳上菜順序供食。當最後一道菜送完後約二十分鐘，即可前往準備收拾房內之餐具。若客人所點叫的菜是零星雜項食品而其數量不多，則可以托餐端送即可。

二、客房餐飲服務之注意事項

　　客房餐飲服務的最大特點，乃給予客人飲食上最舒適自由的享受。所以餐飲服務人員送餐不但動作要熟練、迅速，且禮貌要周到，態度要和藹親切，使客人能得到最佳的服務。謹將客房餐飲服務應注意的事項摘述於後：

1.客人所點的食物或飲料，必須儘量快速送達，勿使客人久候。
2.易冷的熱食或易融化的冰凍食品，須有保溫及冷藏設備，並以最快速度送上，不可使食物變冷或融化時再送入客房。
3.當送食物給客人時，須將調味料或佐料，如果醬、奶油、糖、鹽、胡椒等事先準備好，連同所需餐具一併送到客房，務必要一次帶齊全，避免三番兩次補充，以免來回奔波浪費人力、時間，同時也更易引起客人之不悅。
4.如果客人點叫冷飲，則須準備足夠之玻璃杯，以便臨時增加訪客所需。
5.所有東西送入客房，依規定擺好以後則迅速離去，不必佇

立伺候。

6.收拾餐具時，務必要詳細清點，以減少餐廳之損失，若有
損失或破壞，應以和藹態度請客人找回來，萬一無法解決
時，應呈報單位主管處理。

第四節　中式餐飲服務

　　國外重要貴賓來訪，國家元首宴請賓客皆採中菜西吃之方
式，這可能基於國際禮儀與衛生習慣使然。我們俗稱之中國式服
務是指將大盤置於餐桌中間，由用餐者自行取食的方式，很多中
菜須趁熱食用才可口，菜上桌每一個人皆可馬上動筷取食。③

　　國人的居家飲食習慣，都是把所有的菜一次上桌，用餐者隨
意挾食之。歐美的家庭也有相似的習慣，只是我們有筷子可以挾
一次吃一口，而西洋人所用的刀叉就沒有辦法這樣做，他們必須
先將菜夾到自己的餐盤後才宜食之，所以在合菜的大菜盤上都放
有服務叉匙，以供用餐者用來分菜。這種西洋的習慣已經逐漸出
現在中餐廳裡，在中餐廳中通常都會預先發給客人一個「骨
盤」，既然名為骨盤，本來應是為放骨頭而準備的，但是目前漸
漸有如同西餐一樣用來放分菜為主的趨勢，較講究的中餐廳甚至
每出一道菜就換一次骨盤。基於衛生的理由，使用公筷母匙（相
當於西餐的服務叉匙）先將合菜分到骨盤後再食用的作法也漸漸
受到重視，往後的日子一定會更普遍（圖8-2）。這種不為歐洲餐
飲界人士所苟同的「合菜式」的服務方式，用於完全不同的餐飲
文化就須給予不同的評價。所謂入境隨俗，中餐應該是可以此種

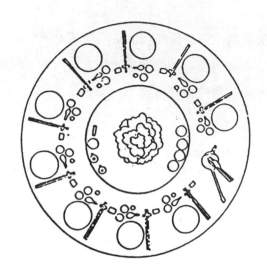

資料來源：高秋英，《餐飲服務》，頁240。

圖8-2　中餐圓桌擺設

合菜式的服務方法為主流，只要餐具講究，確實使用公筷母匙，
服務員的態度誠懇而有禮貌，客人不便取食的菜（如湯），或是
客人有代分菜的要求時，都能由服務員代勞的話，還是可以標榜
為一流的服務方式的。關於公筷母匙，我們認為在餐廳中還是採
用西餐中的服務叉匙較合適。因為筷子太輕容易滾落，以餐叉代
之較易服務之。

一、中餐的貴賓服務

　　中餐的貴賓服務已有定型的趨勢，客人陸續到達時，服務員
必須奉茶，主人點完菜時（若菜單早已決定則於就座時）服務員
須先詢問主人預定用餐的時間，以便控制出菜的速度。客人就座

後，酒與飲料必須在菜未上桌前即已倒好，以便分好菜客人能夠馬上舉杯敬酒。

菜一來菜盤皆從主人的右側上桌放於轉盤上，經主人過目之後（有展示的意義，若服務員能再向全體客人報出菜名則更佳），輕輕地轉送到主賓之前。以往服務叉匙皆如英國式服務一樣在菜盤上桌前即已放置菜盤上，服務時才取而挾之，移位時先放叉匙於菜盤上再轉之。

英國式服務時菜盤須緊靠餐盤之後才挾而分之，中餐的英國式服務須從轉盤處凌空分菜到骨盤上，常有滴落餐桌上的情形發生。移位時，很多服務員怕麻煩就一直把服務叉匙拿在手上，以致叉匙上的殘渣菜汁滴落地面。並且叉匙因可隨時放在骨盤上，使右手可以空出來處理餐桌上的東西，同時移位時也絕無滴落渣汁之虞。目前有的餐廳只學到一半，他們先將菜分到手上的骨盤上，然後再「倒」進客人的骨盤中，這種作法並不適當，要這樣做不如直接先拿起客人的骨盤到菜盤邊分菜，分好再端回原位較佳。另外也有人利用大湯杓來分菜，服務員先將菜分在杓中，然後原地不動就可環桌分菜給所有的客人，這種方式看似迅速俐落，但是無法妥善地安排分菜在骨盤中。

二、貴賓服務的順序

貴賓服務的順序亦須從主賓開始。由於菜是放在餐桌中央的轉盤上，從客人左側或右側分菜皆不礙事，可是服務員大都以右手挾菜服務客人，所以從客人的「右」側服務會比從左側來得方便。若學西方的禮節，則可於主賓右側服務後，以順時鐘方向前進，每次只服務一人，中途越過主人服務完其他客人之後才回頭

服務主人。不過為了加快服務的速度，現在大部分的中餐廳皆同時服務完左右兩人之後才移位。（也有人同時服務四人，雖然速度更快，但是違反餐桌禮節中不跨越的原則，故不足取。）那麼就可以如下的順序來服務：（假定一桌十二人，主賓坐於十二點鐘之位，主人坐於六點鐘之位）先從主賓的右側服務主賓，再右轉身服務主賓右側的客人（依照餐桌禮節這一位客人必定是第二重要的客人，第二個就服務到他是很有禮貌的作法，所以從主賓的右側服務起比從其左側服務起為佳），然後放置服務叉匙於左手的骨盤上，以右手輕轉轉盤將菜盤送至主賓左側的客人的面前，順時鐘方向走至這位客人的左側服務之，服務完後再左轉身服務二點鐘位置的客人，接著同樣地服務三點鐘與四點鐘位置的兩位客人。然後轉到十點鐘位置的客人的右側服務十點鐘與九點鐘位置的客人，接著是服務八點鐘與七點鐘位置的客人，最後再到五點鐘位置的客人的左側先服務這位客人再左轉服務主人為結束。若主賓的身分並不明顯，服務完四點鐘位置的客人之後，先到五點鐘位置的客人的右側服務他後再服務十點鐘位置的客人亦可。

　　假使人手充足，有二個服務員同時參與服務將更為迅速，尤其是上前菜時，不但因菜式多（四道前菜最好能同時上桌）而須多揀好幾次，而且也有很多待收拾的東西（如收拾剛蒞臨時所服務的茶杯等），所以最好有其他的人過來幫忙，這位幫手可於服務好前菜之後即行離去。服務前菜是個關鍵時刻，若能迅速地服務好，接著的服務一定會輕鬆愉快。目前貴賓服務通常是一個服務員服務一桌，我們認為可改為二個服務員為一組，來負責二桌的服務區域，那麼就可制度化地由二人來分大部分的菜了，分菜不能趁熱吃的顧慮想必會一掃而空。

三、貴賓服務的分菜

分菜時須先預計一下每一個人的分量，寧可少分一點以免不夠分配，事實上因骨盤很小，一次分太多菜於其上也不美觀，同時太用心於想要一次把菜分光，難免需要添添補補以致耽誤服務的速度。全部客人分完第一次菜以後，若菜盤上仍有剩餘，則將剩菜稍加整理，然後留服務叉匙在盤上，服務員不在時客人才能自行取用。

骨盤之外，不可或缺的服務備品是小湯碗，除了湯須用小湯碗以外，一些有湯或多汁的大菜也須以小湯碗來服務才較方便食用，所以服務桌上必須準備有足夠的骨盤與小湯碗。對於多汁的菜，有人用西式餐具中較寬大的小沙拉盤來服務，這種主意也不錯。服務湯或多汁菜時先從主人右側擺小湯碗於轉盤上，擺放時須預留大菜盤（碗）的放置空間，端上大菜盤之後立即分之於小湯碗中，等全部分完輕轉轉盤依前述的服務順序分發之。比較需要一點技巧的是魚翅的服務，魚翅絕不可打散，經驗不足者可分階段來分之，先分其他配料於碗底，然後再分魚翅於其上，儘可能先少量地分，有多餘時再一次平均分配，等到經驗老到時，即可在湯杓上一次完成配料與魚翅的分配，如此則可分一次即成。

四、魚的切割法

另一種需要一點技巧的是魚的服務，通常整條魚上桌時魚頭須向左，魚腹向桌，先以大餐刀（用餐刀較方便切割，事實上用服務匙來切割亦無不可）切斷魚頭再切斷魚尾，接著沿魚背與魚

腹之最外側從頭至尾切開其皮與鰭骨，然後沿著魚身的鱗線（即背肉與腹肉的接合處），從頭至尾切割深至魚骨。切完後以刀（或匙）與叉將整片背肉從鱗線處往上翻攤開，同樣地再將整片腹肉往下翻攤開。至此即可很容易地從魚尾斷骨處的下方插入餐刀，漸漸往魚頭方向切入，在大餐叉的協助下取出整條魚骨放於另備的骨盤上，然後再把背肉與腹肉翻回原位即成一條無骨的魚。依照所需的份數切塊後即可依順序用服務叉匙服務之。假使上半邊的魚肉因破碎而無法翻回原位時，只好維持原狀而切分之。最好是不必預先切塊，而服務一個才用服務匙切一塊，如此就更能表現服務的技巧。

五、西餐服務方式可豐富貴賓服務

服務方式固然有中西之分，但是最方便而又最能讓客人感到最滿意的，就是最好的服務方式。

法國人如同我國人一樣，對本國的烹飪藝術都非常自負，但是他們在法國式服務已不合時宜以後，還是採用英國式服務來服務法國菜。因此，只要我們不改變國人以筷子吃飯的習慣，若能有更有效的方法來服務中餐，相信顧客也會表示歡迎的。西餐服務的確有很多作法可以參考學習，除了前述整條魚的菜可以應用西餐「切割」的技巧來服務以外，我們認為採用純英國式（左手托盤在客人左側分菜，但其前提是座位數須減少）或是旁桌式服務方式來服務中餐也非常值得一試。對於一些不方便在餐桌上服務的菜，可先將菜上桌繞轉盤一周展示後再端下來在服務桌分菜，然後再分碗或分盤給客人。這種作法的缺點是菜盤又端離客人的視線，假使能有專用的旁桌，置於大部分的客人都能看到的

地方來分菜，相信效果一定會更佳。

　　不過中國人已習慣圓桌聚餐，在圍圓桌而坐的情況下，要找一處能讓全部的客人都能看到的地方放旁桌是件不容易的事。因此，若不想在桌上分菜，那麼「展示菜盤」絕不可缺（除非沒有觀賞價值，例如湯類）。並且，如果菜盤裝飾得非常漂亮，而在餐桌上分菜又不是太不方便的話，仍應儘量直接在餐桌上分菜，以得其最大的觀賞效果。這種主張適用於中西餐，所以中餐的貴賓服務也應作如是觀。這就是說，每種菜若有其較適當的服務方式，則應以該種服務方式來服務之。誠然西餐服務的一些規矩不外乎是為使客人的用餐能進行得更令人滿意，服務的過程能更富有觀賞價值，相信中餐必定能從西餐服務中取得自我改進的靈感，使得中餐服務能夠更上一層樓。像中餐廳中因服務桌不夠，常把瓶裝飲料放在地上，這是非常不恰當的事，若能學西餐特製小旁桌或使用托盤架來放置，在衛生上與演出上會有很好的評價。像餐桌擺設時也可以擺個服務盤，上菜前不必收走，可直接把第一道菜的骨盤放在服務盤上，要更換骨盤時再一齊收走。像骨盤也可以用墊有紙巾的點心盤來當襯盤，以瓷盤權充骨盤架，使餐桌擺設更富變化。像有湯汁的菜盤下面墊以襯盤，不但實用又美觀。

六、小吃的服務

　　若是三、五客人的小吃，我們認為上面所述觀點還是可以適用。菜點得多者，最好能用酒席的方式一道一道地上菜，並且使用貴賓服務來服務（服務少數人時採用旁桌式服務就沒有客人看不到分菜的問題），菜點得少又加點白飯者，菜就可隨到隨上

桌。第一次須由服務員分菜，其後則由客人自取亦無妨，那麼服務員就可以去忙別桌的服務，當然若能隨時利用機會來分菜則更佳。

現在中餐界可以看到「中菜西吃」的新趨勢，有的是全部用西式的刀叉來用餐，有的則保留用筷子來用餐，其特色是每人一盤個別上菜。假使所謂「中菜西吃」即等於是「每人一盤個別上菜」的話，那只是「美國式服務」的應用而已。事實上貴賓服務已很接近中菜西吃，再加以融會貫通，一定可以設計出更理想的中菜西吃法。我們認為，國人所謂「中菜西吃」與其說是服務方式的改變，不如說是「菜單觀念」的創新。中菜西吃以人頭計價，本質上有如一般的「客飯」，只是它採用「少量多盤」，使少數人也能吃到酒席般的多樣菜式而已。本來少數人僅能點幾樣菜「小吃」一下，有了這種創新的菜單以後，也許會慢慢改變國人聚餐須湊成一桌才能辦得成的觀念，說不定中餐菜單也會因而建立起「定食」與「點菜」的分別來。

假使碰到不會使用筷子的外國人，可以提供大餐叉與大湯匙（即如同服務叉匙）給他，中國菜適合用筷子吃就用不著餐刀，在美國的舊華僑家庭就可以看到只用叉匙而不用筷的現象，他們還保留吃中國菜的習慣，但用西餐的餐具來吃，恐怕這才說是「中菜西吃」。

西餐服務方式來服務中餐的構想，目前國內已有人在作嘗試，可是都有美中不足之處。例如採用西餐刀叉者只提供一對刀叉要客人自始至終使用之，正確的作法應該是每道菜都需要提供新的刀叉。使用旁桌式服務者有其形式而不懂其精神，正確的作法應該是隨時移動旁桌至要服務的客人的餐桌邊，使客人能看到服務員在為他分菜。分菜時大都一手拿盤一手操作服務叉匙，正

確的方法應該是將餐盤擺放在旁桌上，服務員必須右手拿匙左手
拿叉來分菜。只要用心領會，相信必能改進所有的美中不足之
處。

註　釋

① 劉尉萍譯，《專業餐飲服務》（台北：五南圖書出版公司，民 79 年），
　　頁88。

② 同註①，頁 176。

③ 薛明敏，《餐廳服務》（台北：明敏企管公司，民 79 年），頁 298。

第九章　飲料管理

◆葡萄酒

◆烈　　酒

◆啤　酒

◆咖　啡

◆茶

第一節　葡萄酒

　　葡萄酒在近二、三十年來才於世界各地被廣泛注意和研究。然而，早在古羅馬時期，歐洲便開始大量種植葡萄樹和釀製不同的葡萄酒。但直至我們的上一代，大部分的葡萄酒仍是區域性的產品，主要供應鄰近地區民眾飲用而已，他們並不會像現今我們要某一產區或年份的品種酒，如卡伯納‧蘇維翁（Cabernet Sauvignon）紅酒或夏多娜（Chardonnay）白酒，他們一般只會要一瓶紅酒，偶爾一瓶白酒或有時來一瓶氣泡酒。那個時間的葡萄酒大部分都是酒質拙劣、毫無釀造技術可言、不值得回憶也不值得一提的紅酒居多。

　　五十年前，法國便已雄霸了整個葡萄酒王國，波爾多（Bordeaux）和勃根地（Burgundy）兩大產區的葡萄酒始終是兩大樑柱，代表了兩種主要不同類型的高級葡萄酒：波爾多的厚實和勃根地的優雅，吸引著千萬的目光。然而這兩大產區受法國農業部和區域部門監督，產量有限，並不能滿足全世界所需。

　　從七○年代開始，聰明的酒商便開始在全世界找尋適合的土壤、相同的氣候，種植法國、德國的優質葡萄品種，採用相同的釀造技術，使整個世界葡萄酒事業興旺起來。尤以美國、義大利採用現代科技、市場開發技巧，開創了今天多采多姿的葡萄酒世界潮流，也讓我們深深體會葡萄酒的藝術。

　　根據醫學上的研究報告，葡萄酒有促進血液循環的功用，紅酒中所含之丹寧酸能防止血管硬化、防止膽固醇的增加率。葡萄酒因為酒質濃度適中，而且紅酒中的丹寧酸有去油膩而白酒中的

果酸有去腥味之特殊功效，所以非常適合在用餐時飲用，故葡萄酒被認定為最佳餐酒。

葡萄酒若以顏色區分，可分為白酒、紅酒和玫瑰紅酒（rose），但無論是紅葡萄或白葡萄所壓榨出來的果汁都是沒有顏色的，所以白酒可以用紅葡萄釀製，紅酒是由於在釀造時連葡萄的皮一起發酵，吸收紅葡萄皮所釋放出來的色素而成為有顏色的紅葡萄酒，如將紅葡萄皮提早分開，讓酒的顏色變淡，即成為玫瑰紅酒。每家酒廠的玫瑰紅酒由於葡萄皮與酒接觸的時間長短不一，故顏色的深淺也不一致。白葡萄皮因沒有色素效果，故釀造時並沒有連皮一起發酵。

葡萄在成熟後便含有果糖、果酸，所謂釀造葡萄酒，簡單來說，只是把葡萄壓榨後的果汁，在發酵過程中將果糖轉換成酒精，如果果糖全部轉成酒精，則我們稱這些為不甜或乾（dry）的酒，如在轉換過程中，提前終止發酵，保留多一點糖分，便變成甜酒。

葡萄在發酵過程時，並同時產生熱能和二氧化碳（氣泡），通常一般葡萄酒會讓氣泡跑掉，但如把氣泡保存於葡萄酒中，便成為氣泡葡萄酒（sparkling wine），香檳便是名聞世界之代表作（只有在法國香檳產區依規定釀製之氣泡酒，才能命名為香檳，法國其他地區或世界各地之釀製，只能稱作氣泡酒）。

葡萄酒是有生命的，因酒在開瓶前，酒中的四個主要元素：丹寧（tannin，來自於葡萄皮、籽，是天然的，類似抗氧化劑）、酸（acid）（天然的）、糖（residual sugar）和酒精（alcohol）尚在運作，互相結合而產生各種不同的新氣味，顏色也同時產生變化作用，當這四個主要元素達到均衡點時，便是葡萄酒的適飲期。紅酒會因其丹寧柔順後變得醇和馥香，白酒變得酸度適中而

更能領略其果香（fruity）和醇美，各種葡萄品種會因其特性各異，而有不同的成熟期（mature）。

紅酒中的丹寧主要來自葡萄皮，木桶陳年（barrel aging）時亦會增加酒之額外丹寧，是維持紅葡萄酒生命的主要支柱，白酒中之酸亦有同樣功效，但無丹寧持久性。

無論白葡萄酒、紅葡萄酒或玫瑰紅，都可歸類於日常餐酒和法定產區葡萄酒或品種葡萄酒。

■ 日常餐酒

為供應日常一般飲用之餐酒，並無限定某一產區或葡萄品種混調而成，當然也可能是單一品種的葡萄釀製而成，品質口味會因酒廠採用的葡萄和釀製方法而不同，一般來說，只要求酒之基本性能和口味認可便成。日常餐酒宜儘早飲用，不宜貯藏。

■ 法定產區或品種葡萄酒

法定產區（法）或品種（美）是本章主要介紹重點之一，是由單一或主要葡萄品種調配釀製而成，是所有葡萄酒飲家之最愛和討論之所在。因每種葡萄都有其本身特性（香味），加上產區、氣候、土壤和釀造方法差異，生產出琳瑯滿目、數不勝數之品牌。但如將世界上最常見、最受歡迎之葡萄酒編列於葡萄品種之下，則不外是十餘種，或數十種而已。所以如能了解各葡萄品種之特性，則更容易選擇自己喜歡的口味及體會不同風格的情趣。

一、葡萄酒的品試

可分視覺、嗅覺及味覺分別鑑定酒的品質（圖9-1）。

圖9-1　品酒的方式

(一)視覺

　　最基本的要求是清澈、明亮和沒有雜質或浸澱物，酒的外觀與其品質有直接關聯，一杯不清澈的酒是一種警告，提示酒質可能有變壞的味道。酒的顏色應該明亮，如缺乏亮度是象徵其味道可能呈現單調，因酒的亮度是由其酸和品質所構成。一瓶正常的酒是明亮的，一瓶好酒其亮度更是明顯發出額外的光采。白酒的顏色從年輕時的淺黃帶綠到成熟後的稻黃、金黃甚至咖啡色。紅酒會因酒的陳年而顏色淡退，從紫紅變成深紅、咖啡紅、桃紅、橙紅，其顏色轉變速度視其品種而定。

(二)嗅覺

　　嗅覺比味覺更敏感，所以大部分我們所知道其實是嗅覺所感應。不同的酒香可從不同的動作產生：

　　靜態：主要是各品種本身之獨特果味，酒齡愈淺愈突出，而隨著陳年期逐漸消失。

　　動態：杯中之酒經過搖動與空氣對流，可享受到因陳年期所

產生之多層次複雜香味。

(三)味覺

比較起來，味覺好像比嗅覺來的簡單，因為我們都很容易分辨出甜、酸、苦，但除了這些基本的味覺外，我們在品嚐葡萄酒時，亦要同時注意其在口中的觸感，如單寧之澀感（astringency）、質感（body）和其結構感（texture）。淺酒齡的葡萄酒，我們著重其果香，陳年老酒則欣賞其在陳年中進化出來之不同芳香和味道（bouquet）。所謂好的葡萄酒就是指各味道均衡（balance）發展，高級品種酒其餘韻（after-taste）更應該悠久芳醇。

二、儲存

無論白酒或紅酒對不良的環境都能適應一段短時間，但如能小心照顧則更能讓我們享受其優點，每一瓶正常的葡萄酒都在「生存」之中，所以對周邊環境如溫度、光線、移動，甚至聲音都會影響其在瓶內之陳年進行，所以在儲存上應該留意下列各項：

1.安靜的環境，避免振動。
2.黑暗的環境，避免光線直接照射。
3.避免過度乾燥。
4.保持恆溫，避免溫差變動。
5.理想溫度10℃至13℃。
6.務必平放。

三、餐飲禮儀

白酒在飲用前宜先冷凍,切記勿加入冰塊於酒中,以免破壞酒質結構,白酒於冷藏後飲用,果香味會比較明顯及爽口,溫度以10℃至12℃為宜,甜白酒及酒齡淺者尚可把飲用溫度降低兩度,飲用前先開瓶透氣約十五至三十分鐘。

通常我們都會說紅酒宜於室溫中飲用,但這是指歐洲的室溫標準,也就是15℃至18℃之間最為理想,溫度稍低比稍高好,這樣酒香可藉由口中較高的溫度發揮出來。若溫度太高時,不論紅酒白酒都會因酒精味道過重而失其均衡感。飲用紅酒,特別是高級紅酒,應先把瓶塞打開約一小時,讓一些因陳年時所產生的異味(如木塞的氣味)蒸發掉,這樣才能使應有的酒香與空氣混合而引發出來。

香檳和氣泡酒宜於7℃或8℃間飲用,以避免氣泡因溫度升高而快速消失及影響其清爽口感。香檳是最好的餐前酒,亦可在佐餐時全程飲用。

當服務員送上我們所點的葡萄酒時,主人(或點酒者)應在開瓶前檢視酒名、年份及酒廠是否無誤,才示意服務生先開瓶透氣,使酒香在飲用時能充分發揮出來。再來檢查瓶塞是否濕潤,若是乾涸可要求更換。接著便安排上酒順序。

服務生上酒時會先請主人先行品嚐,在確定該酒的顏色、香氣、味道皆正常後,依順序倒給女客,再逆轉順序倒給男客,最後才倒給主人。主人在品嚐時可順便告訴服務生每杯酒的分量及哪些客人需要或不需要葡萄酒以免浪費。主人在試酒時不能因酒味不合心意而要求換酒,只有在酒變質、變壞(如味道變酸、酒

精變強如烈酒等），或未在主人視線範圍內開酒等因素才可要求退換。大部分葡萄酒是佐餐酒，在用餐時搭配食物飲用最佳，故在餐廳中點酒時可依據點選菜式內容、味道濃淡而挑選酒味濃及淡之紅酒或白酒。但忌用甜度較高之葡萄酒佐餐，因為甜味會影響食欲並破壞食物原味。

　　對紅酒或白酒的選用並無一定規則，依個人喜好而定。但一般而言，白酒因其酸度高有去腥味的功效，非常適合搭配各種海鮮食物；紅酒中所含的單寧有去油膩的功能，搭配肉類相得益彰。但葡萄酒會因產區及品種的不同而口感有所差異，正因如此，在飲用數種葡萄酒時，宜先飲用白酒，再來溫和的紅酒，如勃根地產區的碧諾瓦品種（Pinot Noir），最後才享用醇厚的紅酒，如波爾多產區的卡柏納‧蘇維翁品種，這樣才能體會由淡轉濃的口感轉變。

四、世界主要典型葡萄品種（classic variety）

　　　　白葡萄──Muacat（慕司卡）
　　　　　　　　Riesling（蕾絲琳）
　　　　　　　　Sauvignon Blanc（蘇維翁‧白朗）
　　　　　　　　Chardonnay（夏多娜）
　　　　紅葡萄──Gamay（甘美）
　　　　　　　　Pinot Noir（碧諾瓦）
　　　　　　　　Merlot（梅洛）
　　　　　　　　Cabernet Sauvignon（卡柏納‧蘇維翁）

(一)慕司卡

慕司卡白酒的香味頗具特色，容易辨認，其獨特之香味來自葡萄本身之果糖，如其糖分在發酵時全部轉換為酒精，其香味也隨之消失，是故大部分慕司卡白酒都故意釀成甜酒以保留其芳香氣味。

由於慕司卡白酒酒精含量不高，芳香甜潤，故適合純飲或用餐前酒，宜選用淺酒齡之慕司卡以享用其清新香味。

全世界的產區都有種植慕司卡，值得一提的是法國隆河區（Rhone）之Muscat de Beaumes-de-Venise法定產區是允許添加葡萄烈酒以提高其酒精濃度，而又能保留其蜂蜜香甜、水梨果香，但同樣適合選用淺酒齡者飲用。

(二)蕾絲琳

蕾絲琳是十大典型葡萄品種之一，原產自德國，也是德國酒之代名詞，在世界各較寒冷產區都有種植，但各產區甚至酒廠所釀製的風格都不一樣。我們一般所熟識之蕾絲琳白酒都是泛指帶甜味在餐前或餐後所喝之白酒，但因為其與甜味常連在一起，所以未能受所有飲家之偏愛。

我們在市面上常看到的約翰尼斯堡蕾絲琳（Johnannisberg Riesling）與南非聯邦之約翰尼斯堡全無關係，雖然南非也有釀造蕾絲琳，但此為德國Schloss Johnannisberg村莊所生產釀製，清爽可口，適中的酸度，故甜而不膩，享有盛名，在世界各地都有生產釀造。

然而在德國部分酒廠及法國阿爾薩斯（Alsace）所釀造之蕾絲琳白酒則是以甘性、果香細緻聞名。

(三)蘇維翁・白朗

又名福美（Fume Blanc），源產自法國Loire，是Sancere和Pouilly-Fume產區的唯一法定白葡萄品種；Fume的意思就是煙燻（smoky）味，毫無疑問的，一瓶上佳的蘇維翁・白朗白酒會帶來煙燻的香味，這種香味令人聯想到剛烤熟的吐司和咖啡豆香，不過離開了Loire，煙燻味也離開了。

蘇維翁・白朗另給人一種非常鮮明的是青草和果仁香味，然而並不是每個人都喜歡其香草味，所以形成兩極化，喜歡的人很喜歡，不喜歡的人可能以後會放棄它，不過這是英皇亨利四世和法皇路易十六的最愛。

蘇維翁・白朗的酸度較高，故其果香味特出，為享受其新鮮果香味，建議飲用淺酒齡（二至三年內）的蘇維翁・白朗白酒。蘇維翁・白朗會因產地、釀製方法不同而口味各異，純蘇維翁・白朗品種的酒不會因橡木桶貯藏或陳年而得益很多，通常都會混配瑟美戎（Semillon）以增加其口感，加州蒙岱維酒廠（Robert Mondavi Winery）則在裝瓶前以全新的橡木桶釀藏處理而呈現較柔順，其多了一些橡木桶的香草味，也減低其青草味，其改變有異於加州傳統略甜的蘇維翁・白朗白酒，並命名為福美白酒，現正風行全美國，其他酒廠也先後跟進。

(四)夏多娜

如果卡柏納・蘇維翁是葡萄酒之皇，那夏多娜一定是葡萄酒之后。全世界的葡萄酒產區很少沒有釀造夏多娜白酒的（管制生產國家例外），因其對各類土壤、天氣適應力都很強，而又容易釀造。對它不存在而感到高興的，大概只有波爾多的酒廠吧！

有數個原因令夏多娜這樣受全世界各業者和消費者歡迎：

首先是在行銷上，只要有Chardonnay的字在標籤上，就是銷售的保證。不同氣候的產區和不同酒齡的夏多娜，都有不同風格，加上橡木桶的醞藏搭配，讓Chardonnay如魚得水般倍添風味，它可以在濃淡不同類型中表現其優點。

最後它可以單獨釀製也能與其他品種互相搭配，如在Loire用來柔和Chenin Blanc以增其韻味。在澳洲的Semillon都會加夏多娜，另一個更具體表現則來自香檳，香檳產區所生產的夏多娜，味道較澀，口感單薄，但以香檳製造法的氣泡酒型態出現，則神奇的變成優雅和複雜的口感。

夏多娜是少數可貯藏的白葡萄品種，酒勁有力，淺酒齡時顏色淺黃中帶綠，果香濃郁而爽口，隨著酒齡層增加，顏色轉變為黃色或金黃色，新鮮的水果味漸漸消失而變為多采多姿的複雜口味，後韻更明顯的增強。

夏多娜是勃根地區唯一種植的白葡萄品酒，以Chablis的清新口感、蜂蜜香味最普及消費市場。

(五)甘美

甘美品種釀造的酒，丹寧含量低，果味尤以草莓的果香特別濃郁，口感非常柔順，顏色紫紅，並在酒杯中呈現紫蘿蘭的豔麗顏色。

甘美品種葡萄酒是屬於簡單型的紅酒，沒有多層次複雜的口感，故無貯藏陳年價值，而且為求其新鮮果味，應選用年份淺、釀酒裝瓶後兩年內的甘美紅酒最佳。

甘美紅酒於15℃左右飲用最能表現其清新果味，故可在飲用前稍加冷凍，可當餐酒或純飲之用。

法國薄酒萊（Beaujolais）產區全部種植甘美品種，是法國最暢銷的紅酒之一。由於法國人很留意每年在薄酒萊區甘美品種的品質，故每年秋收後便以獨特的釀製方法，生產薄酒萊新酒（Beaujolais Nouveau）於每年十一月的第三個星期四，推出這種Nouveau新酒，讓大家先品嚐當年的薄酒萊，現已成為流行風氣，全世界都以先飲為快。

(六)碧諾瓦

碧諾瓦是法國勃根地紅酒所採用的唯一紅葡萄品種，尤以金山麓（Cote d'Or）區特級葡萄園所釀造之紅酒，遠自中世紀開始便名聞各地。一瓶出色的碧諾瓦，會讓其他產區或葡萄品種酒黯然失色，是所有酒農的希望和挑戰。

碧諾瓦發芽和收成較早，適合於微冷的天氣，其果實生長非常不規則，並容易超越產量所需，故要定時修剪以避免產量過多及葡萄過密而破損；其葡萄果皮特別細薄而容易受天氣影響，是故在整個生長過程中都要倍加謹慎照顧。其次，在釀造時亦同樣困難，在發酵時需高溫運行以求動人的香味，但稍微溫度過高則酒香帶有悶焦味，溫度保守而不夠時則香味平庸，而缺乏其魅力。

碧諾瓦因其果皮細薄故丹寧量不高，甚至可說果酸比其丹寧尚高。所有碧諾瓦紅酒都是單一葡萄品種釀造，顏色豔麗迷人，口感柔滑而同樣呈多層次的香與味。

碧諾瓦也是釀造香檳酒之主要葡萄品種之一，因而在更寒冷之香檳產區所生產之碧諾瓦顏色較淡，但可讓香檳酒結構上更加完美；博多區以外所生產的碧諾瓦也大部分用於釀造氣泡酒。

碧諾瓦可說是勃根地區的代名詞，在世界各地都略有種植，

但以加州那帕山谷最為成功。紐西蘭的氣候也非常適合種植，但這些新興國家有如美國俄勒岡州一樣，在種植了差不多二十年之後，才開始發現出現難題，是故一瓶高品質之碧諾瓦紅酒，價錢雖然昂貴，但是仍然是非常值得的。

(七)梅洛

梅洛以前常活在卡柏納・蘇維翁之陰影下，其主要功能用作調配卡柏納・蘇維翁，以柔和卡柏納・蘇維翁之高單寧，其酒勁也增強卡柏納・蘇維翁之整體結構美。但自從Chateau Petrus（採用差不多全部梅洛釀造）名聞四海後，梅洛開始受到注目，加州酒廠從七〇年代開始也生產單一品種之梅洛葡萄酒，而且相信這酒最少可在瓶中存活超過五十年。

梅洛葡萄果粒比卡柏納・蘇維翁粗大而皮薄，故其品種酒丹寧量不高，但酒精感豐富而甜潤，顏色轉變速度快速，是法國博多聖美濃（Saint-Emilion）和Pomerol主要品種之一。

(八)卡柏納・蘇維翁

卡柏納・蘇維翁可能是目前世界上最有名、評價最高的葡萄品種酒，其原產地為法國波爾多區之菩勒（Pauillac）。因其對各種天氣和土壤都能適應良好，故各地產區都普遍種植和釀造卡柏納・蘇維翁葡萄酒（英、德、盧森堡和葡萄牙例外），其中以法國波爾多區的卡柏納・蘇維翁葡萄酒更是各地酒廠爭相摹倣之對象。

卡柏納・蘇維翁最理想的生長條件為排水良好的土壤（以碎石土層為最佳），溫度適中，海洋的影響也頗重要，涼爽的夜晚和充足的陽光讓葡萄均衡生長和完全成熟。

卡柏納・蘇維翁的葡萄果粒細小而皮厚，故釀造出來的酒，顏色深紫和丹寧含量特高（口感粗糙），而需較長時間的陳年期讓其丹寧柔和，而卡柏納・蘇維翁本身亦具備豐富多變的特質，透過橡木桶的孕育，更能增加其深度和內涵。

　　大部分的卡柏納・蘇維翁酒都是以卡柏納・蘇維翁品種為主體，再混合其他品種如佛朗（Cabernet Franc）和梅洛以增加其芳香和柔順感。不同比例的調配會造成不同的風格和口味，卡柏納・蘇維翁以其初期的黑加侖子果香最為明顯。而隨後因各釀造方法及陳年時間不同而逐漸演變，黑加侖子的果香也慢慢消失而形成更多的香與味，如青椒、莓類、咖啡、鄉土、香草等等不同的芳香，其發展出來的多層次口感，是其他品種所不能比擬的。

　　卡柏納・蘇維翁酒雖然味道強勁，但大體上來說並不算是酒精感很高的酒，最少博多區的卡柏納・蘇維翁是這樣。

　　卡柏納・蘇維翁的魅力來自時間的培養，選自上好產區和年份的卡柏納・蘇維翁，最佳飲用期為產後十年左右，故應在年輕時選購，小心儲藏，以待其增值及挑選適合時機享用。

　　各年份葡萄酒評分見**表9-1**。

五、認識葡萄酒標籤

　　法國葡萄酒可從其標籤內容（**圖9-2**、**圖9-3**），進一步了解其等級及品質，以保障消費者之權益。

　　酒質等級：1.ACC　法定產區葡萄酒
　　　　　　　（APPELLATION DE ORIGINE CONTROLEE）
　　　　　　　2.VDQS　優良地區葡萄酒
　　　　　　　（VIN DELIMITE DE QUALITE SUPERIEURE）

表9-1 各年份葡萄酒評分表

年份	法國博多紅酒 Bordeaux	法國勃根地紅酒 Burgundy	加州那帕紅酒 Napa, California
1981	8	4	7
1982	10	6	8
1983	8	8	8
1984	3	6	7
1985	9	10	9
1986	8	7	7
1987	2	8	10
1988	8	10	7
1989	8	9	8
1990	10	10	9
1991	3	7	10
1992	4	7	9
1993	6	6	8

註：Remark 9-10：酒質特出；7-8：酒質優良；5-6：優劣摻雜；1-4：成績

普通。

圖 9-2 葡萄酒標籤

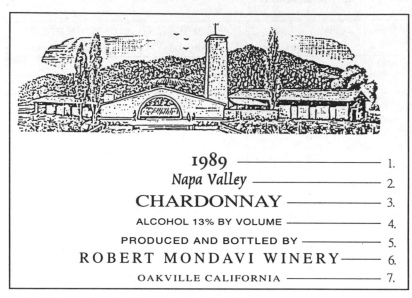

1. 葡萄採收年份。（需要95％該年份採收葡萄）
2. 葡萄園所在地區。（需要85％來自指示產區）
3. 葡萄品種。（需要75％釀造自指示葡萄品種）
4. 酒精含量。
5. 酒廠監管比例。
   ESTATE BOTTLED BY（100％完全由酒廠種植之葡萄釀造及原廠裝瓶）
   PRODUCED AND BOTTLED BY（75％之葡萄來自原酒廠葡萄園）
   MADE AND BOTTLED BY（25％之葡萄來自原酒廠葡萄園）
   VINED AND BOTTLED BY（10％之葡萄來自原酒廠葡萄園）
6. 酒廠名稱。
7. 酒廠所在地。

圖9-3　葡萄酒標籤之認識

3.VIN DE PAYS　地區葡萄酒

4.VIN DE TABLE　日常餐酒

一九三五年法國創先制定AOC法規以提升品質，歐洲各葡萄酒產國隨後皆以此為主要原則，制定其本國之葡萄酒等級法規。

酒廠等級：1.CRUS CLASSES頂級酒莊共六十一家，再區分
為五個等級。

2.CRUS BOURGEOIS中級酒莊共一百五十家。

博多商會於一八五五年指示美度產區（Medoc）制定以上酒莊分等系統。

聖美濃產區於一九五四年也正式分等。

第二節　烈　酒

一、蒸餾酒

蒸餾酒的製法簡單，但是需慎重的處理。酒精在176°F會蒸發掉，對含有酒精的液體加熱，可以自原來的液體中以蒸氣的形式釋放出酒精。可收集此蒸氣並將之凝結成純酒精，再降低其溫度。重複這套製程可以抽取出不純物並增加酒精純度。酒精在化學上的純度是二百度（proof）。

中性酒精（neutral spirits）是指那些被蒸餾至少一百九十度的烈酒，且達到此純度時為無香氣、無顏色及無味道。一旦蒸餾的方法被發現後，不可避免的，所有文化都會最密切地、最大量地使用其產品，以求產出烈酒來。

二、白蘭地

古老的蒸餾技術直到十六世紀，當白蘭地（brandy）被介紹出來時，才被應用在商業上。軼聞告訴我們，在夏朗德河（Chareute River）的拉羅什勒港（La Rochelle）與荷蘭之間有蓬勃的貿易。由於戰爭的危險，裝貨的空間需支付額外的費用。一名有企業心的荷蘭船長，企圖以蒸餾排除水分的方法濃縮他的酒。

然後他可以運輸酒的精髓或酒精到荷蘭去，然後再加水還原。在品嚐過濃縮的酒後（燒過的酒（burnt wine，或 brandewyn）），他確定他喜歡它這個樣子。

今天，白蘭地是從水果中蒸餾出來的，葡萄是最普遍的。康尼雅克（Cognac）是白蘭地的一種類型，但是並非所有的白蘭地都是康尼雅克。只有來自法國康尼雅克地區的白蘭地可以佩用地區名字。康尼雅克最獨特的特質是其極佳的芳香，當在傳統的狹口酒杯中以手或酒精燃燒加熱時，就會傳溢出來。

三、威士忌

威士忌（whiskey）的字源是居爾特語的（Celtic）Uisgebaugh（whis-geh-baw），意思是生命之水。所有的威士忌都是由穀物中蒸餾出來。威士忌有五種類型：

1.蘇格蘭（Scotch）：由大麥製成。
2.美國的波本（Bourbon）：由玉米製成。

3.裸麥（Rye）：由裸麥製成。

4.加拿大（Canadian）：去穀粒製成。

5.愛爾蘭（Irish）：由大麥、玉米或裸麥製成。

四、琴酒

一種中性的烈酒，有杜松漿果（juniper berry）的味道。在安妮皇后在位期間（一七〇二至一七一四），琴酒（gin）被大量的使用於英國，以遮蔽十七世紀烈酒令人不愉快的味道。

荷蘭的琴酒酒精含量較低，不含雜質且有麥芽的芳香及氣味。其不可與其他的材料混合而製成雞尾酒，因為它本身的味道無法與其他材料混合得很適切。美國的不甜琴酒（American dry gin）其特質與荷蘭及英國的琴酒不同，在美國的規定下蒸餾酒製造業者使用酒精含量一百九十度以上的中性酒精。在此限定下，這些烈酒沒有任何特性，必須添加植物的氣味。英國的不甜琴酒，其穀物的處方是75％的玉米、15％的大麥芽，及10％的其他穀物，蒸餾至一百八十度，並添加植物的氣味。

五、蘭姆酒

蘭姆酒（rum）是指任何由甘蔗發酵的汁蒸餾至一百九十度，再還原至大約八十度的酒精蒸餾液。

六、伏特加

伏特加（vodka）原本產於東歐，使用對蒸餾酒製造者來說可取得之最豐富、最便宜的材料製成。馬鈴薯、玉米及小麥是主要的材料。伏特加被蒸餾至一百九十度以上，再被還原成八十度至一百一十度之間。其必須以植物性焦炭精餾八小時。伏特加不添加味道或陳年儲存。其始終都是在冰冷的狀態下，以較小的杯子來飲用。通常可搭配食物飲用，例如開胃菜。

七、特奎拉酒

特奎拉酒（又叫龍舌燒酒，tequila）係在墨西哥哈利斯科州（Jalisco）的瓜達拉哈拉（Guadalajara）的西北，鄰近Tequila城，由一種仙人掌（叫genus amaryllis，宮人草屬植物）中被蒸餾出來。當它在別處生產，則被標示成梅日卡（Mezcal）。

八、甘露酒和利口酒

甘露酒及利口酒（cordials and liqueurs）皆是酒精性的飲料，添加有香料的味道，且通常是加甜味的。

九、為餐桌服務調製飲料

酒保們必須自服務生那裡收到訂單便箋及自預計帳機收到收據才開始製作飲料。收據是確認訂單已編入客人帳單。訂單便箋

的小紙片及來自預計帳機之收據皆被分類在一起，且除了酒保之外，其他人皆被禁止與之接觸。

所有取自酒吧的飲料，必須放在酒吧托盤（bar tray）上來搬運。

不要以另一個廠牌來代替。如果客人點了一種特別的牌子，本餐館沒有販賣或是無存貨時，應將之提出讓客人知道，並且詢問其是否想要另選一種。

要在桌邊客人面前混合飲料（mix drinks），像蘇格蘭威士忌及蘇打水（Scotch and soda）。

服務生選擇裝了冰塊的正確杯子、拌棒（stirrer），把已開罐的適當調配料及所要求品牌的酒倒入計量杯（jigger glass）或二盎司的酒杯。在桌邊，服務生詢問客人是否想要把飲料混合。

如果是，則服務生將酒倒入杯中，然後倒入調配料直到混合的液體裝至杯子一半。這杯飲料與剩餘的蘇打水一起放在客人的右邊。如果點的飲料與水調配，也是同樣的程序。

十、在酒吧客人面前調製飲料

在客人面前調製飲料時，依照這些步驟：

1.適切地問候客人，始終帶著微笑並提供你的服務。

2.自客人那裡取得訂單。

3.把訂單記在帳上。在帳單角落上記下酒吧座位的號碼（barstool number）並圈出來。

4.把帳單放在客人附近，面朝上。

5.準備飲料，不要隱蔽瓶子的標籤，並就在客人面前倒出。

就算客人坐在吧台前也一樣。

6.以雞尾酒餐巾放在杯子之下來供應飲料。

7.拿起帳單。

8.在帳單上記下價錢。

9.將帳單還給客人。

第三節　啤　酒

麥芽酒（beer，啤酒）是以大麥芽、蛇麻草及水為主要原料。製造過程是先將烘乾的大麥芽磨碎與穀物的澱粉混合，經過糖化，再加入蛇麻草，一同發酵後，在 0℃以下的儲存槽中冷藏二個月，即成為「生啤酒」（draught）；將這種生啤酒裝瓶後，再以適度的熱水予以沖淋，使其停止酵母作用即為「熟啤酒」（lager beer）。

啤酒在歐美是一種日常的飲料，世界啤酒製造王國是美國而喝啤酒大王則是德國人。

啤酒是用大麥芽、啤酒花（hop）釀造而成的低酒精度碳酸氣飲料，啤酒釀造分為英國式及德國式兩種，其酒精度約 4℃至5℃，依製造程序和原料的配方不同，可細分為多種不同類型（一般是原料—醣化—發酵—貯酒—過濾—成品）。

啤酒發酵一般分為上面發酵及底部發酵兩種。

一、生啤酒

啤酒發酵後，經過濾並加碳酸氣。但未經過加溫殺菌程序者為生啤酒。生啤酒味道鮮美、可口，但至多只能保存一個星期。

二、熟啤酒、貯藏啤酒

(一)底部發酵

1. Pilsener是源起於捷克皮爾森的淡色啤酒，台灣啤酒即屬此類型，貯存時間為二至三個月。
2. Dortmund也是淡色啤酒，啤酒花用量比Pilsener少，貯存時間略長，約三至四個月。
3. Munich為深棕色帶麥芽香的啤酒，略帶苦味，苦味較弱，貯酒時間三至五個月。
4. Vienna為琥珀色、酒精濃度略高的啤酒，無麥芽味或甜味，啤酒花的苦味也較淡。
5. Bock為深褐色、酒性較烈的啤酒。
6. Dry為乾啤酒，低卡路里，高酒精含量，濃烈的啤酒。

(二)上面發酵

麥酒（ale）為傳統英國式啤酒，與lager的差別在於採用上面酵母發酵，貯酒期較短，一般顏色較深，麥芽香味較濃。

三、黑啤酒、烈酒（stout）

一種顏色最深的麥酒型啤酒，帶甜味、焦味和強烈麥芽香味，啤酒花用量較高，泡沫持久性良好。

四、飲用方法

■ 溫　度

1.夏天6℃～8℃。
2.冬天10℃～12℃。

啤酒愈鮮愈香醇，不宜久藏，冰過飲用最為爽口，不冰則苦澀。

溫度過低無法產生氣泡，嚐不出其特有的滋味，飲用前四至五小時冷藏最為理想。

■ 氣泡的作用

1.氣泡在防止酒中的二氧化碳失散，能使啤酒保持新鮮美味，一旦泡沫消失，香氣減少，則苦味必加重，有礙口感。
2.斟酒時應先慢倒，接著猛衝，最後輕輕抬起瓶口，其泡沫自然高湧而一口氣或大口一飲而盡，則是炎夏暢飲啤酒的一大享受。

五、酒杯

飲用啤酒與洋酒一樣，什麼類型的啤酒須用何種的杯子盛裝，雖沒硬性規定，但習慣與禮節配合使用，會使您更為瀟灑更為體面。

1.淡啤酒杯。
2.生啤酒杯。
3.一般啤酒杯。

第四節　咖　啡

咖啡是熱帶的常綠灌木，可生產一種像草莓似的豆子，一年成熟三至四次。它的名字是由阿拉伯文中Gahwah或Kaffa衍生而來。依索比亞西南部據說是首先把咖啡當成飲料的地方。

阿拉伯人的傳說是，卡爾迪（Kaldi）──一名阿比西尼亞（Abyssinian）牧羊者，看到他的羊在吃這種草莓樣的東西，且注意到隨後山羊不尋常的輕率舉動（frivolity）。後來卡爾迪也種了這種類似草莓的豆子，並經驗到一種使自己愉快的感覺。結果，由於消息傳播各地，僧侶們將豆子浸泡到熱水中，而咖啡就這樣約在西元八五〇年時被發現了。

一、貯存及保有咖啡時應注意的要點

1. 將咖啡貯存在通風良好的貯藏室中。
2. 研磨好的咖啡，使用密閉或真空包裝，以確保咖啡油（coffee oil）不會消散，導致風味及強度的喪失。如果咖啡不是很快就要用到，可以保存在冰箱中。
3. 循環使用庫存物，並核對袋子上之研磨日期。
4. 貯存咖啡不要靠近有強烈味道的食物。

　　盡可能只在需要時，才將咖啡豆研磨成咖啡粉。咖啡與胡椒子一樣，在研磨後很快即喪失其芳香。使用剛磨好的咖啡，永遠都是最好的。

二、咖啡的種類

　　因產地的不同以及長期的育種改良，咖啡的品種繁多，有的香醇，有的濃苦，各有特色。其名稱多半以產地和品種區分，一般餐飲業常見的有下列幾種：

1. 藍山：為咖啡聖品，清香甘柔滑口，產於西印度群島中牙買加的高山上。
2. 牙買加：味清優雅，香甘酸醇，次於藍山，卻別具一味。
3. 哥倫比亞：香醇厚實，酸甘滑口，勁道足，有一種奇特的地瓜皮風味，為咖啡中之佳品，常被用來增加其他咖啡的香味。

4.摩卡：具有獨特的香味及甘酸風味，是調配綜合咖啡的理想品種。

5.曼特寧：濃香苦烈，醇度特強，單品飲用為無上享受。

6.瓜地馬拉：甘香芳醇，為中性豆，風味極似哥倫比亞咖啡。

7.巴西聖多斯：輕香略甘，焙炒時火候必須控制得宜，才能將其特色發揮出來。

為了帶出咖啡豆之風味及品質，咖啡豆必須加以適當的烘焙。烘焙太輕微會產生一種味淡及無特色的產品；焙煎得較黑則有較強及較不苦的風味。美國的烘焙是最輕微的，義大利的埃斯普雷索（Espresso）是最黑的，在二者之間有許多不同的種類，例如維也納（Vienna）、法國（French）及紐奧爾良（New Orleans）。

早在一九〇〇年間，路德維芝·羅利阿斯·阿傑曼（Ludwiz Roelius Agerman）博士發展了一種以化學的溶劑石油精（benzine）來蒸未烘焙過咖啡豆的製程。在焙煎時，可自咖啡豆中抽出咖啡因的這種方法，他以法文稱之為sans caffine，即「沒有咖啡因」之意。

去咖啡因咖啡（decaffeinated coffee）可以咖啡豆、顆粒狀或即深粉末（powdered instant）的形式來發售。理想上應以剛沖泡的（fresh-brewed）形式來供應。如果熱飲是在備餐室（pantry）中製備，這種方式是易於採行的。如果使用即溶包（instant packet），應該倒在一個預熱過的咖啡壺中，並在廚房中加入熱水。這種壺子與一個加熱過的杯子放在一個墊布上來供應。有些餐飲在用餐室中供應這種即溶包與水，以便向客人保證是去咖啡

因的產品。但是這個方法不被推薦，因為大部分的客人喜歡以較好的方式被服務。

調製咖啡時小心遵循下面步驟，將可以確保調製出最好的咖啡：

1. 使用剛烘焙及研磨好的高品質咖啡豆。
2. 選購適合咖啡機用的研磨顆粒。
3. 確定所有的設備及壺子都是乾淨的。
4. 採用受推薦的咖啡與水之比例。

三、常見咖啡沖調法

咖啡專賣店或是其他餐飲店常使用的沖調法可分為過濾式、蒸餾式、電咖啡壺及咖啡機四種，分述如下：

(一)過濾式沖調法

無論是用濾紙或濾袋，其方法是一致的。在濾紙內放入咖啡粉後，將剛煮沸的水由過濾器的中心緩緩注入，當咖啡粉末完全被浸時，表面完全膨脹起來，隨後便開始一滴滴地過濾出汁。

濾紙的沖水過程一般分為三個階段。第一段使用的水量最少，約只有20％，作用只在把粉末弄溼；咖啡吃水後表面全脹起來，待表面平復下去時，再進行的第二次沖水，水量約30％，沖法一樣要均勻而慢；最後一階段沖水，水量約是50％。

(二)蒸餾式沖調法

蒸餾式沖調的器具，重點在玻璃製的蒸氣咖啡壺和其虹吸作

用，透明玻璃可以很清楚地看見沖泡咖啡的全部過程。這種在國內蜜蜂咖啡店內最為流行的咖啡壺，原始發明人是英國的拿比亞，他在西元一八四○年因實驗的試管觸發靈感，創造金屬材質製作的真空式咖啡壺，成為今日蒸餾式咖啡壺的前身。烹煮時咖啡粉裝在上壺，下壺則裝水，將下壺壺身充分拭乾後，再以酒精燈或瓦斯加熱，等水滾開時便直接插入裝好咖啡粉的上壺。等下壺的水全部升到上壺後，將火轉小，並輕輕攪拌咖啡粉兩至三圈，力量不要太大，然後移開火源。這時上壺的咖啡開始流入下壺，即可倒入杯中飲用。此種用虹吸原理煮出的咖啡較香濃，但一次只能煮少數幾杯，較不適合消耗量大的餐廳。

(三)電咖啡壺沖調法

這是最簡單又方便的過濾沖調法，廣受餐飲業之喜愛。使用時，先將咖啡豆置於碾碎機內攪磨，然後加冷水於水箱，蓋上蓋子，通上電流，即會自動沖泡過濾，滴入底部的壺內。此種沖調法可以大量供應，缺點是咖啡擺放時間若太長會變質、變酸。

(四)咖啡機沖調法

八○年代在國內大為風行的義大利咖啡，最與眾不同的地方是煮咖啡的機器。利用「在密閉容器內，以高溫的水，高壓通過咖啡粉，瞬間萃取咖啡」的基本原理烹煮咖啡。著名的Espresso義式小杯咖啡是典型產品，坊間現在也有兼打泡沫牛奶的機器，帶動 Cappuccino 之流行風潮。

第五節　茶

　　茶樹多生長在溫暖、潮濕的亞熱帶氣候地區，或是熱帶的高緯度地區，主要分布在印度、中國、日本、印尼、斯里蘭卡、土耳其、阿根廷以及肯亞等國家，其中則以中國人飲用茶的記錄最早。

　　茶園中的茶樹通常被栽植成樹叢的形狀以利採收，但野生茶樹可長至三十英呎高，傳說中國人會訓練猴子去採茶。當茶樹的初葉及芽苞形成時，就可將新葉摘取加工製作；雖說一年四季都有新葉長成，可供採收，但是專家們認為最理想的採取季節應該是四月及五月的時候。

一、茶的種類

　　根據《現代育樂百科全書》中記載，茶葉依據發酵程度的差異可分為不發酵茶、半發酵茶和全發酵茶三種，不論製作方式、外觀、口感都各具特色（**表9-2**）。

(一)不發酵茶

　　不醱酵茶就是我們稱的綠茶。此類茶葉的製造，以保持大自然綠茶的鮮味為原則，自然、清香、鮮醇而不帶苦澀味是它的特色。不發酵茶的製造法比較單純，品質也較易控制，基本製造過程大概有下列三個步驟：

表9-2 　主要茶葉識別表

類別		發酵程度	茶名	外　　形	湯色	香氣	滋　　味	特　　性	沖泡溫度
不發酵	綠茶	0	龍井	劍片狀（綠色帶白毫）	黃綠色	菜香	具活性、甘味、鮮味。	主要品嚐茶的新鮮口感，維他命C含量豐富。	70℃
半發酵	烏龍茶（或清茶）	15％	清茶	自然彎曲（深綠色）	金黃色	花香	活潑刺激，清新爽口。	入口清香飄逸，偏重於口鼻之感受。	85℃
		20％	茉莉花茶	細（碎）條狀（黃綠色）	蜜黃色	茉莉花香	花香撲鼻，茶味不損。	以花香烘托茶味，易為一般人接受。	80℃
		30％	凍頂茶	半球狀捲曲（綠色）	金黃至褐色	花香	口感甘醇，香氣、喉韻兼具。	由偏於口、鼻之感受，轉為香味、喉韻並重。	95℃
		40％	鐵觀音	球狀捲曲（綠中帶褐）	褐色	果實香	甘滑厚重，略帶果酸味。	口味濃郁持重，有厚重老成的氣質。	95℃
		70％	白毫烏龍	自然彎曲（白、紅、黃三色相間）	琥珀色	熟果香	口感甘潤，具收斂性。	外形、湯色皆美，飲之溫潤優雅，有「東方美人」之稱。	85℃
全發酵	紅茶	100％	紅茶	細（碎）條狀（黑褐色）	朱紅色	麥芽糖香	加工後新生口味極多。	品味隨和，冷飲、熱飲、調味、純飲皆可。	90℃

1.殺菁：將剛採下的新鮮茶葉，也就是茶菁，放進殺菁機內高溫炒熱，以高溫破壞茶裡的酵素活動，中止茶葉發酵。

2.揉捻：殺菁後送入揉捻機加壓搓揉，目的在使茶葉成形，破壞茶葉細胞組織，使泡茶時容易出味。

3.乾燥：製作不發酵茶的最後步驟，是以迴旋方式用熱風吹拂反覆翻攪，使水分逐漸減少，直至茶葉完全乾燥成為茶乾。

(二)半發酵茶

半發酵茶是中國製茶的特色,是全世界製造手法最繁複也最細膩的一種茶葉,當然,所製造出來的也是最高級的茶葉。

半發酵茶依其原料及發酵程度不同,而有許多的變化,基本上來說,不發酵茶是茶菁採收下來後即殺菁,中止其發酵,而半發酵茶則是在殺菁之前,加入凋萎過程,使其進行發酵作用,待發酵至一定程度後再行殺菁,而後再經乾燥、焙火等過程。中國著名的烏龍茶為半發酵茶的代表。

(三)全發酵茶

全發酵茶的代表性茶種為紅茶,製造時將茶菁直接放在溫室槽架上進行氧化,不經過殺菁過程,直接揉捻、發酵、乾燥。

經過這樣的製作,茶葉中有苦澀味的兒茶素已被氧化了90%左右,所以紅茶的滋味柔潤而適口,極易配成加味茶,廣受歐美人士歡迎。

二、泡茶的用具

喝茶的習慣源自於中國,中國人喝茶,由「解渴」而「品茗」再到「茶藝」,經過一段漫長的歷史演變後,對於茶具的講究,已臻於極致。因此在談茶具的使用,便不能不談中國茶的泡茶品茗用具。一般泡茶所需的茶具除了茶壺外,包括茶杯、茶船、茶盤和茶匙等,其不同的功能如下:

1.茶杯:茶杯有二種,一是聞香茶,二是飲用杯。聞香杯較

瘦高，是用來品聞茶湯香氣用的，等聞香完畢，再倒入飲用杯。飲用杯宜淺不宜深，讓飲茶者不需仰頭即可將茶飲盡。茶杯內部以素瓷為宜，淺色的底可以讓飲用者清楚地判斷茶湯色澤。有時為了端茶方便，杯子也附有杯托，看起來高尚，取用時也不會手直接接觸杯口。

2. 茶船：茶船為一裝盛茶杯和茶壺的器皿，其主要功能是用來燙杯、燙壺，使其保持適當的溫度。此外，它也可防止沖水時將水濺到桌上，燙傷桌面。

3. 茶盤：奉茶時用茶盤端出，讓客人有被重視的感覺。

4. 茶匙：裝茶葉或掏空壺中茶渣的用具。

完備的茶具，不僅能讓茶葉的滋味恰如其分地發揮，也可讓飲茶者充分體驗茶藝精緻優雅的內涵。

十七世紀，當飲茶之風傳到西方時，附帶的瓷器（china）也成為西洋飲茶的必備用具。然而經幾世紀的演變，現今歐美飲茶的習慣已由附有把柄的茶杯和乾淨方便的茶袋取代。此外，茶托、牛奶壺、小茶匙、糖碗、銀製茶壺和三隻腳的小茶几成為西方飲茶最常見的設備了。

三、茶的製備

所謂「品茗」，是指「觀茶形、察湯色、聞香味、嚐滋味」四個階段，所以在泡茶的過程中，第一步是要選擇好的茶葉。所謂好的茶葉應具備乾燥情形良好、葉片完整、茶葉條索緊結、香氣清純、色澤宜人等條件。

水質的好壞也影響茶味的甘香，蒸餾水雖不能添加茶的甘

香，但也不會破壞其風味，是理想的泡茶用水，自來水中含有消毒藥水的氣味，若能加以過濾或沈澱，也一樣保有茶之甘香。

至於泡茶時的水溫，並非都要用100℃之沸水，而是根據茶的種類來決定溫度。

綠茶類泡茶的水溫就不能太高，70℃左右最適宜，這類茶的咖啡因含量較高，高溫之下會因釋放速度加快而使茶湯變苦。再則高溫會破壞茶中豐富的維他命C，溫度低一點比較能保持。

烏龍茶系中的白毫烏龍，是採取細嫩芽尖所製成的，所以非常嬌嫩，水溫以85℃較適宜。

此外，茶葉粗細也是決定水溫的重要因素，茶形條索緊結的茶，溫度要高些，茶葉細碎者如袋茶等，就不需以高溫沖泡。

在泡茶的過程中也須注意茶葉的用量和沖泡時間。茶葉用量是指在壺中放置適當分量的茶葉，沖泡時間是指將茶湯泡到適當濃度時倒出。兩者之間的關係是相對的，茶葉放多了，沖泡時間要縮短；茶葉少時，沖泡時間要延長些。但茶葉的多少有一定的範圍，茶葉放得太多，茶湯的濃度變高，常常變得色澤深沈，滋味苦澀難以入口；茶葉太少又色清味淡，品不出滋味。

所以，除了經驗外，一般餐飲業的泡茶過程也會藉助科學的計量或是直接使用茶袋來簡化和統一茶的製備。

第十章　餐飲行銷

◆餐飲推銷形式

◆廣告推銷

◆公共關係

◆餐廳推銷方法

◆促銷活動

餐飲推銷指餐廳與顧客雙方互相溝通信息。推銷的過程也就是信息傳遞的過程。餐飲推銷的任務是使目標市場上的顧客知道他們可以在哪個餐廳或其他就餐場所支付合理的價格，享用到適合他們口味的菜餚和服務，說服、影響和促使消費者購買餐廳的產品和服務，並透過他們影響更多的就餐者前來餐廳大量消費、反覆消費，吸引更多的消費者。

　　既然推銷的過程也就是信息傳遞的過程，那麼，在推銷中，我們首先必須確定餐飲推銷的對象，也就是餐廳的顧客對象和潛在對象。他們可以是目前的就餐者，也可以是消費的決策者或影響者；可以是消費者個人、團體或市場上所有的人。

　　但是，不同對象由於對餐廳的認識、熟悉程度不同，對餐廳推銷的反應也不一致。因此，餐飲推銷對不同的消費者來說，所起的作用是不同的。一般而言，餐飲推銷的目的有以下幾個方面：

■ 讓消費者知曉你的餐廳

　　也就是要透過各種形式的推銷，讓消費者知道某餐廳的存在，知道其提供的菜餚產品和服務；此外還要提高他們對餐廳形象和內容的認識程度，這也要透過各種形式的推銷來實現。

■ 讓消費者喜愛你的餐廳

　　這就要求餐廳所提供的產品和服務首先必須是能滿足客人的要求的，如果餐廳的產品和服務有不少不足之處，就應先提高品質，然後再向消費者推銷和介紹。

■ 讓消費者偏愛你的餐廳

　　餐廳要著重宣傳自己的菜餚質量、價值、績效和其他優點，造成消費者在同行競爭中偏好你的餐廳。

■ 讓消費者信服你的餐廳

信服是導致購買的前奏，也是促使其反覆光顧你的餐廳的基礎。因此，要透過推銷和實實在在的經營管理，使消費者對光顧你的餐廳所獲得的質量、價值深信不疑。

■ 促使消費者光顧你的餐廳

透過推銷和各種促銷活動，爭取使信服你的餐廳的客人立即光顧你的餐廳。

明確了解推銷的目的以後，要確定推銷的內容，即向客人提供哪些信息，然後必須確定推銷的媒介和形式。①

第一節 餐飲推銷形式

餐飲推銷的形式是指有關餐飲信息溝通的管道。餐飲推銷的形式可分為兩大類：

1. 人員傳遞信息的形式，包括派推銷員與消費者面談的勸說形式；透過社會名人和專家影響目標市場的專家推銷形式；以及透過公眾口實宣傳而影響其相關群體的社會影響形式。
2. 非人員推銷形式，包括透過各種大眾傳播媒介的推銷；餐廳裝潢氣氛設計特別而吸引顧客的環境推銷；以及透過特殊事件而進行的推銷等等。下面我們將分別論述。

一、人員推銷

人員推銷是推銷人員透過面對面的洽談業務，向餐廳的客戶

提供信息，勸說客戶購買本餐廳的產品和服務的過程。

與其他推銷形式相比較，人員推銷有以下的特點：

1. 它是一種面對面的洽談推銷形式，便於雙方及時溝通，避免誤解，有利於推銷人員針對客戶的需求提供餐飲信息，幫助客戶購買。

2. 有利於建立和培養關係，透過面對面的溝通，取得互相之間的信任，可以建立起定期的業務聯繫。

3. 人員推銷當面直接成交的機會較高。當然，人員推銷也是成本費用較高、效率低的一種推銷方法。

餐飲部門的人員推銷主要適用於宴會推銷和其他大型活動、會議等等。很多大、中型飯店在宴會部設專門的推銷人員，從事餐飲活動的推銷工作，他們對餐飲業務比較精通，受餐飲部領導，職責明確，推銷效果比較好。

二、人員推銷的程序

■ 收集信息，發現可能的主顧，並進行篩選

餐飲推銷員要建立各種資料信息簿，建立宴會客人檔案和用餐者檔案，注意當地市場的各種變化，了解本市的活動開展情況，尋找推銷的機會。特別是那些大公司和外商機構的慶祝活動、開幕式、週年紀念、產品獲獎、年度會議等信息，都是極有推銷意義的。

■ 計畫準備

在上門推銷或與潛在客戶接觸前，推銷人員應作好銷售訪問準備工作，確定本次訪問的目的、要訪問的對象，列出訪問大

綱，備齊推銷用的各種餐飲資料、菜單和照片、圖片等。

■ 銷售訪問，洽談業務

訪問一定要守時，注意自己的儀容和禮貌，自我介紹，並直接了當地說明來意，儘量使自己的談話吸引對方。

■ 介紹餐飲產品和服務

著重介紹本飯店餐飲產品和服務的特點，針對所掌握的對方需求介紹，引起對方的興趣，突出本飯店所能給予客人的利益和額外利益，還要設法讓對方多談，從而了解對方的真實要求，再證明自己的產品和服務最能適應客人的要求。介紹餐飲產品和服務還要藉助於各種資料、圖片、場地佈置圖等。

■ 處理建議和投訴

碰到客人提出建議時，餐飲推銷人員要保持自信，設法讓顧客明確說出懷疑的理由，再透過問題的方式，讓他們在回答問題中自己否定這些理由。對客人提出的投訴和不滿，首先應表示歉意，然後要求對方給予改進的機會，千萬不要為贏得一次爭論勝利而得罪客人。

■ 商定交易和追蹤推銷

要善於掌握時機，商定交易，簽訂預訂單。這時要使用一些技巧，如代客下決心、給予額外利益和優惠等等爭取訂單。一旦簽訂了訂單，還要進一步保持聯繫，採取追蹤措施，逐步達到確認預定。即使不能最終成交，也應透過分析原因，總結經驗，保持繼續向對方進行推銷的機會，便於以後的合作。②

三、電話推銷

電話推銷包括餐飲推銷人員打電話給顧客進行推銷，和推銷人員接到客人電話進行推銷。電話推銷要注意：

1. 迅速接電話或找到客人要尋找的推銷人員。
2. 作自我介紹，詢問客人的要求。
3. 語言誠懇、禮貌。
4. 作好電話紀錄，以免遺忘。
5. 中途不要讓客人久等。
6. 電話中推銷自己的產品和服務時力求精確，突出重點。
7. 商定面談和進一步接觸的時間地點，感謝客人來電。

四、人員推銷的管理

1. 制定推銷計畫，特別是餐飲經營的淡季推銷計畫。
2. 推銷計畫持之以恆，只有不斷地和客人聯繫，才能收到推銷的效果。
3. 保存精確的推銷記錄，建立客史檔案。
4. 作好市場分析，了解競爭對手的推銷方法，知己知彼。
5. 建立合理的推銷網路，可按地理佈局畫分推銷範圍，也可按自己的產品和服務種類畫分推銷範圍，或者根據不同行業的顧客畫分範圍。
6. 建立客戶資料檔案，以確定不同客戶是否給予賒帳優待。

7. 認真檢討取消預定報告和喪失營業機會報告，及時總結，
   以利進一步推銷。
8. 加強推銷質量控制，不斷培訓餐飲推銷人員。
9. 定期評估推銷績效，檢查每日推銷日記和銷售訪問報告。
10. 加強對銷售訪問的控制。

值得強調的是，除了上述意義的人員推銷外，還應強化全員
推銷的概念。所有與顧客接觸的飯店員工都是義務的推銷員，故
要將餐飲活動的各種信息傳播給每一個員工。此外，在餐飲部我
們的儀表、儀容、微笑、準確、優質的服務本身，以及所給予客
人的任何建議從廣義上說都是人員推銷的組成部分。

第二節　廣告推銷

一、餐飲廣告

廣告是餐飲推銷較常見的方法之一。它透過報刊雜誌、廣播
電視等宣傳媒介，把有關的餐飲經營和服務信息有計畫地傳遞給
消費者，直接或間接地促進產品和服務的銷售。

(一)餐飲廣告的作用

1. 宣傳飯店的餐飲設施及其產品和服務。
2. 刺激消費者的需求，透過各種類型的廣告，引起消費者到
   本餐廳就餐的欲望，或影響他們選擇就餐地點的決策。

3.抵銷、削弱其他競爭對手的廣告影響，這種防禦性的廣告可以防止客源被競爭對手奪取。

4.宣傳餐飲新產品，促使消費者立即購買。

5.加強淡季促銷，穩定餐飲經營，減少銷售量的波動、

(二)餐飲廣告的籌畫程序

1.識別廣告要吸引的是就餐對象，了解他們的地理分布、收入、對本餐廳的態度及心理狀況，有針對性地設計廣告。

2.確定餐飲廣告的目的，是為了短期效益還是長期效益，是為了擴大影響還是直接銷售。

3.設計能打動、吸引人的廣告詞和廣告提綱，突出自己的風格和特點。

4.確定餐飲廣告的預算。通常預算的方法有：
   ・根據總營業額的一定比例。
   ・根據實際經濟能力。
   ・根據競爭對手的預算。
   ・根據目標和任務確定預算。

5.選擇合適的廣告媒介和廣告公司。

6.製作和審查廣告稿。

7.核定廣告的效果。

(三)餐飲廣告的種類

各種廣告媒介都有自己的特點，決策人員要根據自己製作廣告的目的，選擇適合自己需要的廣告媒介。

■ 報紙廣告

在報紙上作餐飲廣告目前已很普遍，報紙的時間性強、迅速，便於剪下保存，費用也較電視廣告等便宜。適合於作食品節、特別活動、小包價等餐飲廣告，也適合於登載優待券，讓客人剪下憑券給予優惠。要注意登載的頻率、版面、廣告詞和大小、色彩等。

■ 雜誌廣告

雜誌廣告的最大特點是針對性強，不同的人閱讀不同的雜誌，這便於決策者根據就餐者對象選擇其常讀的雜誌作廣告，雜誌的吸引力也較強，紙張、印刷質量高，對消費者心理影響顯著。例如針對外賓、常駐外商機構和商務旅行者的雜誌廣告可選擇《美食世界》、《吃在中國》等雜誌。

■ 電台廣告

電台廣告較適合於作針對本地消費者的餐飲廣告。不同的節目擁有不同的聽眾，穿插其間的餐飲廣告可穿插在戲曲和有關老年人健康的節目中；針對年經人和現代企管人員、專業人員的可穿插在輕音樂等節目中。不同的時間其廣告吸引的對象也不同，一般而言，白天上班時間只能吸引老年人和家庭主婦。電台常常用主持人與來訪者對答形式作廣告，比較親切。

■ 電視廣告

電視廣告的宣傳範圍廣，表現手段豐富多彩，是唯一能同時使用文字、圖畫、聲音、色彩和動作的廣告，吸引力很強。但電視廣告的費用高、屬瞬時廣告無法持久保存，電視廣告適合作宣傳餐廳設施和形象的廣告、特別活動的廣告等。針對外賓、常駐機構的電視廣告最好安排在新聞，特別是外文新聞的前後效果更好。

■ 直郵廣告

即直接寄給消費者的廣告。它具有針對性強、能使讀者感到親切、競爭少、靈活和便於衡量績效等優點，但它手續繁雜、費用高，收信人的姓名、地址也不易收集。直郵廣告適合於介紹飯店特別餐飲活動、新產品和服務、新餐廳開業和吸引本地的常駐機構、外資企業和大公司等。

■ 戶外廣告

指用於交通路線、商業中心、機場車站和車輛行人較多的地方的廣告牌。它的顯露時間長、費用低，適合於宣傳餐飲設施，樹立形象廣告。戶外廣告有招貼廣告、繪製廣告、餐廳招牌廣告等類型。

■ 交通廣告

繪製在汽車等交通工具上的廣告，一般是以當地消費者為對象。

■ 現場廣告

張貼和樹立在大型活動場所的廣告都屬現場廣告。

■ 電梯廣告

飯店的電梯是餐飲設施的理想宣傳場所，可以用來介紹各種餐廳、酒吧和娛樂設施，對住店客人有較大的推銷作用。③

二、宣傳推銷

有一位作家曾經說過：「比被人議論更糟的事情只有一件，那就是不被人議論。」如果經營的餐廳是第一流的，始終為客人提供高質量的產品和服務，那麼，自然希望被人談論。

宣傳與廣告的區別在於宣傳是不付費用的。宣傳，是指藉助

於各種媒介報紙、電視、電台等，提供信息，以引起公眾對某件事的關注。更重要的是：以新聞消息出現的宣傳比廣告更能獲得消費者的信任。

餐飲宣傳的要點是：

1. 善於把握時效，捕捉在飯店舉行的有新聞價值的事件向新聞界投稿。
2. 大型宴會活動、娛樂活動等，要邀請新聞界的代表參加，事先通報這些活動的有關情況，送呈正面的「內情」通報或自擬的新聞稿。
3. 有專人負責新聞稿的撰寫、新聞照片的拍攝，加強與新聞界的溝通和聯繫。
4. 尋找機會，與報紙、電台、電視台等聯合舉辦有關食譜、飲食的專輯和節目，既能提高餐飲部門的聲譽，又能近水樓台，為自己的經營特色、各種銷售活動進行宣傳。
5. 也可製作付費的專輯文章，這些實際上是文章廣告，對吸引讀者的注意效果較好。

第三節　公共關係

公共關係，指人們、企業、組織與公眾發展良好關係所使用的方法和所進行的各種活動。

餐飲公關的任務，是要加強與公眾的聯繫，提高本餐廳的知名度，創立良好的餐廳形象，並透過社會輿論，影響就餐者的購買行為。

餐飲公關活動的策略有兩種：

1. 積極的公關策略。透過加強與公眾聯繫方面的活動，儘可能地樹立餐飲部門的社會聲譽。積極參加各種公益活動，如慈善事業、救災活動、給予老人、兒童各種優惠等，擴大自己的聲譽。
2. 消極防守性的公關策略。即透過開展公眾關係方面的活動，來避免餐廳聲譽的不利影響。如偶然發生的食物中毒和其他事故，著重宣傳飯店如何認真負責、積極、妥善地為就餐者排除解難，清查事故，確保不再發生的各種行為，以減少對餐廳的不利影響。

餐飲部門一般不設專職的公關人員，但餐飲部的經理、餐廳經理、接待員以及每一個和客人接觸的服務員都負有公關的責任。要樹立起他們的公關意識。餐廳營業期間，經理人員必須到現場與重要客人、常客接觸，了解他們對飯店飲食的意見，禮貌性地招呼、迎送客人，給客人留下美好的印象，以促使其成為本餐廳的忠實常客。

第四節　餐廳推銷方法

現代餐飲經營是一種競爭激烈、更新較快的行業，它要求經營管理者不斷探索新招，力求引導潮流，才能立於不敗之地。下面我們介紹幾種常見的推銷術。

一、餐廳的主題與創意設計

餐廳的設計與佈置應力求有一個獨特、鮮明的形象,讓顧客光顧後留下深刻的印象,才能在競爭激烈的市場上以自己的特色而占有一席之位。下面的介紹會幫助讀者打開一些思路,提高創造力。

(一)餐飲形象設計

要規定餐廳統一的店徽,印刷在自己的菜單、節目單、廣告和其他宣傳品上,用來突出自己的形象。飯店的特色餐廳一般都是獨立作廣告,以進行宣傳。還要考慮使用統一的顏色基調,使餐廳形象更突出。

(二)異國情調的設計

餐廳選用一國的特色來設計佈置,收集該國的民俗工藝品在店內展示裝飾,用該國的國旗、國花和民俗來渲染氣氛,其家具、設備也有一定的異國特色,推銷該國的菜餚或酒類。在辦異國美食節時也適用此法。一般一個餐廳只具有某一國的色彩,但若是分成若干小廳房的餐廳則也可用不同國家的特色來裝飾,供客人挑選。

(三)寵物餐廳

有許多供應野味的餐廳和吸引兒童為主的餐廳常佈置成動物園似的餐廳,顧客一進餐廳就聽到動物的叫聲:鳥、狗、青蛙等,還用鸚鵡招呼客人「歡迎、請進」,或用英文招呼客人。餐

廳內張貼各種寵物的照片，如各類狗、貓、昆蟲的圖片等，附有簡介和寵物比賽的新聞，來吸引客人。

(四)運動餐廳

有些餐廳在一側設小型室內高爾夫練習場，依照顧客打入洞次數，餐廳可打折扣。也有的餐廳備有握力針、背肌力測定器、飛鏢、擴胸器等，來吸引愛好運動的顧客。

(五)未來世界情調的餐廳

以新型太空材料裝潢，讓人有置身時光隧道般的氣氛中。將未來世界的知識性、超現代感用來作為吸引人的推銷手段。

二、服務花招與推銷

欲推銷於提供的額外服務中是常見的推銷方法。許多餐廳常常用各種服務上的名堂來吸引客人，如：

1. 知識性服務：在餐廳備有報紙、雜誌、書籍等以便客人閱讀，或者播放外語新聞、英文會話等等節目。或者將餐廳佈置成有圖書館意義的餐廳。
2. 附加服務：如在午茶服務時，贈送一份蛋糕、西餐廳給女士送一支鮮花等等。
3. 表演服務：用樂隊伴奏、鋼琴演奏、歌手駐唱、現場電視、卡拉OK等形式，產生推銷的作用。
4. 情調服務：白天是正統的餐廳，晚間則改為俱樂部、酒廊、卡拉OK、歌廳等，具有充分利用場地的優點。

5.折扣優惠：折扣優惠一般是要鼓勵客人反覆光顧和在營業的淡季時間裡購買、消費。因此在消費達到一定的數額或次數後，將給予一定的折價優惠，另外，餐廳在淡季和非營業高峰時間推廣「快樂時光」，實行半價優惠和買一送一等推銷方法。

這些服務上的名堂，在推廣時要注意：⑴有一定的新奇性，不落俗套；⑵有話題性，能吸引人們的注意，並產生影響；⑶具有幽默性，生動活潑。

三、建議式推銷

服務人員的推銷語言對推銷效果起著至關重要的作用，要培訓所有前台服務人員掌握語言的技巧，用建議式的語言來推銷自己的產品和服務。學會說：「請問，餐前來杯雞尾酒怎麼樣？曼哈頓雞尾酒是我們本週特選。」而不是說：「要不要雞尾酒啊？」學會說：「請問餐後是來一塊巧克力蛋糕還是喝杯香濃的瑞士咖啡？」不要說：「要蛋糕和咖啡？」

建議式的推銷要注意幾個關鍵問題：

1.儘量用選擇句，而不是簡單地讓客人用「要」和「不要」回答的一般疑問句。
2.建議式推銷要多用描述性的語言，以引起客人的興趣和食慾。「一份冰淇淋」遠沒有「一份新鮮加州桃做的冰淇淋」來得有誘惑力。
3.建議式推銷要掌握好時機，根據客人的用餐順序和習慣推銷，才會收到更好的效果。

四、餐廳烹飪與推銷

將部分菜餚的最後烹製在餐廳裡進行是一種有效的現場形式。它可以渲染氣氛，透過其烹製，讓客人看到形，觀到色，聞到味，從而促使他們的衝動決策，使餐廳獲得更多的銷售機會。

適合在餐廳烹製的菜餚很多，西餐中的牛排、燃焰、甜品和愛爾蘭咖啡等更適合於在餐廳燒製。中餐中的拔絲類菜餚、拉麵、片烤鴨等也可在餐廳操作表演。餐廳烹製要具備一定的條件，特別是有較好的排風裝置，以免油煙影響到其他客人，污染餐廳。另外，餐廳的酒類銷售、沙拉、甜品服務等，採用餐廳現售的方法，也更有利於推銷，提高銷售量。

五、試吃

有時餐廳想特別推銷某一菜餚，如各種名點、烤全羊、烤火腿等菜餚時，還可採用讓顧客試吃的方法促銷，用車將菜餚推到客人的桌邊，讓客人先品嚐一下，如喜歡就請現點，不合口味的再請點其他菜餚，這既是一種特別的推銷，也體現了良好的服務。大型宴會也常採用試吃的方法來吸引客人，將宴會菜單上的菜餚先請主辦人來品嚐一下，取得認可，也使客人放心，這同時也是一種折扣優惠，免費送一桌筵席。

六、讓客人參與的推銷

推銷只有能讓客人自己參與進去才能獲得好效果，也才能成

為活動，讓客人留下較深的印象。

如當某一特別的菜餚推出時，附一張空白的烹製方法卡給客人，讓客人填寫後交還餐廳，這種類似小測驗的推銷，既能為客人贏來中獎免費用餐的優惠，又提高了該菜餚的銷售量。

又如為了鼓勵客人反覆購買某一菜餚產品，像漢堡包、義大利 pizza，附一張卡片，說明收集十張卡片後，可免費獲得一份贈送品。讓客人參與的推銷還可用來推銷自助沙拉、甜點等等，客人花錢少，又可各取所需，數量又不受限制，嘗試的客人較多，而餐廳也可透過薄利多銷獲得可觀的收入。

第五節　促銷活動

一、店內促銷活動

店內促銷活動是以招徠客人和娛樂為目的，而製造出具有話題性且能吸引客人參加的一種促銷方法。餐廳原本是提供食品、飲料的場所，而現在它已脫出昔日的巢臼，具有愈來愈多的功能。

舉辦店內促銷活動，必須掌握幾項原則：

■ 話題性

舉辦的活動要具有新聞性，能夠產生話題，引起大眾傳播媒介的興趣，從而吸引客人。

■ 新潮性

也就是要有現代感，陳腔濫調的花樣，非但不能起到推銷的

作用，還可能影響餐廳的聲譽。

■ 新奇性、戲劇性

人們普遍有好奇的心理，一個世界最大的漢堡包會吸引許多人去觀賞、品嚐，一根世界最長的麵條也具有同樣的推銷效果。

■ 即興性、非日常性

既是促銷活動，一般只能在短期內產生效果，否則就毫無話題性、新奇性可言了。

■ 單純性

這一原則常常被忽略，有時一件極富創意的促銷活動，卻由於過分地拘泥細節，而變得複雜化，失去了效果。

■ 參與性

舉辦的活動應儘量吸引客人參與，歌星駐唱、鋼琴演奏遠不如卡拉OK的參與性高，後者也更能調節氣氛。

下面介紹幾種店內促銷活動的方法：

(一)組織俱樂部促銷

各種餐廳、酒吧都可以吸引不同的俱樂部成員，酒店是俱樂部活動的理想場所。餐飲部門一方面可以自己組織一些俱樂部，如常客俱樂部、美食家俱樂部、常駐外商俱樂部等等，讓他們享有一些特別的優惠；另一方面也可以和當地的一些俱樂部、協會聯繫，提供場所，供這些協會活動，如當地的企業家協會、藝術家協會等等。酒店可發給他們會員卡、貴賓卡，享受一些娛樂活動和服務的門票免費優惠、賒帳優惠和優先接待的優惠等等，酒吧還可以免費替他們保管瓶裝酒。酒店透過組織這樣的活動，既可以吸引更多的客人，又可以擴大自己的影響，成為許多當地新聞的中心，達到間接的推銷作用。

(二)節日推銷

推銷是要把握住各種機會甚至創造機會吸引客人購買,以增加銷量。各種節日是難得的推銷時機,餐飲部門一般每年都要作自己的推銷計畫,尤其是節日推銷計畫,使節日的推銷活動生動活潑,有創意,取得較好的推銷效果。

■ 春節

這是中國的民族傳統節日,也是在國內過年的觀光客領略中國民族文化的節日。利用這個節日可推銷中國傳統的餃子宴、湯圓宴,特別推廣年糕、餃子等等。同時舉辦守歲、喝春酒、謝神、戲曲表演等活動,豐富春節的生活,用生肖象徵動物拜年來宣傳。

■ 元宵節

農曆正月十五,可在店內店外組織客人看花燈、猜燈謎、舞獅子、踩高蹺、划龍船、插秧歌等,參加民族傳統慶祝活動,可特別推銷各式元宵。

■ 「七夕」——中國情人節

農曆七月初七,這是一個流傳久遠的民間故事,外國人過慣了自己的情人節,如果我們將「七夕」宣傳一下,印刷一些「七夕」外文故事和鵲橋相會的圖片送給客人,再在餐廳搭座鵲橋,讓男女賓分別從兩個門進入餐廳,在鵲橋上相會、攝影,再到餐廳享用特別晚餐,這將是別有一番情趣的。

■ 中秋節

月到中秋分外明,這天晚上,可在庭院或室內組織人們焚香拜月,臨軒賞月,增加古箏、吹簫和民樂演奏,推出精美月餅自助餐,品嚐鮮菱、藕餅等時令佳餚和親人團聚套餐、家庭筵席。

另外，中國的傳統節日還有很多，如清明節、端午節、重陽節等等，只要精心設計，認真加以挖掘，就能作出有創意的推銷活動。

■ 聖誕節

十二月二十五日是西方第一大節日，人們著盛裝，互贈禮品，盡情享受節日美餐。在飯店裡，一般都佈置聖誕樹和鹿，有聖誕老人贈送禮品。這個節日是餐飲部門進行推銷的大好時機，一般都以聖誕自助餐、套餐的形式招徠客人，推出聖誕特選菜餚：火雞、聖誕蛋糕、李子布丁、碎肉餅等，組織各種慶祝活動，唱聖誕歌，舉辦化妝舞會，抽獎活動等。聖誕活動可持續幾天，餐飲部門還可用外賣的形式推銷聖誕餐，擴大銷量。

■ 復活節

每年春分月圓後的第一個星期日。復活節期間，可繪製彩蛋出售或贈送，推銷復活節巧克力糖、蛋糕，推廣復活節套餐，舉行木偶戲等表演和當地工藝品展銷等活動。

■ 情人節

二月十四日。這是西方一個較浪漫的節日。餐廳可推出情人節套餐，推銷「心」形高級巧克力，展銷各式情人節糕餅，酒吧也特製情人雞尾酒，一根雙頭心形吸管可增添許多樂趣。餐廳還可增加一個賣花女，鮮花當是一筆可觀的收入。同時，舉辦情人節舞會或化妝舞會，舉行各種文藝活動、抒情音樂會及舞蹈、梁山伯與祝英台、羅密歐與朱麗葉等等。

西方的節日也還有很多，如感恩節、萬聖節、開國節、啤酒節等等，他們不但在外國客人中有市場，對國內客人同樣也有一定的吸引力。

(三)內部宣傳品推銷

在店內餐飲推銷中，使用各種宣傳品、印刷品和小禮品，店內廣告進行推銷是必不可少的。

常見的內部宣傳品有：

■ 定期活動節目單

飯店或者餐廳將本週、本月的各種餐飲活動、文娛活動印刷後放在餐廳門口或電梯口、接待櫃台發送，傳遞信息。上述節目單要注意：

1. 印刷質量要與飯店的等級相一致，不能太差。
2. 一旦確定了的活動，不能更改和變動。在節目單上一定要寫清時間、地點、飯店或餐廳的電話號碼，印上餐廳的標記，以強化推銷效果。

■ 餐廳門口的告示牌

招貼諸如菜餚特選、特別套餐、節日菜單和增加新的服務項目等。其製作同樣要和餐廳的形象一致，經專業人員之手。另外，文詞要考慮客人的感受。「本店下午十點打烊，明天上午八點再見」，比「營業結束」的牌子來得更親切。同樣「本店轉播比界杯足球賽實況」的告示，遠沒有「歡迎觀賞大銀幕世界杯足球賽實況轉播，餐飲不加價」的推銷效果佳。

■ 菜單的推銷

固定菜單的推銷作用是毋庸置疑的，很難想像沒有菜單客人將如何點菜。除固定菜單外，還有其他類的推銷菜單，如：

1. 特選菜單：特別推銷一些時令菜、每週特選和新創品種

等，可以豐富固定菜單，也使常客有新的感覺。

2.兒童菜單：增加對兒童的推銷，供應符合兒童口味和數量的菜餚。

3.情侶菜單：供應雙份套餐，菜名較浪漫，菜餚也比較符合年輕人的口味。

4.中年人菜單：根據中年人體力消耗的特點，提供滿足他們需求的熱量的食品，吸引講究美容的這部分客人。這種菜單往往被客人帶走的較多，應印上餐廳的地址、訂座電話號碼等等，以便推銷。另外房內用餐菜單和宴會菜單等都具有同樣的推銷作用。

■ 帳蓬式台卡

用於推銷某種雞尾酒、酒類、甜品等等，印刷比較精美，也應印上店徽、地址、電話號碼等資料。

■ 電梯內的餐飲廣告

電梯的三面通常被用來作餐廳、酒吧和娛樂場所的廣告，這對住店客人是一個很好的推銷方法。陌生人一齊站在電梯內是較尷尬的，周圍的文字對其則更為有吸引力，也能更好地取得效果。

■ 火柴

餐廳每張桌上都可放上印有餐廳名稱、地址、標記、電話等信息的火柴，送給客人帶出去作宣傳。火柴可定製成各種規格、形狀、檔次，以供不同的餐廳使用。

■ 小禮品推銷

餐廳常常在一些特別的節日和活動時間，甚至在日常經營中送一些小禮品給用餐的客人，這些小禮品要精心設計，根據不同

的對象分別贈送，其效果會更為理想。常見的小禮品有：生肖卡、特製的口布、印有餐廳廣告和菜單的折扇、小盒茶葉、卡片、巧克力、鮮花、口布套環、精緻的筷子等等，值得注意的是，小禮品要和餐廳的形象、價位相統一，要能取得好的、積極的推銷、宣傳效果。

二、店外促銷活動

(一)外賣促銷活動（outside catering）

外賣是指在飯店的餐飲消費場所之外進行餐飲銷售、服務活動。它是餐飲銷售在外延上的擴大。它不占用飯店的場地，可以提高銷售量，擴大餐飲營業收入，在旺季可以解決就餐場地不足的問題，在淡季也可增加銷售機會，使生意相對平穩。

■ 外賣推銷活動的組織

外賣部通常屬於宴會部的一個部門。由宴會部負責推銷和預訂，交由外賣部落實安排。外賣部擁有專門的外賣貨車和司機、雜工，負責搬運家具、餐具。在外賣車身上，要印上外賣的廣告宣傳，噴漆成醒目的顏色，以引起人們的注意。這本身也是一種促銷的手段。

■ 外賣推銷的對象

1. 外國派駐的使館和領事館等官方機構：這在首都和一些大型口岸城市較多。
2. 外國的商業機構、辦事處：他們頻繁的商業往來會給飯店帶來許多生意，在他們的住所舉辦宴會比較隱密。

3.外商企業：外國企業大都有年慶、酬謝員工的活動，自己的店慶、新產品研製成功、單項工程落成等都會舉行一些活動來慶祝，這些企業往往有一定規模，場地條件好，是外賣的好買主。

4.金融機構：金融機構舉辦的活動也較多，尤其是銀行的年會等，中、外金融機構，都有銷售的機會。

5.政府機構和國營企業：到飯店大吃大喝是一種浪費現象，但如果在本單位舉辦適當規模的酒會、餐會，既花錢少，又可起到聯歡作用。

6.大學院校：適合於舉辦一些酒會、自助餐等，通常開學、畢業、結業等時候舉行。

7.家庭：隨著人民生活水準的提高、住宅條件的改善，家庭外賣筵席在城市地區也同樣有一定的市場。

■ 外賣的推銷方法

外賣同樣要藉助於宣傳媒介，包括利用廣告、郵寄宣傳品、人員上門推銷和新聞媒介的宣傳等傳播外賣的信息。推銷者要作好詳細的本地企業名錄收集工作，分類記入檔案，尋找推銷的機會。另外，良好的公共關係，頻繁地與顧客接觸都產生推銷作用。

(二)針對兒童的推銷活動

根據專家統計，兒童是影響就餐決策的重要因素，許多家庭到餐廳就餐常常是因兒童要求的結果。兒童常去的餐廳是咖啡廳和快餐店，因為這些餐廳往往設有專門為兒童服務的項目。

針對兒童的推銷有以下幾個要點：

■ 提供兒童菜單和兒童分量的餐食和飲料

多給一些對兒童的特別關照會使家長備感親切而經常光顧。

■ 提供為兒童服務的設施

為兒童在餐廳創造歡樂的氣氛，提供兒童座椅、兒童圍兜、兒童餐具，一視同仁地接待小客人。

■ 贈送兒童小禮物

禮物對兒童的影響很大，要選擇他們喜歡的與餐廳宣傳密切聯繫的禮品，以起到良好的推銷效果。

■ 娛樂活動

兒童對新奇好玩的東西較感興趣，重視接待兒童的餐廳常常在餐廳一角設有兒童遊戲場，放置一些木馬、積木、翹翹板之類的玩具，還有的專門為兒童開設專場木偶戲表演、魔術和小丑表演、口技表演等，尤其在週末、週日，這是吸引全家用餐的好方法。兒童節目中常常露面的卡通人物在餐廳露面，對兒童也是一種驚喜的誘惑。另外，餐廳還可以放映卡通片、講故事、利用動物玩具等吸引兒童。這樣做的另一個作用，是兒童盡情玩耍的時候，父母也可悠閒地享用他們的佳餚。

■ 兒童生日推銷

餐廳可以印製生日菜單進行宣傳，給予一定的優惠。現在兒童生日愈來愈受家長的重視，飯店通常推銷的生日宴有「寶寶滿月」、「週歲宴會」等等。

■ 抽獎與贈品

常見的作法是發給每位兒童一張動物畫，讓兒童用蠟筆塗上顏色，進行比賽，給獲獎者頒發獎品，增加了兒童不少樂趣。孩子離開餐廳時，也可送一個印有餐廳名稱的氣球，作為紀念。

■贊助兒童事業，樹立餐廳形象

　　飯店可給孤兒院等兒童慈善機構進行募捐，支持兒童福利事業，樹立企業在公眾中的形象。也可設立獎學金，吸引新聞焦點。贊助兒童繪畫比賽、音樂比賽等也可起到同樣的轟動效應。

(三)針對旅行團的促銷活動

　　團隊生意是飯店、餐廳的重要收入來源之一，尤其是在經營的淡季，餐廳有足夠的場地來招徠各種團體活動和旅行團，要做好旅行團的促銷和接待工作，必須注意以下要點：

1. 了解旅行團的構成和特點，包括其客源、旅行團成員的年齡、消費水準、飲食偏好和其他特別要求，只有弄清了客人的需求，才能合理地組織自己的產品和服務去迎合他們，使他們滿意。
2. 加強與接待單位的溝通和聯繫，特別是握有較多客源的當地接待旅行社。飯店舉行的餐飲、娛樂活動要及時地通報給旅行社。餐飲部門要與旅行社密切配合，保證客人用餐滿意，只有這樣，才能取得旅行社的支持。
3. 了解旅行團的整個參觀路線和各站的接待情況，作好充分的計畫準備工作。只有當你的產品和服務與眾不同時，才能給客人留下不可磨滅的印象。因此，每個團隊的菜單都應經過精心設計，避免與前一站或前幾站的菜單雷同，同時又能反映出地方特色。
4. 一般旅行團以觀光為主，希望多了解當地的風土人情、民族文化和自然景色，在吸引旅行團用餐時，可安排一些民族藝術表演和其他文娛活動，讓他們邊享用餐飲，邊欣賞

演出，會起到更佳的效果。同時，增加一些特別娛樂活
動，也可以增加綜合銷售的機會，使旅行團客人花了錢又
開心。

註　釋

① Christopher W. L. Hart & David A. Troy, *Strategic Hotel/Motel Marketing*

　(Michigan: The Educational Institute of American Hotel and Motel

　Association, 1992), p.175.

② 同註①，p.200.

③ 同註②，p.268.

第十一章　餐飲各類食物的成分及
其營養價值

◆餐飲食物的構成

◆餐飲食物的分類

◆餐飲食物的營養價值

第一節　餐飲食物的構成

　　餐飲食物包含了人類賴以維生的主要營養物質，其中有人體所必須的蛋白質、脂肪、醣類、水、礦物質、維生素，這些成分的性質與功用如下：

一、蛋白質

　　構成人體的主要成分中，水占68％，其次蛋白質占14.4％。蛋白質在細胞內負責許多重要的生理機能，形成體內各種化學反應所需的酵素如氧化酶、去氫酶；形成能運送氧氣至身體各組織的血紅素（hemoglobin）、肌紅素（myoglobin）；形成激素如胰島素、生長激素；形成抗體抵抗疾病；供給熱量等。每公克蛋白質可提供四仟卡的熱量，依東方民族的飲食習性，它提供每日所需10％至15％的熱量來源。

　　氨基酸為構成蛋白質的基本單位，含鹼性氨基（NH_2）與酸性羧基（COOH）。組成人體蛋白質的氨基酸為L—α氨基酸，即氨基與羧基位於同一碳原子上，其結構為：

$$R-\underset{\underset{H}{|}}{\overset{\overset{NH_2}{|}}{C}}-COOH$$

　　由於氨基與羧基可分別與酸、鹼作用，故氨基酸屬於兩性分子（amphoteric substances），其在酸中為陽離子，可與陰離子反

應，在鹼中則相反，可參考下式：

$$R\text{—}CH\text{—}COOH \xleftarrow{H^+} R\text{—}CH\text{—}COO^- \xrightarrow{OH^-} R\text{—}CH\text{—}COO^- + H_2O$$

（左：NH_3^+ 在酸中；中：NH_3^+ 在鹼中；右：NH_2）

由於此種性質，所以氨基酸在某特定pH值時，其分子所帶淨電荷為0，所以在電場中不能移動，pH此值即為其等電點PI（isoelectric point），此時蛋白質分子易凝聚而沈澱，溶解度最小。各種不同的蛋白質有不同的等電點，如酪蛋白（casein）為4.6，卵蛋白為4.5～4.9，乳球蛋白為4.5～5.5。

在氨基酸中有八種是人體不能合成、必定要由食物中攝取者，稱之為必需氨基酸如色氨酸（tryptophan）、離氨酸（lysine）、甲硫氨酸（methionine）、羥丁氨酸（threonine）、纈氨酸（valine）、白氨酸（leucine）、異白氨酸（isoleucine）、苯丙氨酸（phenylalanine）。

食物中含有八種必需氨基酸者，其所含蛋白質品質較好，攝入人體後，合成身體蛋白質的能力較佳，如蛋、奶、肉的蛋白質品質較穀類好，因穀類中如米缺離氨酸，玉米缺離氨酸、色氨酸、異白氨酸，不能提供人體所需的必需氨基酸。

蛋白質由氨基酸所組成，依其結合情形與水解後的產物，可分為下列三大類：①

(一)單純蛋白質

由氨基酸所組成，水解後產物只有氨基酸如白蛋白（albumin，乳蛋白、血清蛋白屬之）、球蛋白（血清球蛋白、蛋類的球蛋白屬之）、穀蛋白（小麥蛋白屬之）、硬蛋白（肉類膠原

蛋白屬之）。

(二)結合蛋白質

蛋白質與非蛋白質的物質如鐵、磷、醣結合而成，如醣蛋白（glycoprotein，蛋類的黏蛋白屬之）、脂蛋白（為血液中脂肪之運輸者）、金屬蛋白（如血液之血紅蛋白及肌紅蛋白屬之）。

(三)衍生蛋白質

指蛋白質部分水解或完全水解的中間產物如蛋白腖 或蛋白腖、凝固的乾酪或煮熟蛋中的蛋白質。

當蛋白質受酸、鹼、熱、光作用後，引起蛋白質分子結構破壞，此時蛋白質之溶解度、生物活性降低，黏度及旋光度增加，稱為變性作用。如將蛋白加熱至40℃以上時，蛋白會凝結；或牛奶加入凝乳劑而產生沈澱，這些均稱為蛋白質變性。

二、脂肪

脂質包括油、脂肪、蠟、磷脂類、醣脂類，這些化合物不易溶於水，但易溶於有機溶劑中。

食品中的脂質可供給人們大量的熱量，每一公克脂肪可供給九仟卡的熱量，亞洲人飲食中20％至30％的熱量由脂肪所供給。除供給熱能之外脂質亦可合成激素，如前列腺素是由次花生油酸（arachidonic acid）合成的；脂質和蛋白質結合成脂蛋白（lipoprotein）為細胞膜的主要成分，油脂以脂蛋白的形式在血液中運送；脂肪組織存於人的皮下組織，具有保護器官的作用；在食物製備中它可以增加食物美味，引發人的食欲。

脂質一般可分為三大類，即單脂類、複脂類及衍脂類，其特性敘述如下：②

(一)單脂類

　　由脂肪酸和甘油或高級醇所形成，一般分為油、脂、蠟三種，油常溫時為液狀，脂常溫時為固體。食品中僅油、脂可為人體吸收利用，蠟則因與脂肪酸結合的醇碳數太多，不能為人體消化吸收，因此不可食用。食物中的脂質大多以油與脂的型態出現，而一般我們將食物中的脂質成分稱為脂肪。

(二)複脂類

　　由中性脂肪與其他物質結合所形成，如與磷結合形成磷脂類，與醣基結合則形成醣脂類，為人體內臟細胞不可缺乏的物質。

(三)衍脂類

　　為單脂類與複脂類水解後所得各種產物，如類固醇（steroid）、脂溶性維生素。

三、醣類

　　醣類由碳、氫、氧三元素所構成，其中氫與氧的比例和水分子一樣是2：1，因此又稱為碳水化合物。植物藉著光合作用，將二氧化碳和水合成醣類，動物則食用植物作為能量來源。

　　在亞洲地區人們每日熱量中有50％至60％由醣類來供給。

　　醣類依其組成可分為單醣類、雙醣類和多醣類，現將日常常

見的醣類，依食物來源、特性介紹如下：

(一)單醣類

不需經消化作用可直接為人體吸收者，稱為單醣，例如葡萄糖（glucose）、果糖、半乳糖（galactose）。

■ 葡萄糖

存在於自然界中的食物以葡萄、無花果、蜂蜜中含量最多，為體內最重要的醣分子，藉著血液循環供全身組織利用，各種醣均須轉變成葡萄糖，方可為人消化吸收。

■ 果糖

存於果汁、蜂蜜、甘蔗中，攝入人體後在肝臟將它轉變成葡萄糖，再為人體利用。其具有以下特性，故在食品製造業中被廣為利用：利用果糖之保濕性做成蛋糕、羊羹；利用其高滲透壓性使得食品較不易腐敗；利用其易與氨基酸作用產生梅納反應（Maillard reaction）的特性使食品具有特有色澤與香味。

■ 半乳糖

為乳糖的水解產物，在肝中轉變成為葡萄糖，再為人體所利用。

(二)雙醣類

由兩分子單醣結合而成，如麥芽糖、蔗糖、乳糖等均屬雙醣。

■ 麥芽糖

為澱粉、肝醣或糊精水解的中間產物，由兩分子葡萄糖結合而成，水解後形成葡萄糖，供給人體吸收利用。

■ 蔗糖

存在甘蔗、甜菜、高粱等食品中，由一分子葡萄糖及一分子果糖結合而成。

■ 乳糖

存於哺乳動物的乳汁中，由一分子半乳糖及一分子葡萄糖結合而成，乳糖稍具促進腸道蠕動作用，一部分乳糖由腸內乳酸菌發酵產生乳酸，使腸內酸度增加，有利於鈣質的吸收。

(三)多醣類

由十分子以上的單醣結合而成，食品中常見的多醣類有澱粉、纖維素及肝醣（**圖11-1**）。

■ 澱粉

存於植物的根莖或果實中，為葡萄糖聚合物，由於葡萄糖排列方式不同，又分為直鏈澱粉與枝鏈澱粉（amylopectin），分述如下：

1. 直鏈澱粉占全部澱粉15％至20％，葡萄糖分子以 α-1,4 結合，排列成直線狀（圖11-1），與碘液反應呈藍色，食品中含直鏈澱粉高者黏性較低。

2. 枝鏈澱粉占全部澱粉之80％至85％，葡萄糖的排列有很多分枝，葡萄糖分子直鏈以 α-1,4 鍵接，枝鏈以 α-1,6 鍵接（圖11-1）。

■ 纖維素

纖維素為構成植物細胞壁的主要成分，其中葡萄糖分子以 β-1,4 結合（圖11-1），與碘液不起反應，在自然界中存量豐富，但它無法為人體消化吸收，其最大功用為協助人體排便。

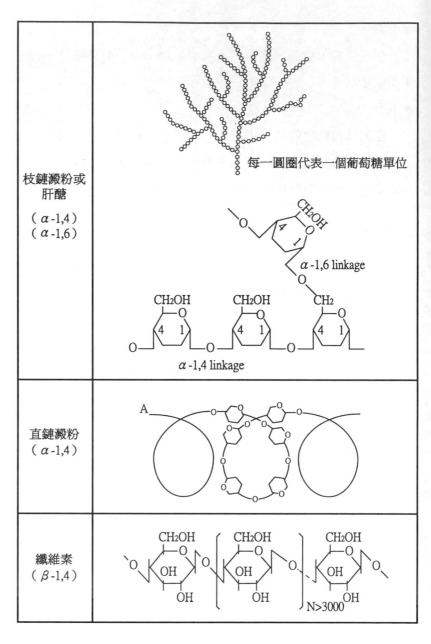

枝鏈澱粉或肝醣 （α-1,4） （α-1,6）	每一圓圈代表一個葡萄糖單位 α-1,6 linkage α-1,4 linkage
直鏈澱粉 （α-1,4）	
纖維素 （β-1,4）	N>3000

圖 11-1　多醣之結構圖

■ 肝醣

又名動物澱粉，主要存於動物的肝臟，其鍵接方式與枝鏈澱粉相同（圖11-1），和碘液反應呈紅色。

四、水

食物中含有多量的水，食品中的水含量會影響食品的組織、彈性、硬度及貯存期限長短，例如我們常以水含量多寡作為判斷穀物品質的標準。

在食品當中，水以二種方式存在：一為結合水（bound water），其藉氫鍵與食品中的蛋白質或醣類的游離基如羧基、氨基等緊密結合，存在於細胞與細胞之間，無法輕易由食品分離，唯有經過冷凍、解凍或機械傷害時方可游離；另一為自由水（free water），其以游離狀態存於食品組織間隙，具游動性，可溶解醣類或鹽類，微生物只可利用此種游離狀態的水，因此自由水會影響食品的安定性。

一九五七年Scott提出「不能以食品中總水量來訂立食品安定性」的看法，並且制定水活性（water activity, Aw）的定義：在同溫度下，密閉系統含有溶質的水分其蒸氣壓（P）與純水蒸氣壓（Po）之比，即平衡相對濕度（equilibrium relative humidity, E.R.H）百分比。

$$水活性（Aw）=\frac{含溶質水蒸氣壓（P）}{同溫度下純水蒸氣壓（Po）}$$

$$=\frac{平衡相對濕度（E.R.H）}{100}$$

表11-1　微生物生長最低限度的水活性

微生物種類	最低限度水活性
一般細菌	0.90
一般酵母	0.88
一般黴菌	0.80
嗜鹽性細菌	0.75
耐乾性黴菌	0.65
耐壓性酵母	0.61

　　水活性與微生物的成長有密切的關係，由**表11-1**可知適合微生物生長之最低限度水活性。

　　水活性愈低微生物愈不易生長，要完全阻止微生物的生長與繁殖，食品水活性需降至0.6以下。純水的水活性為1，一般新鮮食品其水活性為0.8～0.99，此時微生物如黴菌、酵母、細菌均可生長，食品的酵素活性高，化學作用速度快，食物很快就會腐敗；當水活性在0.25～0.8之時，細菌與酵母菌大多不能生長，化學反應速率降低，此時若其他條件亦能配合，食物的保存期限較長。如食用米其水含量在13％至14％時，水活性為0.6～0.64，可抑制黴菌生長；水含量在14％至15％時，水活性為0.64～0.70，則一部分黴菌可生長。因此白米水含量在15％左右，可貯存數個月；水含量超過16％，則放置二至三星期，即開始長黴菌。總之，食品水含量在3％至7％時，微生物不能生長，油脂氧化率低，此時食品品質最穩定；當水含量少於3％時，反而會造成油脂氧化酸敗，因此食品含少量水分可防止油脂氧化。除此之外活性亦受溫度影響，當溫度每下降10℃時，食品水活性亦降低0.01～0.05。

　　食品中的水活性為食品敗壞的主要關鍵，為降低其水活性，達到保存食品的目的，可採用下列方法：

1.加入溶質：例如加糖或加鹽醃漬。

2.除去溶媒：例如濃縮或脫水。

3.降低溫度：例如冷藏、冷凍。

除了食品本身含有的水之外，烹調食物時常需加水，水在製備與烹調時扮演著下列的角色：

(一)作為溶劑

水原本無味、無臭、透明，並且是一種優良的溶劑，此種特性使得在製備與烹調時加入的調味料如糖、鹽、味精能溶解於內，使製備後的成品具有良好的色、香、味。水溶性維生素亦易溶於水，因此清洗或烹調時，應注意不宜浸泡過久、加熱過久或加水太多，以免營養流失。

(二)形成水合物

食物中所含的蛋白質、醣類可與水形成水合物，例如澱粉經過加熱、吸水膨大後才具有黏稠性；又如乾燥食品必須吸收足夠的水才能恢復其原有體積。

(三)促進化學變化

在食物的製備過程中，許多化學變化需依賴水，如發粉、蘇打粉必須與水作用後才能產生二氧化碳，使成品體積變大。

(四)為傳熱媒介

水為良好的傳熱媒介，因此在烹調時為了使成品受熱均勻，常用水來作媒介。如烤布丁時將布丁置於盛水的烤盤，再進爐烘

烤，利用水傳熱均勻的特性，使布丁均勻受熱，否則易製作出局部烤焦的成品。

(五)快速震動產生熱使食物瞬間致熟

微波爐就是利用食物中的水分子每秒震動數百萬次生熱，使食物致熟的原理所作成的。

五、礦物質

動物或植物組織經高溫燃燒後，剩下來的就是灰分，即礦物質，它占人體全部體重的5％，大部分存於骨骼中。礦物質含量雖然不多，但它卻十分重要，不僅為人體骨骼與牙齒的主要成分，亦司體內酸鹼平衡、神經傳導與肌肉的收縮，為構成體內某些機能性分子不可缺少之材料，如血紅素中的鐵、胰島素的鋅、甲狀腺素的碘。

主要礦物質共七種，占全部礦物質含量的60％至80％，包括鈣、鎂、鈉、鉀、磷、硫、氯，其餘含量較少屬微量礦物質。

六、維生素

維生素為人體不能合成的有機物，人體需要量少，但它是維持正常生理機能所不可缺乏的物質，如擔任輔酶，協助三大主要營養素（蛋白質、脂肪、醣類）的新陳代謝；使皮膚、黏膜組織有正常形態；使骨骼鈣化正常等。

依其溶解性可分為二大類，一為脂溶性維生素，如維生素A、D、E、K；另一為水溶性維生素，如維生素B群、C等。

第二節　餐飲食物的分類

　　食物種類繁多，行政院衛生署依食物所含主要營養素，將食物分為下列五大類：③

■ 肉、魚、豆、蛋、奶類

　　此類食物主要含蛋白質、脂肪、礦物質及維生素，尤以奶類含豐富鈣質、維生素 B_2；肉類、蛋類含豐富鐵質。

■ 五穀根莖類

　　此類食物常為東方人的主食，含豐富醣類。

■ 油脂類

　　僅提供脂肪，給予人們極高的熱量。

■ 蔬菜類

　　含豐富的維生素與礦物質，有些蔬菜如毛豆、紅蘿蔔、紅豆還含少許蛋白質及醣類，可提供少許熱量。

■ 水果類

　　含醣類及豐富的維生素、礦物質。

第三節　餐飲食物的營養價值

一、肉類

(一)肉的結構

肉類一般由四個部分所構成，即肌纖維（muscle fiber）、結締組織（connective tissue）、脂肪組織（adipose tissue）及骨骼（bone），現將各部分的特性介紹如下：

■ 肌纖維

肌纖維分為骨骼肌、心肌與平滑肌，骨骼肌附著於骨骼上，占肌肉總量的75％至92％，外由肌膜所包圍，肌膜由蛋白質與脂質構成，具有相當大的韌性，骨骼肌為多核細胞，其細胞質內含水分、豐富蛋白質、脂肪及許多無機成分。骨骼肌纖維長1mm至40mm，又稱為隨意肌，心肌與平滑肌則稱為不隨意肌，心肌纖維長僅0.08mm，為構成心臟之主要肌肉組織。

肌纖維的大小、厚薄及結締組織的多寡影響肌肉組織的軟硬，當肌纖維較短小時，肌肉十分細嫩柔軟，此為上等品質的肉，一般較年輕的動物其肌纖維較嫩，不同動物其纖維亦不同，如家畜肌肉組織較緊密，家禽中如雞肉則較鬆散。

■ 結締組織

為動物皮、腱、韌帶的主要成分，包圍於肌纖維、脂肪組織的外膜，隨著動物年齡增長，結締組織含量亦增加。

依結締組織之型態與性質可將其分為網質纖維（reticular fiber）、膠原纖維（collagen fiber）以及彈性纖維（elastic fiber）。

1. 網質纖維：分布於肌膜、血管、軟骨，形成網狀結構，具有維持組織的功用，在鹼性溶液中會與銀離子結合變成黑色。

2. 膠原纖維：由三條同向排列的多胜鏈藉著分子間氫鍵之作用纏繞成右掌型三股螺旋結構，其中含甘氨酸（glycine）、脯氨酸（proline）及羥脯氨酸（hydroxy-proline）。其存於軟骨、皮中，水解時會形成動物膠（gelatin），溫度下降時則形成凝膠（gel）。

3. 彈性纖維：具有強韌彈性與伸展性，其不受酸、鹼、熱影響，體內胰液的彈性硬蛋白酶（elastase）可將其分解，植物酵素例如鳳梨酶、木瓜酶、無花果酶亦可將它分解。

■ 脂肪組織

由組織細胞所構成，在動物體內脂肪以乳糜化狀態存於肌纖維之中，或以大理石狀態分布於肌纖維間，或存於皮下、器官外圍及體腔內側。脂肪可保留肌肉的溫度，並可增加肉的風味。

■ 骨骼

可作為動物年齡大小的指標，年紀輕的動物骨骼為粉紅色且外形較小，年紀較大的動物由於石灰質積聚，骨骼常呈白色。食物製備前應了解各種常為人類食用的動物之骨骼型態，可作為切割之依據。

(二)肉類的營養價值

各類肉類所含的營養價值如**表11-2**所示，由表中可知肉類含

表11-2　肉類的營養成分（100公克重）

肉類名稱	熱量 (cal)	水分 (g)	蛋白質 (g)	脂肪 (g)	醣 (g)	鈣 (mg)	磷 (mg)	鐵 (mg)	維生素			
									A (IU)	B_1 (mg)	B_2 (mg)	C (mg)
豬肉（肥）	823	7	3	89	—	1	18	0.2	—	0.19	0.04	0
豬肉（瘦）	347	52.8	14.6	31.6	—	12	123	1.5	0	0.65	0.12	0
豬肉（三層肉）	549	32.4	12.3	54.8	—	5	83	1.2	0	0.47	0.09	0
牛肉（瘦）	133	74.2	18.8	5.8	—	8	177	3.6	80	0.08	0.15	0
牛肉（半肥）	265	59.8	16.7	21.5	—	4	90	1.9	—	0.06	0.10	0
羊肉	176	72.6	20.1	10	—	10	134	2.9	0	0.1	0.16	0
雞肉	134	72.3	22.5	4.2	—	12	230	0.8	30	0.16	0.16	0
火雞肉	108	69	25.3	4.5	—	14	231	0.4	—	0.16	0.16	0
鴨肉	183	68.1	21.5	10.2	—	15	190	2	20	0.09	0.27	0
鵝肉	142	72.5	20	6.3	—	12	191	3.3	0	0.16	0.22	0

註：「—」代表微量。

蛋白質、脂肪、鈣、磷、鐵、B_1、B_2以及微量醣類，不含維生素。

■蛋白質

　　肉類蛋白質含有八種人類的必需氨基酸，因此為完全蛋白質，是人類生長所必須。依蛋白質的功能又可分為：

　　1.與肌肉收縮有關者，如肌球蛋白（myosin）、肌動蛋白（actin）、旋轉素（troponin）以及旋轉肌球素（tropomyosin）。肌球蛋白與肌動蛋白稱為結構蛋白，為構成肌纖維的重要成分；旋轉素及旋轉肌球素則稱管制蛋白，管制ATP-actin-myosin化合物的功能。肌動蛋白與肌球蛋白作用結合形成肌動球蛋白（actomyosin），使肌肉變得堅硬，動物死後屍體僵硬即是因為此化合物形成之故。

　　2.色素蛋白質，包括肌紅素、血紅素、細胞呼吸色素

（cytochromes），其中肌紅素存於肌細胞中擔任運送氧氣的
工作，血紅素則在血液中負責將氧氣運到組織中。

3.結締組織蛋白質，即網質纖維、膠原蛋白、彈性硬蛋白。

■醣類

肉類中醣類含量非常少，含肝醣雖較多，但僅有0.1％至3
％，其餘如葡萄糖、麥芽糖、果糖、半乳糖含量很少。

■脂肪

肉類脂肪含量1％至20％，因品種、年齡、性別、飼料、環
境、部位而有不同，以中性脂肪、卵磷脂（lecithin）、神經磷
脂、膽固醇之型態出現，脂肪大多以中性脂肪積存於體內，在肝
及內臟則多為卵磷脂、神經磷脂。

■礦物質

肉類含豐富的鈣、磷、鐵、鈉、鉀、銅、氯、硫、鎂。愈紅
的肉鐵質愈高。

■維生素

肉類不含維生素C，含維生素A、B_1、B_2，尤以內臟如肝、
腎、胰臟所含維生素較多，特別是瘦肉中維生素B的含量非常豐
富。

■酵素

肉中含各種酵素如蛋白酶（protease）、脂解酶（lipase）、磷
脂酶（phosphatase）。將肉放冰箱冷藏，經數天後肉變軟，此乃
因肉中之酵素起分解作用所產生的自體消化（autolysis）。

■其他物質

除上述的成分之外，在肉中尚含有肌酸（creatine）、肌酸酐
（creatinine）、嘌呤（purine）、尿素等物質。

二、魚貝類

(一)魚貝類的分類

■ 魚類（fin fish）

　　指帶有鰭及頭的海產，依捕獲地區之不同又可分為淡水魚與海水魚。

　　淡水魚：指淡水所產的魚類，經濟上具有高度價值，多為養殖漁業如鯉魚、鰱魚、鰻魚、吳郭魚。由於淡水魚養殖場環境易受污染，多含寄生蟲，食用時宜經完全煮熟。

　　海水魚：指由遠洋或近海捕獲的魚類，依捕獲方式不同又可分為：

　　1.表層海水魚：係以大型圍網、流刺網、刺網、魚鏢等漁具加以捕獲的魚類。如臭肉鰮、烏魚、旗魚、鰹魚、黃鰭鮪、高麗鮪、銅鏡鰺、眼眶魚等，表層魚類肉含較多的游離組氨酸，若受微生物污染或在高溫下放太久會形成組織氨，量多會使人產生食物中毒現象。

　　2.養殖海水魚：指以養殖方式來蓄養的海水魚類，如虱目魚、鱸魚、石斑魚、花身雞魚等，具高度經濟價值。

　　3.軟骨魚類：具軟骨的魚類，一般指沙魚類。

　　4.底棲海水魚：係以拖網方式所捕獲的魚類，為白色肉的魚，如狗母、海鰻、扁魚、白帶魚、瓜子魚、白鰻、黃魚、秋姑魚等。

■ 貝殼類（shellfish）

貝殼類又可分為貝類（mollusk）、甲殼類（crustaceans）、頭足類（cephalopada）。

1. 貝類：具有堅硬的外殼，現今由海洋捕獲較少，以養殖者居多，如牡蠣、文蛤、蜆、西施舌、九孔等。
2. 甲殼類：具有硬的肢節，以蝦類及蟹類最具有食用價值，購買此類以鮮度最重要，它們極易因酵素作用而分解，因此有異味時最好不要買。
3. 頭足類：此類海產身軀分為頭部、體部與足部三部分。頭部在中央，足部變成許多支腕圍繞在頭部，又分為烏賊、管魷、章魚三大類。烏賊類包括花枝、墨魚；管魷類包括鎖管與魷魚；章魚類則以章魚為代表。

(二)魚貝類的營養價值

魚貝類含豐富的營養素，例如蛋白質、脂肪、醣、礦物質與維生素，現分述於下：

■ 蛋白質

魚類蛋白質含量由15％至24％，貝類蛋白質含量9％至22％，其蛋白質品質優良且食用後約87％至98％可為人體完全吸收利用。

■ 脂肪

脂肪含量由0.1％至22％，其所含脂肪為W-3系列的脂肪酸，可與蛋白質形成高密度之脂蛋白（high density lipoprotein, HDL），高密度脂蛋白可將器官組織中多餘的膽固醇運送至肝臟，協助人體將膽固醇排出體外，魚油中特含eicosa pentaenoic acid（EPA）之脂肪酸，可減緩血液凝固時間，預防心血管疾病。

■ 醣類

魚貝類的醣類含量僅有0.2％至6.5％，以肝醣與葡萄糖為主。

■ 維生素

魚類肝臟含有豐富的維生素A、D，魚肉及內臟則含維生素B群，如B_6、B_2、菸鹼酸。

■ 礦物質

魚貝類含豐富的鐵、銅、碘、鉀、鈉、鈣、磷，其中紅色魚肉較白色魚肉含較多鐵質，貝類則較魚類含更多的鐵、銅、鉀、碘、鈣，軟骨魚類因整隻進食，故為良好的鈣質來源。

三、蛋類

(一)蛋的結構與組成

由於平常我們多以雞蛋為主要食用的蛋類，現以雞蛋為例，介紹其構造。

■ 蛋殼（egg shell）

占整個蛋重量的10％至12％，平均為10％，厚度約為0.25mm至0.35mm，其外具有表膜（prellicie），其內有卵殼膜（membrance）、氣室（air cell）。正常雞蛋的外形長：寬＝1.5：1。

1.表膜：厚度為5um至10um，主要的成分為黏液蛋白

（mucin），其功用為防止細菌及黴菌侵入卵中，卵若是陳舊或經水洗後，表膜消失，易被微生物侵入，卵之腐敗則會加速。同時當表膜消失後，水分也加速蒸發，使卵的重量減輕。因此，新鮮的蛋外觀粉潔無光澤，卵若變陳舊則表膜消失，使蛋殼上產生光澤。

2. 卵殼膜：分為外卵殼膜（outer membrance）以及內卵殼膜（inner membrance），其作用是保護卵之內容物。

3. 氣室：新鮮的蛋，其氣室之大小直徑為1.5cm，高度為0.3 cm，在雞蛋產下六至六十分鐘內，蛋之內容物冷卻而收縮，使卵殼膜在蛋的鈍端自然剝離而產生。

蛋殼之厚度受下列因素之影響，而有厚薄不同：

1. 季節：冬厚夏薄，春秋季則介於冬夏之間。

2. 氣溫：氣溫高時，因雞的食欲不佳，鈣的攝取量不足，使蛋殼變薄。

3. 飼料的營養成分：若飼料中的鈣、磷、維生素D含量高，則蛋殼較厚。

蛋殼的表面有七千至一萬七千個呼吸孔，尤以鈍端為多，可供給必要的氧氣及排出二氧化碳、調節水分。

■ 蛋白（egg white）

占整個蛋的55％至63％，有一條卵帶（chalaza），固定蛋黃的位置。

1. 外稀蛋白（outer thin albumin），占23％。

2. 中濃蛋白（middle thick albumin），占57％。

3. 內稀蛋白（inner thin albumin），占20％。

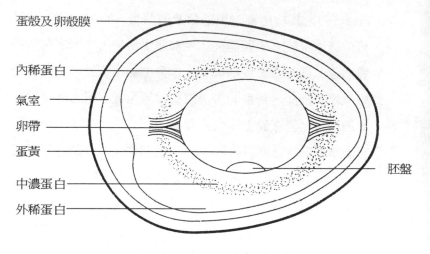

圖11-2　蛋的構造圖

（標示：蛋殼及卵殼膜、內稀蛋白、氣室、卵帶、蛋黃、中濃蛋白、外稀蛋白、胚盤）

■ 蛋黃（yolk）

占整個蛋的26％至33％，可為深黃層（dark yolk layer）、淺黃層（light yolk layer）及卵黃膜（yolk membrance）。

蛋黃為蛋的活力中心，它供給胚胎生長發育所需的營養素，其頂端有一胚盤（未受精者稱為blastodisk，受精卵的胚盤稱為blastoderm），胚盤是胚胎發育成長的中心。

■ 卵帶

為延伸至蛋兩端的二條帶子，一端與卵黃膜相連結，一端在中濃蛋白內，有調節作用，可以將蛋黃穩定於蛋之中央。蛋的構造見圖11-2。

(二)各類家禽蛋的重量及各部所占比例

各種不同種類的家禽其蛋的重量及蛋白、蛋黃、蛋殼所占的比例，詳細請參考表11-3。

表11-3 各類家禽蛋的重量及各部所占的比例

家　　禽	蛋重（公克）	成分比例（％）		
		蛋　白	蛋　黃	蛋　殼
雞	50.1-68.5	57-63.4	28-30.6	8.1-12.4
鴨	61.5±6.9	56.3	34	9.4
鵝	143.2±18.6	58.7	30.4	10.8
火雞（日）	104.7±8.6	62	28.7	9.4
火雞（美）	85	55.9	32.3	11.8
鴿	17	74	17.9	8.1
雉雞	26.6±1.3	58.5	31.6	9.9

(三)蛋類的營養價值

■ 蛋殼

　　主要成分為無機物占95％、蛋白質占3％、水分占2％；而在無機物中$CaCO_3$占98.4％、$MgCO_3$占0.8％、$Ca_3(PO_4)_2$占0.7％及微量之S及Fe。蛋中的鈣質幾乎都存於蛋殼，一般蛋殼不為人食用，因此鈣的含量甚少。

■ 卵殼膜

　　主要由二種蛋白質構成：角蛋白（keratin）及卵黏蛋白（ovomucin）交織成網狀結構。

■ 蛋白

1.蛋白質：是蛋白的主要成分，以簡單蛋白質（simple protein）及醣蛋白形式存在，如卵球蛋白（ovoglobulin）、伴白蛋白（ovoconalbumin）、卵白蛋白（ovalbumin）等皆為簡單蛋白質，如卵類黏蛋白（ovomucoid）、卵黏蛋白則為醣蛋白。

2.醣類：蛋白中約含1％醣，其中一半為葡萄糖，以游離形

式存在；其他如甘露糖（mannose）、半乳糖則主要與蛋白質結合。

3.脂肪：蛋白中脂肪含量甚微，約0.05％至0.2％。

4.礦物質：蛋白中含有0.7％之礦物質，以硫、鉀、鈉為多；磷、鈣、鎂次之，鐵最少。

5.維生素：含維生素B_1及B_2。蛋白中亦含有卵白素（avidin），它會與生物素（biotin）結合，阻礙生物素被身體吸收，人若食用生蛋白會造成食欲衰退、臉色蒼白、皮膚炎，若將蛋以80℃加熱五分鐘，則卵白素會完全消失，無法與生物素結合。

6.色素：蛋白中因含有卵核黃素（ovoflavin），因此呈淡黃綠色。

■蛋黃

1.蛋白質：蛋黃中約含有16％的蛋白質，其為結合蛋白質（conjugated protein），即由簡單蛋白質與非蛋白質基如磷酸相結合。卵黃蛋白（vitellin）為一種磷酸蛋白質（phosphoprotein）。

2.脂肪：蛋黃中約含有30％至33％的脂肪，以脂肪、甘油或脂肪與其他物質（如磷、氮或糖）結合的形式存在。脂肪與磷結合者稱卵磷脂，有乳化的作用，可廣泛被用來製作冰淇淋、人造奶油、蛋黃醬等食品。

3.醣類：蛋黃中含有1％的醣，其中大多為葡萄糖，其餘部分為甘露糖及半乳糖。

4.礦物質：蛋黃中含有鐵，極易為身體吸收利用，磷、鈣、鎂、鉀、氯含量亦豐富。

5.維生素：含維生素A、B₁、B₂、D，不含維生素C。

6.色素：蛋黃中含橙色、紅色及黃色色素，如類胡蘿蔔素（carotenoid）。蛋黃中的類胡蘿蔔素含量高，可增加蛋的銷售價值，在鴨類飼養中常加蝦殼粉或食用色素（如carophyll）使鴨蛋外殼顏色變紅，對人體無害處。

四、奶類

一般所講的milk是指牛奶，其他的奶類則另加其名來稱呼之，如羊奶、駱駝奶、人奶。

(一)奶類的組成

奶類的組成中，水占85.5％至88.5％，其餘為固形物占11.5％至14.5％，其中可分為乳脂肪（3％至6％）、蛋白質（3％至4％）、乳糖（4％至5％）。

(二)奶類的營養價值

■ 脂肪

乳脂是牛奶脂肪的主要成分，由三酸甘油脂及其他脂質包括磷脂，如卵磷脂、腦磷脂（cephalin）、固醇、胡蘿蔔素（carotene）及脂溶性維生素A、D、E、K等所共同組成。

當強力攪動奶品時，奶品中的脂肪小球即開始聚合成團，再由奶中析出成為奶油，奶油為黃色油脂，由90％的胡蘿蔔素及10％的葉黃素（xanthophyll）二種植物色素構成。

牛奶的卵磷脂中含有膽鹼（choline），若在高溫下，膽鹼會

氧化產生二甲氨（trimethylamine）使奶油或奶粉具有魚的味道。

■ 乳糖

　　牛奶中主要的碳水化合物是乳糖，是由半乳糖（β-galactose）和葡萄糖所組成的一種雙醣。

　　乳糖的甜度為蔗糖的五分之一，它與乳中的鹽類結合，造成乳品特有的風味。

　　在煉乳加熱過程中，乳糖有時會被析出而形成顆粒狀，在脫脂奶中，乳糖是以多晶狀出現為乳糖結晶（lactose glass），它的吸濕性強，所以脫脂奶開罐後不加蓋封罐，則會產生結塊現象。

　　乳糖在食品上的應用十分廣，其應用為：

1. 增加滲透壓及黏度，並改善組織而不會過甜：其甜度只有蔗糖之四分之一至五分之一，可用於作西點、蔬果製品。
2. 可用來控制褐變（browning reaction）：它為一種還原糖，可與氨基酸進行梅納反應，使成品有理想的色澤。
3. 能穩定蛋白質：乳糖能維持噴霧乾燥奶粉中酪酸鹽的溶解度。
4. 使成品結晶變小：蔗糖的聚合物使組織變硬且粗，加入乳糖則使結晶變小。
5. 吸收或加強風味：乳糖會吸附風味，所以加入奶品飲料中，可使成品風味更好。
6. 具分散性：具不吸潮及可塑性，可用於食品或製藥的分散劑。

■ 蛋白質

　　乳品蛋白質是一種不均勻（heterogeneous）的混合物，酪蛋白是主要的乳品蛋白質，當乳品或脫脂乳酸化至pH4.6時（20

℃），酪蛋白就會沈澱下來，脫脂乳中剩下的蛋白質稱為乳清（whey），依其在硫酸銨半飽和溶液中的溶解度，可分為可溶性的白蛋白及不溶性的球蛋白（globulin）。

1. 酪蛋白：占牛奶中蛋白質之78.5％，酪蛋白可定義為：在pH4.6（20℃）時，由全脂奶製造脫脂乳的過程中沈澱下來的結合型磷蛋白混合物，酪蛋白主要包括三種成分：α—酪蛋白（～75％）、β—酪蛋白（～22％）及γ—酪蛋白（～3％）及許多微量成分，如λ—酪蛋白。
2. 乳清蛋白質：占牛奶中蛋白質之16.5％，脫脂乳中非酪蛋白的蛋白質稱之，主要包括β—乳球蛋白（～60％）、α—乳白蛋白、免疫球蛋白、血清白蛋白和蛋白腖—蛋白腖複合物。

■ 礦物質

牛奶含有鈣、磷、鎂、鉀、鈉、氯、硫等礦物質，有些鹽類影響酪蛋白膠粒之穩定情況，牛奶需有鈣之存在，方可使凝乳酶（rennin）發揮作用而產生酪酸鈣（calcium casinate）之沈澱，為人類每日必需鈣質之最佳來源，且易為人體所吸收，牛奶中磷含量相當高，鐵及銅之含量則較少。

■ 色素

牛奶中胡蘿蔔素使牛奶具微黃色，乳黃素（lactoflavin）使牛奶具淡綠色。一般而言，冬季用乾牧草來飼養牛隻，牛奶顏色較淡，春夏牧草期長，牛奶顏色較濃。

■ 風味

一般而言，牛奶具有溫和的甜風味，是受牛之生理情況及飼料中的養分而定。如飼料中有野生蔥、蒜、芥菜等氣味不佳的草

類，會使牛奶之風味受影響。

五、乾酪類

(一)乾酪的種類

現今所有乾酪有五百至六百多種，可用下列方式加以分類：

■ 依原料乳之來源分類

可分為牛乳製乾酪、綿羊乳製乾酪、山羊乳製乾酪。

■ 依原料乳中所含脂肪之含量多寡來分類

可分為全脂乾酪（whole milk cheese）、乳油乾酪（cream cheese）、部分脫脂乾酪（partly skim milk cheese）及脫脂乾酪（skim milk cheese）。

■ 依製造方法來分類

1. 以凝乳酶來作凝固劑者（rennet cheese）。
2. 以酸來形成凝塊者（sour milk cheese）。
3. 以胃蛋白酶來形成凝塊者（pepsin cheese）。
4. 沒有經過熟成者稱為未熟成乾酪（green cheese or unripened cheese）。
5. 經熟成者稱為熟成乾酪（ripened cheese）。
6. 混合多種熟成乾酪而製成的，稱為再製乾酪（process cheese）。

■ 依製造產地來分類

例如法國之Roquefort、Camembert乾酪；瑞士之Emmenthal乾酪；義大利之Parmesan、Gorgongola乾酪；荷蘭之Edam、

Gouda乾酪；英國之Cheddar乾酪；比利時的Limburger乾酪。

■ 依其軟硬度來分類

1.超硬質乾酪（very hard cheese; hard grating cheese）：質地
  極硬，常經粉碎成粉末狀，又稱乾酪粉，係由細菌熟成，
  熟成期超過一年以上，其水含量約占30%至35%，固形物
  中乳脂肪至少占32%，如Parmesan、Asiago-old、
  Romano、Sapsago、Spalen等乾酪。

2.硬質乾酪（hard cheese）：質地硬，由細菌熟成，熟成期
  為數個月至一年，水含量30%至40%，又可分為：
  ・具氣孔者（cheese eye）：例如Emmenthal、Swiss、
    Gruyere等乾酪。
  ・不具氣孔者：如Cheddar、Gouda、Edam、Derby、
    Caerhilly、Provolone等乾酪。

3.軟質乾酪（soft cheese）：質軟，由細菌與黴菌共同熟
  成，水含量40%至60%，因此保存性低，又可分為經熟成
  與不經熟成者。
  ・經熟成者：例如Camembert、Brie、Romadur、
    Belpaese、Hadn等乾酪。
  ・不經熟成者：如Cottage、Neufchatel、Cream等乾酪。

4.半硬質乾酪（semisoft cheese）：硬度居於硬質與軟質乾
  酪之間，主要由細菌或黴菌熟成，熟成期間為數個星期至
  數月，水含量35%至45%，又可分為：
  ・由細菌熟成者：如Brick、Munster、Tilsit、Limburger。
  ・由黴菌熟成者：如Roquefort、Buld、Stilton、
    Gorgonzola。

(二)乾酪的營養價值

製成乾酪的原料可為全脂奶、脫脂奶，由於原料所含成分不同，所製造出來的乾酪亦有不同的組成，如**表11-4**所示。

用十磅的牛奶才能製作出一磅的乾酪，因此乾酪可稱為牛奶的濃縮製品，其營養價值如下所述：

■ 蛋白質

牛奶中主要的蛋白質為酪蛋白，將全脂奶或脫脂奶加入酸至pH值為4.6時或加入凝乳酶，即形成酪酸鈣沈澱，因此乾酪主要的蛋白質為酪蛋白並含少量的白蛋白，所含蛋白質為完全蛋白質，為人類生長發育期之良好蛋白質來源。

■ 脂肪

乾酪中脂肪含量為13％至36％，依乾酪種類有所不同，其中膽固醇含量也有不同，如卡特基乾酪（Cottage cheese）一百公克中僅含七毫克的膽固醇，而乳油乾酪（Cream cheese）則一百公克中含一百一十毫克之膽固醇。

■ 礦物質

由凝乳酶之添加而形成的乾酪，含很高的鈣、鋅，以酸來形

表11-4　各種不同乾酪的組成

營養成分 乾酪種類	水分（％）	蛋白質（％）	脂肪（％）	灰分（％）
Cheddar	30-34	30-37	21-26	3-7
Swiss	30-34	30-34	26-30	3-5
Roquefort	37-40	32-34	19-23	2-4
Brick	40-45	28-34	20-23	2-4
Cottage	71-80	0.4-1.9	13-21	0.2-1.1
Neufchatel	50-55	23-28	18-21	0.5-1.3

成凝塊所製造的乾酪，因形成凝塊時，剩下的乳清排除掉而流失了鈣質，所含的鈣較少，僅原來牛奶含量之20％。

■ 維生素

　　乾酪與牛奶一樣，含豐富的維生素A與B_2。有些乾酪於熟成過程，其所含蛋白質與脂肪分解成較小的分子，因此乾酪易為人所消化吸收。

六、穀類

　　穀類所含的營養價值如下：

■ 水分

　　穀類水含量約8％至12％，水含量與貯存時間多寡有很大關係，水含量高時，穀類容易發霉，所以糙米的水含量不能超過14％。

■ 醣類

　　穀類所含營養素中，以醣類所占比例最高，約68％至80％，故穀類為熱量之良好來源。醣類以多醣形式存在，亦含少量糊精，但糊精常在加工過程中被碾除。穀類的黏性受所含醣類中直鏈澱粉、枝鏈澱粉比率多寡的影響，如蓬萊米中直鏈澱粉與枝鏈澱粉之比例為2：8；糯米則幾乎為枝鏈澱粉，因此糯米比蓬萊米黏且不易老化。

■ 蛋白質

　　穀類的蛋白質以麩蛋白（glutelin）、醇溶蛋白（prolamin）為主，並含有少量的白蛋白與球蛋白，如米中含多量的米麩素（oryzenin）、大麥中含多量的大麥蛋白（hordein）、玉米中含多量的玉米膠蛋白（zein）。穀類中如米、小麥、玉米中缺色氨酸，

所以穀類蛋白質的品質較動物性蛋白質差，因此在穀類烹調或食用中可搭配牛奶、蛋、肉類食物以均衡營養。

■ 脂肪

穀類所含的脂肪大多存於胚芽中，以油酸（oleicacid）、亞麻油酸（linoleic acid）、卵磷脂形式存在，在穀類加工過程中胚芽常被碾除，可作為油脂的原料。

■ 維生素

穀類為維生素B群（B_1、B_2、niacin）的良好來源，其中小麥、大麥、蕎麥所含B_2多於B_1；米、燕麥、裸麥則B_1多於B_2。由於經過加工洗滌烹調過程，維生素B群可保留二分之一至三分之一。

穀類幾乎不含維生素A、C、D，僅玉米含有胡蘿蔔素，食用後會轉變為維生素A。

此外，發芽的穀類含有維生素C，所以有人將發芽的穀類加入三明治或沙拉中。胚芽中含有維生素E，為天然抗氧化劑，但易受加工破壞。

■ 礦物質

所有未碾壓的穀類都含有豐富的鈣、磷、鐵，但是這些礦物質會與胚芽中所含的植物酸相結合，而降低了礦物質的被利用率。

七、蔬菜水果類

蔬果所含的營養素大致如下：

■ 水分

蔬果所含的水分很高，約占70％至90％，水分含量依種類、

根部吸水情況、蒸散情況而有不同，一般瓜果類約占90％，堅果類約占10％至20％。水分不足時會使得蔬果組織呈現萎縮狀。

■ 蛋白質

除豆類外，蔬果蛋白質的含量十分低，約1％至3％，且屬不完全蛋白質。

■ 脂肪

蔬果所含脂肪非常少，大多僅占0.1％至1％，但亦有例外，如鱷梨、橄欖中脂肪約占30％至75％。

■ 醣類

蔬果含有3％至32％的醣類，尤以水果所含醣類相當高。醣類以單醣（葡萄糖）、多醣（澱粉、半纖維素、纖維素）、果膠形式存於植物體。

■ 礦物質

蔬菜中的礦物質以鈣、磷、鈉、鉀、鎂為主，水果則以鈣、鉀、鐵為主，尤以乾果類所含的鈣、鐵更為豐富。

■ 維生素

蔬果類含相當豐富的維生素，例如維生素B_1、B_2、C、A等。

■ 纖維素

蔬果含豐富的纖維素，不能為人體所消化吸收但有刺激胃腸蠕動的作用，使人能正常的排泄。

■ 有機酸

蔬果中含有各種不同的有機酸，使其有不同風味與酸度，如蘋果酸、檸檬酸、酒石酸、草酸等。

八、黃豆類

由**表11-5**可見黃豆及其製品所含的營養素，現分別敘述於下：

■ 蛋白質

黃豆含35.4％的蛋白質，其蛋白質中含有八種人體所必需的氨基酸，其蛋白質品質只比肉類差一點而已，若與穀類一起食用

表11-5　黃豆及其製品所含的營養素（100公克）

食品營養素		黃豆	豆腐	豆干	豆枝	豆皮	臭豆腐	油豆腐	豆漿
熱　量 （仟卡）		325	65	186	329	466	101	251	25
蛋白質 （公克）		36.8	6.4	14.9	33.2	51.7	11.6	20.5	3.3
脂　質 （公克）		18	4.2	11.8	23.4	25.1	5.7	20.4	0.9
醣 （公克）		27.7	1.8	8.8	4.3	11.2	1.5	2.2	1.4
纖維素 （公克）		4	0.1	0.2	—	0.2	0.2	0.1	0
鈣 （毫克）		216	91	143	535	280	190	185	12
磷 （毫克）		506	169	260	320	560	257	230	40
鐵 （毫克）		7.4	1.3	5.8	5	6.7	7.2	3.8	0.7
維生素	A 國際單位	20	0	0	0	—	0	0	—
	B_1 毫克	0.44	0.07	0.03	0.30	0.76	0.06	0.17	0.04
	B_2 毫克	0.31	0.02	0.03	0.13	0.22	＋	0.05	0.02
	C 毫克	0	0	0	0	0	0	0	0

可補充穀類所缺乏的離氨酸，可補充穀類不足的營養。

■ 脂肪

　　黃豆中含有15％至20％的脂肪，可提煉出植物油，所含的脂肪酸以不飽和的脂肪酸居多且不含膽固醇，為人類良好的油脂來源。其中含有卵磷脂，它是腦與神經的組成物質之一，並可協助組織內膽固醇經由血液循環，送至肝內代謝，並將其排出體外，因此卵磷脂為協助膽固醇代謝的良好物質，在食品加工業中可作為乳化劑。

■ 醣類

　　黃豆中含醣25％至30％，因其內含棉子糖，食入後易被分解為二氧化碳及甲烷，因此吃入黃豆後易產生脹氣。

■ 礦物質

　　黃豆含豐富的鈣、磷、鐵，食物中鈣與磷的比例以1：1最適合人體吸收，黃豆中所含的磷較多，所以以黃豆為主食時，可再加入含鈣質豐富的食物，如牛奶，可提高鈣與磷的吸收。

■ 維生素

　　黃豆中的維生素以B_1、B_2居多，維生素A較少，C僅存在發芽及未成熟的黃豆中。

■ 其他成分

　　除上述成分外，生黃豆尚含有以下成分：

1. 胰蛋白酶阻礙物（trypsin inhibitor）：生黃豆含胰蛋白酶阻礙物，它會阻礙胰蛋白酶（trypsin）將蛋白質分解成氨基酸，阻礙動物生長，經加熱可清除其活性。

2. 致甲狀腺腫因子（goitrogenic factor）：生黃豆具有致甲狀腺腫的因子，可加熱予以除去。

3.紅血球凝結素（hemagglutinin）：生黃豆具有血球凝結素可使血球凝固，以沸水加熱三十分鐘可破壞其活性。

4.皂素（saponin）：生黃豆之特殊成分，生豆漿打好煮沸會產生泡沫即是因為生黃豆含有皂素。皂素具溶血作用，需加熱烹調破壞其活性。

5.脂氧化酶（lipoxidase）：生豆漿之豆腥味之主要原因在於含脂氧化酶，加熱後可破壞其活性。

註　釋

① 黃伯超，《營養學精要》（台北，民79），頁128。

② 同註①，頁168。

③ 行政院衛生署，《中華民國飲食手冊》（台北：行政院衛生署，民79），頁158。

第十二章　食品衛生與安全

◆食品衛生的重要性

◆食品衛生的控制

◆廚房安全

食品衛生是餐飲經營第一條需要遵守的準則。食品衛生就是食品在選擇、生產過程到銷售的全部過程，都確保食品處在安全的完美狀態。為了保證食品的這種安全性，採購的食品必須未受污染不帶致病菌，食品必須在衛生許可的條件下貯藏，食品的製作設備必須清潔，生產人員身體必須健康，生產過程必須符合衛生標準，銷售中要時刻防止污染，安全可靠地提供給客人。因此，一切接觸食品的有關人員和管理者，在食品生產中必須自始至終遵循衛生準則，並承擔各自的職責。

第一節　食品衛生的重要性

食品衛生是保護客人安全的根本保證。餐飲服務的對象是客人，在經營中食品衛生要比獲取利潤更重要，食品的安全衛生，不僅對提高產品質量、樹立餐飲信譽有直接關係，而更重要的是對保障客人健康和幸福起決定作用。客人光顧你的餐飲，是為了獲得衛生安全、營養豐富、可口滿意的食品，如果食品在加工製作中，生產人員不遵循食品衛生的規則操作，提供給客人的是不安全的產品，那麼很可能會引起客人嚴重的疾病甚至死亡，所以食品衛生是直接影響客人健康的關鍵問題，保持食品衛生如同保護客人的生命一樣重要。

食品衛生關係餐飲經營的成敗。餐飲管理者必須明白，不衛生的食品會使經營受到嚴重的損害。食物中毒事件的發生，客人就會對你的餐飲完全失去信任，從而使你的經營形象和信譽完全喪失，同時還可能承擔許多不必要的經濟損失，甚至還要擔負民事和刑事責任。另外，調查顯示，客人對食品衛生非常重視，客

人光顧餐飲時所考慮的重要因素中，放在第一位的是衛生安全，其次才是環境和風味，因此良好的衛生可以吸引客人。為了使你的餐飲經營獲得成功，必須要為客人提供安全可靠、有益健康的食品，要把衛生放在經營的首位來考慮。

第二節　食品衛生的控制

　　食品衛生控制是從採購開始，經過生產過程到銷售為止的全面控制。廚房生產中的食品衛生是由下列因素決定的：(1)生產環境、設備和工具的衛生；(2)原料的衛生；(3)製作過程的衛生；(4)生產人員的衛生。因此管理者必須對這四個方面的衛生加以控制。

一、廚房環境的衛生控制

　　廚房是製作餐飲產品的場所，各種設備和工具都有可能接觸食品，衛生不良既影響員工健康，又會使食品受到污染。環境衛生除了建築設計必須符合食品衛生要求，購買設備時考慮易清洗、不易積垢外，最重要的是始終保持清潔乾淨。要達到這樣的目標，就要持之以恆地做好場地、設備和工具的衛生，就應該根據廚房的規模和設備情況，實行衛生責任制，不論何處、何物都有人負責清潔工作。並按日常衛生和計畫衛生實行衛生清掃。其次應制定衛生標準，保證清潔工作的質量。另外對員工應加強衛生教育，養成衛生的工作習慣，不管在何時、何處，無論涉及廚房中何物，隨時保持清潔應成為操作的規則。廚房管理者既要作

出表率，更要有計畫地實施檢查，確保衛生目標的達成。

二、原料的衛生控制

原料的衛生程度決定了產品的衛生質量，因此，廚房在正式取用原料時，要認真加以鑑定，罐頭食品如果已膨起有異味或汁液混濁不清，就不應使用，高蛋白食品有異味或表面黏滑，就不應再用。果蔬類食品如已腐爛也不應使用。對不能作出感官判斷有懷疑的食品，可送衛生防疫部門鑑定，再確定是否取用。對盛放變質食品的一切器皿應立即清洗消毒。

三、生產過程的衛生控制

加工中對凍結食品的解凍，一是要用正確的方法，二是要迅速解凍，儘量縮短解凍時間，三是解凍中不可受到污染，各類食品應分別解凍，不可混合一起進行解凍。流水解凍水溫應控制在22℃以下進行；自然解凍的溫度應控制在8℃左右；烹調解凍是既方便又安全的作法。已解凍的食品應及時加工，不能再凍結。

加工中食品的清洗，要確保乾淨安全無異物，並放置於衛生清潔處，避免任何污染和意想不到的雜物掉入。罐頭的取用，開啟時首先應清潔表面，再用專用開啟刀打開，切忌使用其他工具，避免金屬或玻璃碎屑掉入，破碎的玻璃罐頭不能取用。對蛋、貝類的加工去殼，不能使表面的污物沾染內容物。

容易腐壞的食品加工，加工時間要儘量縮短，大量加工應逐步分批從冷藏庫中取出，以免最後加工的食品在自然環境中放久而降低品質。加工的環境溫度不能過高，以免食品在加工中變

質，加工後的成品應及時冷藏。

配製食品，盛器要清潔並且是專用的，切忌用餐具作為生料配菜盤。配製後不能及時烹調的要立即冷藏，需要時再取出，切不可將配製後的半成品放置在廚房高溫環境中。配製要儘量接近烹調時間。

烹調加熱食品，要充分殺菌。原料是熱的不良導體，殺菌重要的是要考慮原料內部達到的安全溫度，盛裝時餐具要潔淨，切忌使用工作抹布擦拭。

冷菜生產的衛生控制，首先在佈局、設備、用具方面應與生菜製作分開。其次，切配食品應使用專用的刀、砧板和抹布，切忌生熟交叉使用，這些用具要定期進行消毒。操作時要儘量簡化製作手法。裝盤不可過早，裝盤後不能立即上桌的應用保鮮膜封閉，並要進行冷藏。生產中的剩餘產品應及時收藏，並且儘早用掉。

四、生產人員的衛生控制

廚房生產人員接觸食品是日常工作的需要，因此生產人員的健康和衛生就十分重要。廚房生產人員在就業前必須通過體檢。生產人員不得帶傳染性的疾病進行工作，為保證食品衛生應嚴格實行這個規則。

工作時的個人儀表應保持整潔，穿戴的工作衣帽髒後應及時更換，飯店要創造這樣的條件。頭髮要整潔，髮式要簡單方便，戴上工作帽後要能完全掩蓋，避免髮飾或頭髮在烹飪製作時掉落食品中。

烹飪製作是一項手工操作，手部的清潔是最重要的。工作中

隨時保持手的乾淨，不得把工作裙當擦手巾，以免手被工作裙污染，操作中儘量使用工具，減少手與食品的直接接觸，必要時應戴清潔消毒手套。手指不得蓄留長指甲、塗指甲油及佩帶首飾，指甲修剪長度應短於手指前端。對此不僅要有明確規定，而且應定期檢查，成為一種工作慣例。

另外，任何個人不得在生產區吸菸、嚼口香糖，不得對著菜餚說話，不得坐工作台，以免污染食品。

第三節　廚房安全

廚房的不安全來自兩個方面：食物中毒和生產事故。餐飲經理要充分認識到這兩個方面不安全的嚴重性和危害性，要清楚自己的責任，同時還必須明白，廚房的安全並非只是管理人員重視就能有效的，必須使廚房全體員工都認識到安全的必要，有安全意識，共同負責才能達到安全的目的。

一、食物中毒的預防

廚房安全最重要的是防止食物中毒對餐飲經營有極大的危害性，因此，是值得餐飲部經理每事每時加以重視的問題。防患於未然應該成為餐飲經營的安全工作宗旨。根據國外和國內中毒事件的資料說明，食物中毒以其種類來看，以微生物造成的最多，發生的原因多是對食物處理不當所造成，其中以冷卻不當為主要致病原因。從場所來看，大部分發生在飲食業，主要是衛生條件差，生產沒有良好的衛生規範。從事故發生的時間看，大部分在

夏秋季節，原因是氣溫高易使微生物繁殖生長，造成食物變質。從原料的品種看，主要是魚、肉類、家禽、蛋品和乳品等高蛋白食物，因為這些食物最容易生長微生物。所以這些都應作為預防食物中毒的重點。

食物中毒是由於食用了有毒食物而引起的中毒性疾病。食物之所以有毒致病，造成不安全的原因有：

第一，食物受細菌污染，細菌產生的毒素致病。這種類型的食物中毒是由於細菌在食物上繁殖並產生有毒的排泄物，致病的原因不是細菌本身，而是排泄物毒素。對此必須有清楚的認識，因為食物中細菌產生毒素後，該食物就完全失去了安全性，即使烹調加熱殺死了細菌，但並不能破壞毒素而使失去活性，毒素仍然存在。這種毒素通常又不能透過味覺、嗅覺或色澤鑑別出來，因此採取嚐嚐味道、試試看有沒有壞的辦法是無效的，不可能辨別食物是否安全。

第二，食物受細菌污染，食物中的細菌致病。這種類型的食物中毒，是由於細菌在食物上大量繁殖，當食用了含有對人體有害的細菌就會引起中毒。

第三，有毒化學物質污染食物，並達到能引起中毒的劑量。

第四，食物本身含有毒素。

當了解了食物中毒的原因後，最重要的是對食物如何加以安全控制，怎樣防止食物中毒的發生，故將食物中毒的預防概述如下。

(一)細菌性食物中毒的預防

細菌性食物中毒實際可行的防止方法有：(1)嚴格選擇原料，並在低溫下運輸、貯藏；(2)烹調中調溫殺菌；(3)創造衛生環境，

防止病菌污染食品。

■ 防止沙門氏菌的污染及中毒

沙門氏菌生長在人和動物的腸道內，故病原菌的媒介食品通常是雞、火雞、豬肉、牛肉、牛乳和蛋等。受污染的食品引起中毒的原因，是由於冷藏不適當，或在廚房工作台上交叉污染，最常發生在餐飲業，預防的措施是：

1. 生產員作定期的健康檢查和保持個人衛生，並避免帶菌者工作。
2. 保持加工場所的衛生，防止動物及鼠類和蠅蚊昆蟲侵入廚房。
3. 杜絕熟食品長時間放置在室溫下，應及時冷卻貯藏。
4. 對雞、蛋類的食品加工應防止帶菌污染。

■ 防止副溶血性弧菌的污染及中毒

本菌又稱致病性嗜鹽菌。廣泛分布於海水中，病原菌的媒介食品是海產品。中毒發生期以六月至八月最多。預防措施是：

1. 利用冷凍和冷藏阻止增殖。$10℃$時則生長緩慢，而$5℃$至$8℃$時可抑制生長。
2. 加熱殺菌徹底。通常$60℃$十分鐘即可。
3. 盛裝海產品的盛器必須洗滌乾淨，以免間接污染。
4. 不生食海產品。

■ 防止葡萄球菌的污染及中毒

本菌本身沒有毒害，主要是產生的排泄物有毒。主要來源是鼻炎和咽喉炎的分泌物。本菌耐高溫，$100℃$三十分鐘煮沸不會破壞。預防措施是：

1.有感冒、受傷及咽喉炎、鼻炎的不能參與食品製作。

2.食品應及時冷藏,因為7℃以下本菌就不能繁殖及產生毒
   素。

■防止肉毒桿菌的污染及中毒

　本菌主要是隨泥土或動物糞便污染食品,它的生長繁殖需有
氧條件。通常引起中毒的食品有肉類罐頭、臭豆腐、臘肉等。高
溫可殺菌。預防的措施是:

1.劣質罐頭要充分加熱後再食用。

2.食品應冷藏,因本菌10℃以下很難繁殖。

3.在肉製品及魚製品中加入食鹽或硝酸鹽有抑菌作用。

4.防止受土壤及動物糞便的污染。

■防止黃麴霉毒素的污染及中毒。

　黃麴霉毒素是黃麴菌的代謝產物,具有致癌性。預防措施
是:

1.花生、大豆、大米等應貯藏於低溫乾燥處,以免高溫潮濕
   而發霉,使食品產生毒素。

2.以上幾種發霉的食品不能食用。

(二)化學性食物中毒的預防

1.從可靠的供應單位採購食品。

2.化學物質要遠離食品處安全存放,並由專人保管。

3.不使用有毒物質的食品器具、容器、包裝材料。如使用
   銅、鋅、汞、錫、鉛等器具,盛裝酸性液體食品或腐蝕性

食品，其盛器金屬成分易溶入食品中。塑料包裝材料應選用聚乙烯、聚丙烯材料製成的製品。

4.廚房使用化學殺蟲劑要謹慎安全，並由專人負責。

5.廚房清掃時，化學清潔劑的使用必須遠離食品。

6.各種水果、蔬菜要洗滌乾淨，以進一步消除殺蟲劑殘留。

7.食品添加劑的使用，應嚴格執行國家規定的品種、用量及使用範圍。

(三)有毒食物中毒的預防

1.毒蕈草含有毒素而且種類很多，所以餐飲中只可食用證明無毒的蕈類，可疑蕈類不得食用。

2.白果的食用要加熱成熟，少食，切不可生食。

3.馬鈴薯發芽和發青部位有葵素毒素，加工時應去除乾淨。

4.苦杏仁、黑斑甘薯、鮮黃花菜、未醃透的醃菜不能使用。

5.秋扁豆、四季豆烹調要加熱徹底，不可生吃。木薯不宜生食。

二、操作安全

廚房是一個食品的生產工廠，生產所使用的各種刀具、銳器、熱源、電動設備等，在操作時如不採取安全防範措施，隨時可能造成事故。因此，管理者必須了解廚房中常見的幾類事故，知道事故的防範措施，從而加強安全生產。

(一)割傷

　　割傷主要是由於使用刀具和電動設備不當引起。其預防措施是：

■ 使用刀具方面

1.要求廚師用刀操作時要集中注意力，按正確的方法使用刀具，並隨時保時砧板的乾淨和不滑膩。
2.操作時不得持刀比手畫腳，攜刀時不得刀口向人。
3.放置時不得將刀放在工作台邊上，以免掉落砸到腳上，一旦發現刀具掉下不要隨手去接。
4.禁止拿著刀具打鬧。
5.清洗時要求分別清洗，切勿將刀具浸在放滿水的池中。
6.刀具要妥善保管不能隨意放置。

■ 使用機械設備方面

1.要求懂得設備的操作方法才可使用。
2.使用時要小心從事。
3.如使用絞肉機，必須使用專用的填料器推壓食品。
4.在清洗設備時，要求先切斷電源再清洗。
5.清潔銳利部位要謹慎，擦時要將揩布折疊到一定的厚度，從刀口中間部位向外擦。
6.破碎的玻璃器具和陶瓷器具要及時處理，並要用掃帚清掃，不得用手撿。

(二)跌傷

跌跤引起的生命威脅僅次於交通事放,廚房裡跌跤又比其他事故為多,因此必須特別注意。採取的預防措施有:

1. 要求地面始終保持清潔和乾燥,油、湯、水灑地後要立即洗掉,尤其在爐灶作業區。
2. 廚師的工作鞋要是具有防滑性能的廚師鞋,不得穿薄底鞋、已磨損鞋、高跟鞋以及拖鞋、涼鞋。
3. 穿的鞋腳不得外露,鞋帶要繫緊。
4. 廚房行走的路線要明確,避免交叉,禁止在廚房裡跑跳。
5. 廚房內的地面不得有障礙物。
6. 發現地面磚塊鬆動,要立即修理。
7. 在高處取物時,要使用結實的梯子,並小心使用。

(三)扭傷

扭傷通常是引起廚房事故的另一原因,多數是因為搬運超負荷的物品和搬運方法不正確引起。預防措施是:

1. 教會員工正確搬運物品的方法是最關鍵的預防措施。
2. 要求員工在搬運重物前,先要把腳站穩,並保持背挺直,不得向前或向側面彎曲,從地面取物要彎曲膝蓋,搬起時重心應在腿部肌肉上,而不要在背部肌肉上。
3. 一次搬物不要超負荷,重物應請求其他員工幫助合作,或者使用手推車。

(四)燙傷

燙傷多發生在爐灶部門，防範的措施是：

1.要求員工在使用任何烹調設備或點燃瓦斯設備時，必須遵守操作規程。
2.使用油鍋或油炸爐時，要嚴禁水分濺入，以免引起爆濺灼傷人體，使用蒸鍋或蒸氣箱時，首先要關閉閥門，再背向揭開蒸蓋。
3.烤箱或烤爐在使用時，嚴禁人體直接接觸。
4.煮鍋中攪拌食物要用長柄勺，防止滷汁濺出燙傷。
5.容器中盛裝熱油或熱湯時要適量，端起時要用墊布，並提醒別人注意，不要碰撞。
6.清洗設備時要冷卻後再進行，拿取放在熱源附近的金屬用具時應用墊布。
7.嚴禁在爐灶間、熱源處嬉戲，這要成為工作規則。

(五)電擊傷

廚房中的電器設備極易造成事故，預防的措施是：

1.首先要請專家檢查設備的安裝和電源的安置，是否符合廚房操作的安全，不安全的應立即改正。
2.所有電器設備必須有安全的接地線。
3.培訓員工學會設備的操作。
4.要求在使用前對設備的安全狀況進行檢查，如電線的接頭是否牢固、絕緣是否良好、有無損傷或老化現象。

5.使用中如果發現故障，應立即切斷電源，不得帶故障使用。

6.濕手切勿接觸電源插座和電氣設備，清潔設備要切斷電源。

7.廚房人員不得擅自對電路和設備進行拆卸維修，對設備故障要及時提出維修。

8.發現漏電的設備要立即取走，維修後再用。

(六)火災

廚房中的火災事故是最容易發生的，因此要特別加以重視。廚房引起火災的主要有油、瓦斯、電等熱源，採取的預防措施是：

1.要求在廚房生產中，使用油鍋要謹慎，油鍋在加溫時，作業人員切不可離開，以免高溫起燃，並教會員工油鍋起火的安全處理方法。操作中要防止油外溢，以免流入供熱設備引起火災。要經常清潔設備，以防積在設備上的油垢著火，要防止排煙罩油垢著火，竄入排風道，這樣會很難控制，會造成火災。

2.要求使用瓦斯設備的員工一定要知道瓦斯的危險性。發現瓦斯爐有漏氣現象，要立即檢查，並完全安全後再使用。瓦斯突然熄火，要關閉開關，以防瓦斯外洩在第二次點火時引起爆炸起火。工作結束一定要關閉開關。對瓦斯設備的使用一定要嚴格遵守操作規則。對電器、菸蒂也不能低估，要定期檢查，另外，廚房須備有足夠的滅火設備，培訓每個廚房員工，知道滅火器的位置和使用方法。

第十三章　菜單設計

◆菜單的意義

◆菜單的內容和種類

◆菜單的功能

◆菜單的設計

◆菜單的定價及其策略

◆菜單的製作

第一節　菜單的意義

　　菜單是餐廳提供商品的目錄。餐廳將自己提供的具有各種不同口味的食品、飲料等，經過科學組合，排列於紙張上，供光臨餐廳的客人從中進行選擇，其內容主要包括食品飲料的品種和價格。

　　巴黎的一些餐館則是把所供應的菜餚名稱寫在一塊小牌子上，讓服務人員掛在腰間的皮帶上，用來加強記憶。隨著飲食業的發展，一些較大的餐館則把所供應的菜餚寫在黑板上，掛在牆上，供顧客閱覽。這種形式的菜單至今許多餐館還在沿用，例如，美國的一些快餐館都是把當天供應的食品名稱寫在一塊黑板上（或類似的牌子上），掛在牆上，以便讓顧客閱覽。

　　後來，隨著時間的推移，歐洲的一些餐館把每天供應的菜餚名稱寫在紙上或卡片上。由於這種形式菜單的出現，引起了一些飯店老闆和顧客的極大興趣，他們感到，餐前看菜單可增加食欲，所以吃起來就更加有樂趣，同時，飯店的經營者們還認識到，菜單不全對招攬顧客有用，而且對餐廳的廚房區域的人員，像廚師、採購等人員都有用，於是就開始編寫菜單。

　　歐洲保存最早的菜單是為宴會和為聚餐會備餐用的食品單。它主要用於廚房備餐，一般不給顧客看。法國大革命後，才把從牆上掛的菜單發展成提供給顧客的單獨的菜單。後來在菜單的設計和加強菜單的吸引力方面作了很多努力，並且菜單的形式也隨之發生了很大的變化。

　　中國的烹飪歷史較長，很早就已形成各種菜系。但是，據文

字記載和目前掌握的資料，我國歷代所出版的有關這類書籍絕大多數是菜譜、食單，主要側重闡述菜餚食品的配料、製作方法、火候以及烹飪時間等。例如像《隨園食單》、《食經》、《譚家菜菜譜》等都側重於上述幾個方面。

　　近年來，隨著人民生活水準提高，各地的菜餚種類也愈來愈豐富，各地的餐館為了經營的需要，也逐漸重視使用菜單。目前各地餐館、速食店和飯店餐廳的菜單種類繁多，上面的菜餚品種花樣，據近年統計，全國目前約有各式菜餚一萬多種，真可謂是任何一個國家都不能比擬的「飲食超級大國」。

第二節　菜單的內容和種類

一、菜單內容

　　菜單的基本作用是廣告。它的任務就是告訴顧客，餐館或飯店的餐廳能向他們提供菜餚的項目，以及這些菜餚的價格（圖13-1、圖13-2），餐館或飯店餐廳的廚房區域的工作則是根據菜單作原料準備，生產菜餚。所以，設計較好的菜單能使企業與顧客以及廚房區域的工作人員有較好的溝通。

　　根據上述任務，一份菜單應有下列內容：①

　　1.餐廳的名稱。

　　2.表明菜餚的特點和風味。

　　3.各種菜餚的項目單。

香儷低卡扁豆淑女餐

扁豆鮮蝦

法式扁豆濃湯

義式西西里沙拉

龍利魚扁豆汁

漂浮冰山

精選咖啡或茶

隨餐搭配綠茶、紅蘿蔔麵包
並招待一杯有機小麥草汁

每位880元外加一成服務費

資料來源：力霸皇冠大飯店香儷廳

圖 13-1　西式菜單

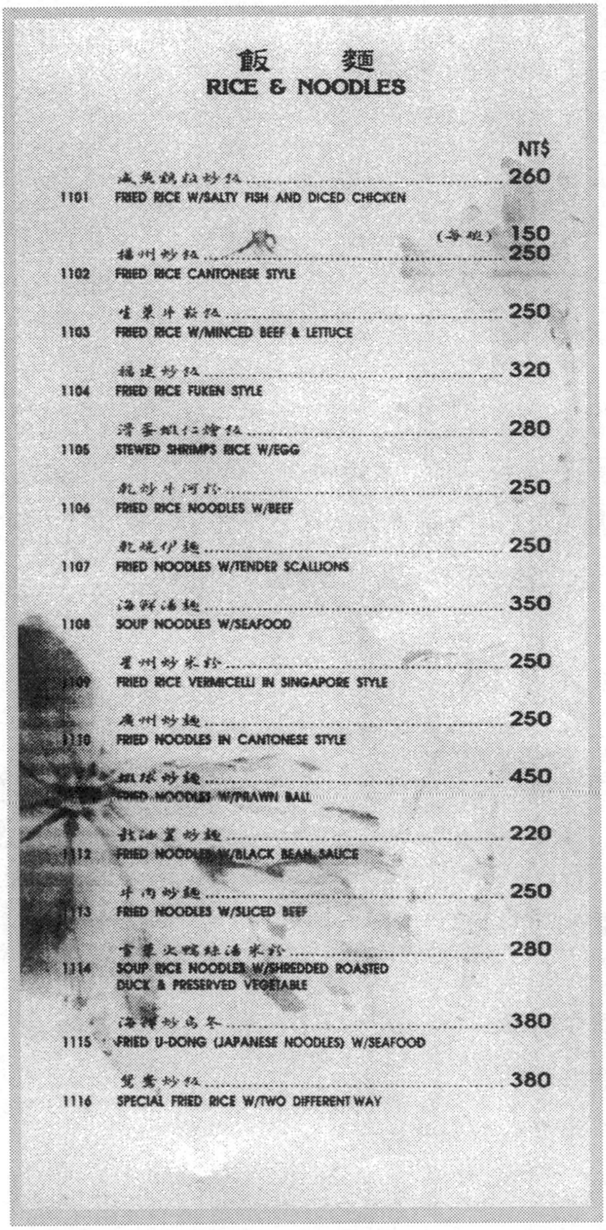

飯 麵
RICE & NOODLES

NT$

1101	鹹魚雞粒炒飯 FRIED RICE W/SALTY FISH AND DICED CHICKEN	260
1102	揚州炒飯 (每碗) FRIED RICE CANTONESE STYLE	150 250
1103	生菜牛粒飯 FRIED RICE W/MINCED BEEF & LETTUCE	250
1104	福建炒飯 FRIED RICE FUKEN STYLE	320
1105	滑蛋蝦仁燴飯 STEWED SHRIMPS RICE W/EGG	280
1106	乾炒牛河粉 FRIED RICE NOODLES W/BEEF	250
1107	乾燒伊麵 FRIED NOODLES W/TENDER SCALLIONS	250
1108	海鮮湯麵 SOUP NOODLES W/SEAFOOD	350
1109	星州炒米粉 FRIED RICE VERMICELLI IN SINGAPORE STYLE	250
1110	廣州炒麵 FRIED NOODLES IN CANTONESE STYLE	250
1111	蝦球炒麵 FRIED NOODLES W/PRAWN BALL	450
1112	豉油皇炒麵 FRIED NOODLES W/BLACK BEAN SAUCE	220
1113	牛肉炒麵 FRIED NOODLES W/SLICED BEEF	250
1114	雪菜火鴨絲湯米粉 SOUP RICE NOODLES W/SHREDDED ROASTED DUCK & PRESERVED VEGETABLE	280
1115	海鮮炒烏冬 FRIED U-DONG (JAPANESE NOODLES) W/SEAFOOD	380
1116	鴛鴦炒飯 SPECIAL FRIED RICE W/TWO DIFFERENT WAY	380

資料來源：力霸皇冠大飯店嘉園廳

圖 13-2　中式菜單

4.各種菜餚項目的價格。

5.各種菜餚的分別說明。

6.酒單和飲料單。

7.甜點單。

8.地址。

9.電話號碼。

10.營業時間。

一份菜單缺少了其中一項，就不完全，會給顧客帶來不便。例如，菜單上若沒有印營業時間，顧客就不知道幾點是營業時間。要是下次約朋友前來吃飯，就不知道幾點為好（除非問服務員）。一份比較正規的菜單都應有上述內容。

二、菜單種類

菜單可根據經營的特點、季節、就餐習慣等分成各種菜單種類。

(一)根據經營的需要

1.單點菜單。

2.套餐菜單。

3.合用菜單。

(二)根據季節的特點

1.固定菜單。

2.更換菜單。

3.週期菜單。

4.綜合菜單。

(三)根據就餐習慣

1.早餐菜單。

2.午餐菜單。

3.晚餐菜單。

4.宵夜菜單。

(四)根據不同的要求、年齡和宗教信仰

1.宴會和聚餐會菜單。

2.自助餐菜單。

3.客房用餐菜單。

4.兒童菜單。

5.低熱量菜單。

6.素食菜單。

7.快餐菜單。

當然還有其他形式的菜單，像外帶（不在餐廳就餐）菜餚食
品菜單、病人菜單等。

第三節　菜單的功能

　　菜單對於餐廳的經營如此重要，就在於菜單反映了餐廳的經營方針，標示著餐廳商品的特色和水準。菜單是溝通消費者與接待者之間的橋樑，是菜餚研究的資料。此外，菜單既是一種藝術品又是一種宣傳品。②

一、菜單反映了餐廳的經營方針

　　餐飲工作包括原料的採購、食品的烹調製作，以及餐廳服務，這些都是以菜單為依據的。一份合適的菜單，是菜單製作人根據餐廳的經營方針，經過認真分析客源和市場需求，方能制定出來的。菜單一旦制定成功，該餐廳的經營目標也就確定無疑了。

二、菜單標示著該餐廳商品的特色和水準

　　餐廳有各自的特色、等級和水準。菜單上的菜餚、飲料之品種、價格和質量告訴客人本餐廳商品的特色和水準。近來，有的菜單上甚至還詳細地寫上了菜餚的原材料、烹飪技藝和服務方式等，以此來表現餐廳的特色，給客人留下了良好和深刻的印象。

三、菜單是溝通消費者與接待者之間的橋樑

消費者根據菜單選購他們所需要的菜餚和飲料，而向客人推薦菜餚則是接待者的服務內容之一，消費者和接待者透過菜單開始交談，訊息得到溝通。這種「推薦」和「接受」的結果，使買賣雙方得以成立。

四、菜單是菜餚研究的資料

菜單可以揭示本餐廳所擁有的客人的嗜好。菜餚研究人員根據客人訂菜的情況，了解客人的口味、愛好，以及客人對本餐廳餐點的歡迎程度等，從而不斷改進菜餚和服務質量，使餐廳獲利。

五、菜單既是藝術品又是宣傳品

菜單無疑是餐廳的主要廣告宣傳品，一份設計精美的菜單可以提高用餐氣氛，能夠反映餐廳的格調，可以使客人對所列的美味佳餚留下深刻印象，並可作為一種藝術欣賞品，予以欣賞，甚至留作紀念，引起客人美好的回憶。

第四節　菜單的設計

　　一份好的菜單，可使客人一目瞭然菜點的內容、分量、價格、色澤、營養、吃法等，使人聞得其香，如嚐其味，而在不知不覺中多點了菜餚，這實際上已取得了餐廳推銷工作第一回合的勝利，可見菜單籌畫之重要性。

一、籌畫設計菜單的基本原則

(一)以客人的需要為導向

　　如前所述，菜單籌畫前，要確立目標市場，了解客人的需要，根據客人的口味、喜好設計菜單。菜單要能方便客人閱覽、選擇，要能吸引客人，刺激他們的食欲。

　　以本餐廳所具備的條件及要求為依據，設計菜單前應了解本餐廳的人力、物力和財力，量力而行，同時對自己的知識、技術、市場供應情況做到胸有成竹，確有把握，以籌畫出適合本餐廳的菜單，確保獲得較高的銷售額和毛利率。

(二)要能體現本餐廳的特色，具有競爭力

　　餐廳首先應根據自己的經營方針來決定提供什麼樣的菜單，是西式還是中式，是大眾化菜單還是風味菜單。菜單設計者要酌量選擇反映本店特色的菜餚列於菜單上，進行重點推銷，以揚餐廳之長，加強競爭力。菜單應具有宣傳性，促使客人慕名而來。

成功的菜單往往總是把本餐廳的特色菜或重點推銷菜放在菜單最能引人注目的位置。

(三)要善變，並適應飲食新形勢

設計菜單要靈活，注意各類花色品種的搭配，菜餚要經常更換，推陳出新，總能給客人有新的感覺，還要考慮季節因素，安排時令菜餚，同時還要顧及客人對營養的要求，顧及節食者和素食客人的營養充足度，充分考慮到食物對人體健與美的作用。

(四)要研究藝術美

菜單設計者要有一定的藝術修養，菜單的形式、色彩、字體、版面安排都要從藝術的角度去考慮，而且還要方便客人翻閱，簡單明瞭，對客人有吸引力，使菜單成為餐廳美化的一部分（圖13-3）。

二、菜單設計者

餐廳菜單設計一般由餐飲部門的經理和主廚擔任，也可以設置一名專職菜單設計者。無論如何，菜單設計應具有權威性與責任感，設計者應具備：

1. 廣泛的食物知識：了解食物的製作方法、營養、價值等。
2. 有一定的藝術修養：對於食物色彩的調配，以及外觀、風味、稠度、溫度等如何配合適當，都有感性和理性的知識。
3. 有可利用的相關資料：並善於了解顧客，了解廚房。

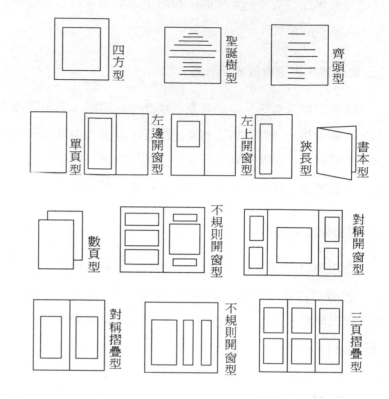

資料來源：Anthony M. Rey Ferdinand Wieland, *Managing Service in Food and Beverage Operations,* AMHA, p.56.

圖13-3　菜單設計的格式參考

4.有創新意識和構思技巧：不斷革新創制新的名菜。

5.要能為顧客著想：設計者不能依據自己的好惡設計菜單，

　而要按客人的要求設計。

6.菜單設計者的主要職責：

　‧與相關人員（主廚、採購負責人）研究並制定菜單，按
　　季節新編時令菜單，並進行試菜。

　‧根據管理部門對毛利、菜單等要求，結合行情制定菜品

的標準分量、價格。

- 價格同財務部門成本控制人員一起控制食品飲料的成本。
- 審核每天進貨價格，提出在不影響食物質量的情況下，降低食物成本的意見。
- 檢查為宴席預定客戶所設計的宴席菜單。了解客人的需求，提出改進和創新餐點的意見。
- 透過各種方法，向客人介紹本餐廳的時令、特色、菜點，做好新產品的促銷工作。

第五節　菜單的定價及其策略

　　菜單的定價是菜單設計的重要環節。價格是否適當，往往影響市場的需求變化，影響整個餐廳的競爭地位和能力，對餐廳經營利益影響極大。菜餚的定價首先要得出總成本，把提供該菜餚的所有成本費用逐項加起來，但這實際上往往不容易做到，因為一些費用如餐廳日常間接費用等，是無法化為每一道菜餚估計的，有時各項成本的數據也很大。

一、定價原則

　　菜單定價應遵循以下原則：③

(一)價格反映產品的價值

　　菜單上食品飲料的價格是以其價值為主要依據制定的。其價

值包括三部分：一是餐飲食品原材料消耗的價值、生產設備、服務設施和家具用品等耗費的價值；二是以工資、獎金等形式支付給勞動者的報酬；三是以稅金和利潤的形式向企業提供的累積。

(二)價格必須適應市場需求，反映客人的滿意程度

菜單定價要能反映產品的價值，還應反映供需關係。價位高的餐廳，其定價可適當高些，因為該餐廳不僅滿足客人對飲食的需要，還給客人一種飲食之外的舒適感，旺季時價格可比淡季時略高一些；地點好的餐廳比地點差的餐廳，其價格也可以略高一些。歷史悠久的、聲譽好的餐廳的價格自然比一般餐廳要高等等。但價格的制定必須適應市場的需求能力，價格不合理，定得過高，超過了消費者的承受能力，或「價非所值」必然引起客人的不滿意，降低消費水準，減少消費量。

(三)制定價格既要相對靈活，又要相對穩定

菜單定價應根據供需關係的變化而採用適當的靈活價，如優惠價、季節價、浮動價等。根據市場需求的變化有升有降，調節市場需求以增加銷售，提高經濟效益。但是菜單價格過於頻繁的變動，會給潛在的消費者帶來心理上的壓力和不穩定感覺，甚至降低消費者的購買積極性。

因此，菜單定價要有相對的穩定性。這並不是說在三、五年內凍結價格，而是：

1.菜單價格不宜變化太頻繁，更不能隨意調價。

2.每次調幅度不能過大，最好不超過10％。

3.降低質量的低價出售以維持銷量的方法亦是不足取的。只

要保持菜點的高質量並行銷通路，其價格自然能得到客人的認可和接受。

二、定價策略

餐廳的市場指向性決定了餐廳要獲取利潤的主要方法是提高銷售額，而提高銷售額的關鍵因素之一就是要有正確的價格策略，一般有三種定價策略：

(一)以成本為中心的定價策略

多數餐廳主要是根據成本來確定食品、飲料的銷售價格，這種以成本為中心的定價策略常使用兩種不同的方法：

1. 成本加成定價法：即按成本再加上一定的百分比定價，不同餐廳價採用不同的百分比。這是最簡單的方法。
2. 目標收益率定價法：即先定一個目標收益率，作為核定價格的標準，根據目標收益率計算出目標利潤率，計算出目標利潤額。在達到預計的銷售量時，能實現預定的收益目標。

根據成本制定的價格，是餐廳必須達到的價格，如果低於這個價格，餐廳經濟效益會受損。另一方面，運用以成本為中心的定價策略，只考慮成本單方面因素，忽略了市場需求和客人心理，不能全面反映餐廳經營效果。因此這種定價策略是一種最基本的定價策略。

(二)以需求為中心的定價策略

這是根據消費者對商品價值的認識程度和需求程度來決定價格的一種策略，亦有兩種不同方法：

1. 理解價值定價法：餐廳所提供的食品飲料其質量、作用，以及服務、廣告推銷等「非價格因素」，使客人對該餐廳的產品形成一種觀念，根據這種觀念制定相應的、符合消費者價值觀的價格。
2. 區分需求定價法：餐廳在定價時，按照不同的客人（目標市場），不同的地點、時間，不同的消費水準、方式區別定價。這種定價策略容易取得客人的信任，但不容易掌握好。

以需求為中心的定價策略是根據市場需求來制定的價格。如果說，以成本為中心的定價策略決定了餐廳產品的最低價格，則以需求為中心的定價策略決定了餐廳產品的最高價格。在實務中，根據市場情況，可分別採取以高質量高價格取勝的高價策略；也可採取以薄利多銷來擴大市場，增加市場占有率為目標的低價策略；以及靈活採用的優惠價格策略，給客人以一定的優惠，來爭取較高的銷售額和宣傳推銷本餐廳的產品之效果。當然，這些策略並不是隨意使用的，而是透過市場調查，根據市場需求決定的。

(三)以競爭為中心的定價策略

這種定價策略以競爭者的售價為定價的依據，在制定菜單價格時，可比競爭對手高一些，也可低於競爭對手的定價。

這種以競爭為中心的定價策略既有按同行價格決定自己的價格,以得合理的收益且避免風險的定價策略,又有「撈一把就走」的展銷新產品定價策略,還有因自己實力雄厚而採取的「變動成本」定價策略,即只考慮價格不小於原料成本即可,以確立自己在市場上的競爭地位。

以競爭為中心的定價策略由於不以成本為出發點,也不考慮消費者的意見,這種策略往往是臨時性的或在特殊場合下使用的。定價人員必須深入研究市場,充分分析競爭對手,否則,很可能定出不合理的菜單價格。

第六節　菜單的製作

製作菜單是一項技巧與藝術相結合的活動,除了制定合理的價格外,還要考慮許多其他要求。

一、菜單製作要求

(一)菜單形式多樣化

設計一個好的菜單,要給多它秀外慧中的形象。菜單的式樣、顏色等都要和餐廳的等級、氣氛相適應,菜單形式亦應多樣化。例如多數餐廳使用的是桌式菜單,這些菜單印製精美,可平放於桌面,也可將具有畫面、照片的菜單折成三角形或立體形,立於桌面。這種菜單適合快餐廳和用作特別推銷或各種特選菜餚。活頁式的桌式菜單也常採用,活頁式的菜單便於更換,如要

調整價格，撤換污頁等，用活頁菜單就方便多了。

懸掛式菜單（包括空吊式或牆壁張貼式）也是一種很好的菜單形式，容易引起客人的注意。

在恰當的位置、用良好的材料吊掛或張貼菜單，並配以悅目的彩色線條、花邊，使餐廳環境得以美化。客房內的早餐菜單往往是一種懸掛式的「門把菜單」。

(二)菜單的變化更新

菜單應不斷變化更新，給客人新的面目、新鮮感覺。根據季節制定菜單無疑是餐廳菜單變換首先考慮的因素。比如，夏季用黃瓜、冬瓜，冬季有火鍋、涮羊肉等。有的餐廳考慮用循環輪換的方法來「變換」菜單，是依某一特定週期所籌畫定出的一套菜單，可作循環使用。如以三個星期為期限，設計出每天不同的菜單，循環使用三、四次。這樣如再加上「週末菜單」、「節日菜單」等，能使餐廳的菜單顯得內容豐富、相當有變化，引起客人的興趣。使用週期性菜單，還簡化了採購，有利於控制庫房儲藏，亦能透過客人意見使菜餚製作技巧得以提高，菜餚質量得到保證。

(三)菜單的廣告和推銷作用

菜單不僅是餐廳的推銷工具，還是很好的宣傳廣告。客人既是餐廳的服務對象，也是義務推銷員。如在菜單上添印有本飯店的簡況、地址、電話號碼、服務內容等，則能加深客人對飯店的印象和了解，產生廣告宣傳作用，透過訊息的廣泛傳遞，招徠更多的客人。

點菜菜單的設計還可考慮將本餐廳重點推銷的幾個名特菜點

放在菜單的開始或末尾，因為這兩個地方往往是客人最容易注意的地方。當然亦可用箭頭、星號或用方框列出本餐廳的名特菜點，以引起客人注意，達到向客人推銷的目的。當然，讓餐廳服務員熟悉菜單，並能向客人引薦菜單的菜餚，則是完成菜單設計後的首要工作。

二、設計菜單的注意事項

(一)菜單封面與裡層圖案均要精美，封面通常印有餐廳名稱標誌

菜單的尺寸大小要與本餐廳銷售的食品、飲料品種之多少相適應。一般說來，一頁紙上的字與空白應各占50％為佳。字過多會使人眼花撩亂，前看後忘；空白過多則給人以菜品不夠，選擇餘地少的感覺。不能指望菜單上的每樣菜都很受歡迎，有些菜儘管訂菜人不多，選入菜單的目的是為了增加客人選擇的範圍。

菜單上的菜名一般用中英文對照，以阿拉伯數字排列編號和標明價格。字體要印刷端正，並使客人在餐廳的光線下很容易看清。各類菜的標題字體應與其他字體有區別，既美觀又突出。

除非特殊要求，菜單應避免用多種外文來表示菜名，所用外文都要根據標準辭典的拼寫法統一規範，各種符號和數字的配合亦應符合文法，防止差錯。

(二)美饌佳餚的命名藝術

中國美食飲譽全球，固然應師功於饌餚的風味特色，但與其命名之藝術不無關係。所謂命名藝術，就是運用各種藝術手法，給饌餚所取的名稱不僅準確、科學，而且高雅、巧妙，富有美學

和文學色彩，增添審美的情趣，催人食欲，發人幽思，令人久久
難忘。

(三)其他注意事項

設計使用菜單還應注意以下一些問題：

1. 有的餐廳使用的是夾頁式菜單。雖然餐廳菜品經常更換，
   但只換內頁不換夾子，時間久了，菜單表面骯髒破舊，影
   響了客人的情緒和食欲，因為許多客人會從菜單來判斷餐
   廳菜點的品質。因此，保持菜單的整潔美觀十分重要。
2. 菜單上菜點的排列不要按價格的高低來排列，否則客人會
   僅根據價格來點菜，這對餐廳的推銷是不利的。如能把本
   餐廳所重點推銷的菜點放在菜單的首尾，或許是一種有效
   的方法，因為實驗證明，許多客人點的菜裡總有一個是列
   在菜單首尾部分的。
3. 用照片代替文字，這個效果是相當好的。照片可以刺激購
   買力，且照片愈清晰愈大，刺激力也愈大，現在許多高價
   位餐廳都這麼做，尤其早餐菜單使用彩色照片，在許多餐
   廳已被證明銷售量得到可觀增加。
4. 一份菜單制定出來後，應經一段時間的試驗銷售，再經調
   查、分析、研究，才能夠做出是否成功的結論。即使是成
   功的菜單，還應不斷改進，推陳出新，給客人留下美好和
   新鮮的印象。
5. 籌畫設計菜單關鍵還是要「貨真價實」，而不能只做表面
   文章、華而不實。菜單設計得再好，但如與菜點的實際內
   容不符，菜點質量及各方面沒有達到菜單所介紹的那樣，

那只會引起客人的不滿而失去客人,這是制定菜單時要特
別注意的。

註　釋

① Jack D. Ninemeier, *Planning and Control for Food and Beverage Operations*, Third Edition (1990), p.108.

② 劉尉萍譯,《專業餐飲服務》(台北:五南圖書出版公司,民 79 年), 頁68。

③ 同註②,頁88。

第十四章　餐飲的控制

◆餐飲服務質量的控制

◆餐飲成本的控制

◆生產流程控制

◆餐飲成本類型

◆員工成本控制

第一節　餐飲服務質量的控制

餐飲服務質量主要由環境質量、菜餚質量和服務水準組成。餐飲質量的控制，主要取決於餐飲部的管理水準，但作為觀光大飯店的一員，也必須經常對餐飲工作進行督促、檢查、指導，有效地把握餐飲服務工作的方向，促進餐飲服務質量的提高。

一、確立標準，完善制度

要使餐飲服務達到規範化、程序化、系統化和標準化，保持餐飲質量的穩定性，明確具體的標準和科學完善的制度是基本的保證。所以，餐飲部必須及時指導和監督餐飲部制定各種餐飲的標準，如餐廳佈置標準、擺設標準、接待服務標準、儀表儀容標準、語言標準、清潔衛生標準等。並且督促餐飲部完善各項規章制度，如衛生制度、工作制度、檢查制度、考核制度等。餐飲部對這項工作的重視程度往往決定了餐飲部的標準和制度的完善程度。

二、充當客人，實地檢查

標準和制度為員工確立了工作的準則，也為管理者提供了控制的依據，但質量究竟如何，只有透過檢查才能知道。要想知道餐飲服務質量如何？最直接的檢查辦法就是扮演客人，親身體驗一下。餐飲部為了有效掌握餐飲質量狀況，可以透過陪客人吃飯

或在不打招呼的情況下突然光臨餐廳點菜吃飯，來感受就餐的氣氛、觀察服務水準、檢查菜餚質量。這種方法往往能找到一般檢查所不能發現的問題。

三、深入現場，例行檢查

我們說，判斷來自感受，感受來自現實，現實—感受—判斷，這就是人們對事物的認識規律。對餐飲服務質量的控制，也必須從服務現場出發。所謂服務現場，就是服務工作的基本活動場所，如餐廳、酒吧等。一般說來，服務現場必須具備三個基本要素：

1.服務對象，即被服務者——客人。
2.服務者，即提供服務的人——服務人員。
3.服務條件，包括作為提供服務物質條件的設施、材料和進行服務活動的場所。

這三者結合，共同構成具有服務活動的服務現場。由此可見，餐飲部人員深入現場，進行檢查，就離不開這三個方面。當然，為了使檢查更加切實可行，可以據此制定檢查項目，如營業前的檢查就可透過事先擬訂的儀表儀容、餐廳規格等檢查項目逐條檢查，看是否達到要求。至於營業過程中的檢查，則可以透過觀察和詢問來了解情況。比如觀察客人的表情和情緒，根據飯店的服務規程，逐一檢查服務人員的服務態度、時機及引領、入座、點菜、飲料服務、菜餚服務等服務方式。透過詢問，徵求客人的意見，了解客人對服務、菜餚質量等方面的意見。營業時的檢查，重點要注意前、後台的合作情況、出菜的速度和菜食質

量、服務人員的服務意識和藝術、餐廳的氣氛和客人的反應。

四、利用間接材料，進行檢查

　　餐飲部對餐飲質量的檢查，還可透過其他間接方式進行，如各種報表、顧客意見書，政府有關部門的檢查結果等。也可以透過定期拜訪有關客戶來了解情況。在可能的情況下經理應制定一個拜訪計畫，每週拜訪一至兩個客戶單位或個人。

第二節　餐飲成本的控制

　　餐飲成本是指凝結在飲食產品中的物化勞動的價值和勞動支出中為自身勞動的價值的貨幣表現。餐飲成本一般由食品原料成本和屬於成本範圍的各種費用消耗兩部分組成。前者稱為餐飲成本，主要包括主料成本、配料成本、調料成本和飲料成本。後者一般稱為費用，主要包括：人力成本、固定資產折舊、水電及燃料費用、餐具及用具的消耗、服務用品及衛生用品的消耗、管理費用、銷售費用及其他費用等。要降低成本，就必須加強對上述兩部分成本的控制。

一、食品原材料成本的控制

　　食品原材料成本的高低，主要取決採購、驗收、庫存、製作等四大環節。餐飲部不可能對具體業務進行控制，關鍵是要指導督促餐飲及有關部門建立和完善各項制度，並及時檢查執行情

況。

(一)健全採購制度

　　採購是食品原材料成本控制中的首要環節。採購的數量、規格、質量和價格如何，將直接關係到食品原材料成本的高低。

　　健全採購制度，首先必須有明確的採購標準。一般說來，採購的基本要求是品種符合、質良、價格合理、數量適中。而作為採購標準，則必須把上述基本要求予以具體化。如為了做到質優價廉、送貨及時，就應對供貨單位的條件做出相應的規定，以便選擇正當的供貨管道。一般說來，評價供貨管道的標準主要有五個：

1. 供貨單位的地理位置、交易條件及服務精神。
2. 對本飯店餐飲的經營策略是否理解，並且是否願意全力協助。
3. 供貨單位的信譽如何，是否穩定，是否可長期合作。
4. 能否提供有關商品和消費的情報。
5. 能否提供本飯店餐飲經營所必須的商品種類、數量和質量。

　　其次，要建立標準化的採購程序，要求在原採購人員因事離開工作崗位時，其他人能順利接替工作。標準化的採購程序主要體現在採購文件上。主要包括採購申請書、訂購單和進貨回單。

　　採購申請書是採購人員進行採購的依據，訂購單是供應單位供貨和驗收人員驗收的依據，而進貨回執則是結算憑證。

(二)完善驗收及庫存制度

驗收是指驗收人員檢驗購入商品的品質是否合格,數量是否準確無誤。驗收制度,就是對驗收人員、驗收項目、要求及程序的具體規定。庫存制度則是在入庫、儲存、出庫等方面的規定。驗收庫存制度,主要應注意以下幾個方面:

1.要有專人驗收,並且做到相互牽制。
2.要明確規定驗收的項目及具體要求。
3.要規定驗收的程序和各種表單的填報。
4.要完善出、入庫的手續,做到準確無誤。
5.各種商品要分類存放,達到衛生防疫要求,並且做到先進先出。
6.要明確規定各類商品的存放溫度和最長儲存時間,防止食品腐爛變質或缺乏新鮮度。
7.要規定合理的儲存定額,既要避免庫存物品的積壓,又要防止供不應求,影響餐飲的正常經營。
8.要建立盤存制度,防止和堵塞各種漏洞。

(三)加強烹調標準化,有效控制食品成本

食品從原料到成品,必須經過一系列的加工製作過程,如果不加控制,就會出現浪費現象。對加工製作過程的控制,關鍵是要制定各種標準,如出料量標準、切配標準、投料標準、烹調標準,即烹調的標準化。這些標準的確定和執行,不僅能避免各種浪費,控制食品成本,而且對保證菜食質量也非常有效。

(四)完善表格制度

　　要有效控制食品原料成本，還必須充分發現各種表單的作用。在餐飲運作中，要利用表單進行控制。如按照表單採購、驗收、入庫、領用、投料、製作、出菜、結算等。同時，在對餐飲的控制中，要利用表單進行監督。如驗收員日報表、市場價格表、供貨單位情況表、食品成本報表、營業日報表等，以便及時了解有關情況，發現問題，及時糾正。

　　在食品原材料的成本控制方面，飯店管理的先進經驗，通常採用建立統一的中央廚房切配中心取得了顯著的效果。

　　凱悅大飯店有多個廚房，每個廚房基本都有自己的洗滌切配場地，各自加工。現在建立統一的切配中心，根據各廚房需求總量統一進貨，統一驗收，然後按照要求加工成食品原料。這樣不僅提高了經濟效益，而且還帶來了其他效應。

　　保證食品新鮮度：廚房所使用的是四門或六門冰箱，那種冰箱一方面容量有限，另一方面冷度不夠，遇到水產魚，進貨時尚新鮮，但是放置兩天就易變質。現在切配中心設置的小冷庫，可保持 -20℃左右，食品經分類庫存，洗好之後送冷庫保存，保證了食品原料的新鮮度。

　　提高廚房的衛生清潔度：原來蔬菜購入後，在削洗間僅沖一沖，送到各廚房還要切配、水洗；活魚、甲魚和黃魚等購入後，要在廚房當場活殺，常常弄得廚房泥水滿地，桌上牆上血跡斑斑，再好的鞋在廚房穿幾天就走形了。現在有了切配中心，有關程序均在中心加工，凡帶水、帶泥、帶血的原料均不進入廚房，廚房衛生條件大為改善。

　　加強驗收程序：統一採購，統一驗收，這樣可以杜絕一些進

貨中的舞弊現象，對質量差的、短斤缺兩或價格不合理的，一律拒收。對食品質量嚴格把關，維護了飯店的利益。

小包裝使用方便：有了切配中心，對供應量大的宴會菜餚做到有計畫準備，餐廳定菜單也可根據庫存做到心中有數。以前魚進貨放在一起入冰箱，凍成一大塊，有時為用一兩條魚，得把大塊凍魚敲碎水沖，待溶化後取出再凍，費工費時，也影響鮮度。現採用魚的條凍法，在冷庫內可分條領用。切配中心對幾十種常用原料集中加工後，採用不同量的小包裝，隨用隨領，減少了浪費。

二、費用支出的控制

食品成本水準的高低，決定著觀光大飯店的毛利水準，要增加利潤，還須嚴格控制屬於成本範圍的費用支出。主要應把握住以下四個基本環節：

(一)確定科學的消耗標準

屬於成本範圍的費用支出，有些是相對固定的，如折舊、人員工資、開辦費攤銷等。有些則是變動的，如水、電等能源消耗、差旅費、銷售費、餐具及用具的消耗等。所以，消耗標準則是指統一部分。它一般是根據上年度的實物消耗額以及透過消耗合理程度的分析，確定一個增減的百分比，然後，以此為基礎確定本年度的消費標準。

(二)嚴格預算核准制度

餐飲部用於購買食品飲料的資金，一般由飯店根據餐飲的業

務量和儲存定額，由飯店核定一定量的流動資金，由餐飲部支配使用。但屬於費用開支，則必須事先入出預算，報餐飲部核准，不得隨意添置和選購。臨時性的費用支出，也必須提出申請，統一核准。

(三)完善各種責任制

要控制各種費用，還必須落實各種責任制，做到分工明確，使專人負責和團體控制相結合，並且要把控制好壞與每個人的物質利益結合起來。

(四)加強核算和分析

觀光大飯店必須建立嚴格的核算制度，定期分析費用開支情況，如計畫與實際的對比、同期的對比、同行對比、費用結構的分析、影響因素的分析等，以便及時掌握費用支出的情況，及時發現存在的問題，找到降低費用支出的途徑。

三、對餐飲的考核

根據餐飲在觀光大飯店中的地位和管理的基本要求，餐飲部對餐飲的考核，主要透過以下幾個方面：

1. 營業收入：這是表現餐飲工作量和經濟效益的主要指標。營業收入的高低，在一定程度上也反映了客人對餐飲工作的滿意程度。
2. 毛利率：這是影響餐飲銷售，甚至整個飯店銷售的關鍵，也是關係到飯店經濟效益的關鍵。

3.利潤：這是表現餐飲管理水準的綜合指標。以上三項以財務報表為依據。

4.服務質量：如餐廳佈置、儀表儀容、服務態度、服務項目、服務效率、服務方式、食品衛生等。它主要根據各種檢查結果和客人的意見表來加以評定。

5.工作質量：如全局觀念、合作精神、執行飯店的有關方針、制度情況等。它主要根據總經理平時的檢查和有關職能部門的統計材料來進行考核。該指標一般作為參考標準，作為提高或改進工作的依據。

第三節　生產流程控制

　　廚房的生產流程主要包括加工、配份、烹調三個程序。控制就是對生產質量、產品成本、製作規劃，在三個流程中加以檢查督導，隨時消除一切生產性誤差，保證產品一貫的質量標準和優質形象，保證達到預期的成本標準，消除一切生產性浪費，保證員工都按製作規範操作，形成最佳的生產秩序和流程。

一、制定控制標準

　　生產控制必須有標準，沒有標準就無法衡量，就沒有目標，也就無法實行控制。管理人員必須首先規定要生產製作這種產品的質量標準，然後需要經常監督和評價，確保產品符合質量要求，符合成本要求。如果沒有標準，廚房生產的手工性和經驗

性、烹飪技術的差異性，以及廚房分工合作的生產方式，就會使產品的數量、形狀、口味沒有穩定性，就會因人而異，甚至使廚師各行其事。同時客人也無法把握你的餐飲標準，就會喪失吸引力，也就無法樹立你的餐飲形象。

另外，餐飲部經理對成本和質量只能是大致的了解，而無法進行控制和管理。所以制定標準既可統一生產規格，保證產品的標準化和規格化，又可消除管理者在控制中廚師固執其標準的困擾，消除產品質量因人而異的弊端。制定的標準，可作為廚師生產製作的標準，可作為管理者檢查控制的依據。這種標準通常有以下幾種形式：

(一)標準菜譜

標準菜譜可以幫助統一生產標準，保證菜餚質量的穩定。使用它可節省生產時間和精力，避免食品的浪費，並有利於成本核算和控制。標準菜譜是以菜譜的形式，列出用料配方，規定製作程序，明確裝盤形式和盛器規格，指明菜餚的質量標準，告訴該份菜餚的可用餐人數、成本、毛利率和售價。制定標準菜譜要求：菜譜的形式和敘述應簡單易懂，便於閱讀而使讀者感興趣。原料名稱應確切，如醋應註明是白醋還是香醋，或是陳醋，原料應使用適合實際的最簡單的計量單位，原料應按使用順序來排列，配料因季節供應的原因需用替代品的也應說明。敘述應用確切的詞。術語的使用應是熟悉的，不熟悉或不普遍的術語應詳細說明。

由於烹調的溫度和時間對產品質量有直接的影響，應列出操作時的加熱溫度範圍和時間範圍，以及製作中產品達到的程度，還應列出所用炊具的大小和種類，因為它是影響烹飪產品成敗的

一個因素。說明產品的質量標準和上菜方式要言簡意明。任何影響質量的製作過程要準確規定，不應留給廚師自行處理。標準菜譜的制定形式可以變通，但一定要有實際指導意義，它是一種控制工具和廚師的工作手冊。

(二)標量菜單

標量菜單就是在菜單的菜名下面，分別列出每個菜餚的用料配方，用它來作為廚房備料、配份和烹調的依據。由於菜單同時也送給客人，使客人清楚地知道菜餚的規格，達到了讓客人監督的作用。目前粵菜菜單一般是標量菜單。在使用標量菜單進行控制時，需另外制定加工規格來控制加工過程生產，不然原料在加工過程中仍然有可能造成浪費。總之標量菜單確實是一種簡單易行的控制工具。

(三)生產規格

生產規格是指三個流程的產品製作標準。它包括了加工規格、配份規格、烹調規格，用這種規格來控制各流程的製作。加工規格主要是對原料的加工規定用料要求、成形規格、質量標準；配份規格主要是對具體菜餚配製規定用料品種和數量；烹調規格主要是對加熱成菜規定調味汁比例、盛器規格和裝盤形式。以上每一種規格應成為每個流程的工作標準，可用文字製作表格，張貼在工作處隨時對照執行，使每個參與製作的員工都明白自己的工作標準。

另外，還有各種形式的生產控制工作，例如製備方法卡、製作程序卡、配份規格、分菜標準配方卡等。

二、控制過程

在制定了控制標準後，要達到各項生產標準，就一定要有訓練有素、知曉標準的生產人員，在日常的工作中有目標地去製作，管理者應一貫地高標準嚴要求，保證製作的菜餚符合質量標準，因此生產控制應成為經常性的監督管理的一部分內容。進行製作過程的控制是一項最重要的工作，是最有效的現場管理。

(一)加工過程的控制

加工過程包括了原料的初加工和細加工，初加工是指對原料的初步整理和洗滌，而細加工是指對原料的切製成形。在這個過程中應對加工出淨率，它是影響成本的關鍵，控制應規定各種出淨率指標，把它作為加工廚師工作職責的一部分，尤其要把昂貴食品的加工作為檢查控制的重點。

具體措施是要求對原料和成品分別進行計重並記錄，隨時去抽查，看看是否達到了規定的指標，未達到要查明原因，如果因技術問題造成，也要採取有效的改正措施。另外控制中可經常檢查下腳料和垃圾桶，檢查是否還有可用部分未被利用，使員工對出淨率引起高度重視。

加工質量是直接關係菜餚色、香、味、形的關鍵，因此要嚴格控制原料的成形規格、原料的衛生安全程度，凡不符合要求的不能進入下一道程序，可重新處理另作別用。加工任務的分工要細，一方面利於區分責任，另一方面可以提高廚師的專項技術的熟練程度，有效地保證加工質量。能使用機械切割的儘量加以利用，以保證成形規格的標準化。加工數量應以銷售預測為依據，

滿足需要為前提，留有適量的貯存周轉量，避免加工過量而造成質量問題。並根據剩餘量不斷調整每次的加工量。

(二)配份過程的控制

配份過程的控制是食品成本控制的核心，也是保證成品質量的重要環節。在配份時如果每份五百克的菜餚，只要多配二十五克，那麼就有5％的成本被損失，這種損耗即使只占消售額的1％，也是十分可觀的，因為餐飲成功的管理要取得的利潤幅度，一般是銷售額的3％至5％，所以某一種或幾種產品損失掉銷售額的1％至2％，就相當於丟掉成功經營一半的利潤，所以配份是食品成本控制的核心。另外，如果客人兩次光顧你的餐廳，或兩個客人同時光顧，而你配份的同一份菜餚卻不同的規格，客人必然不會滿意，因此配份控制是保證質量的重要環節。

配份控制要經常地核實，配份中是否執行了規格標準，是否使用了稱量、計數和計量等控制工具，因為即使最熟練的配菜廚師，不進行稱量都是很難做到精確的。通常的作法是每配二份至三份稱量一次，如果配份的份量是合格的可接著配，然而當發覺配量不準，那麼後續的每份都要稱量，直到確信合格了為止。

配份控制的另一個關鍵是憑單配發，配菜廚師只有接到餐廳客人的訂單，或者規定的有關正式通知單才可配製，保證配製的每份菜餚都有憑據。另外，要嚴格杜絕配製中的失誤，如重複、遺漏、錯配等，從而使失誤降到最低限度。這裡查核憑單是控制的一種有效方法。

(三)烹調過程的控制

烹調過程是確定菜餚色澤、質地、口味、形態的關鍵，因此

應從烹調廚師的操作規範、製作數量、出菜速度、成菜溫度、剩餘食品等五個方面加強監控。必須督導爐灶廚師嚴格按操作規範工作，任何圖方便的違規作法和影響菜餚質量的作法都應立即加以制止。其次應嚴格控制每次烹調的生產量，這是保證菜餚質量的基本條件，少量多次的烹製應成為烹調製作的座右銘，也應成為烹調控制的根本準則。在開餐時要對出菜的速度、出品菜餚的溫度、裝盤規格保持經常性的督導，阻止一切不合格的菜餚出品。剩餘食品在經營中被看作是一種浪費，因為剩餘食品對任何人都一樣，認為是一種低劣產品，即使被搭配到其他菜餚中，或製成另一種菜，這只是一種補救辦法，質量必然降低，也無法把成本損失補回來，由於這些原因，過量生產造成的剩餘現象應當徹底消除。

三、控制方法

為了保證控制的有效性，除了制定標準、重視流程控制和現場管理外，還必須採取有效的控制方法。常見的控制方法有以下幾種：

(一)程序控制法

按廚房生產的流程，從加工、配份到烹調的三個程序中，每一道流程都應是前一道流程的控制點，每一道流程的生產者，都要對前一道流程的食品質量，實行嚴格的檢查控制，不合標準的要及時提出，幫助前道程序糾正，如配份廚師不合格的加工，烹調廚師對不合格的配份有責任提出改正，這樣才能使整個產品在生產的每個過程都受到監控。管理者要經常聽取生產者對上道程

序質量的評價。

(二)責任控制法

按廚房的生產分工,每個崗位都擔任一個方面的工作,責任分工制要體現生產責任。首先,每位員工必須對自己的生產質量負責。其次,各部門必須對本部門的生產質量實行檢查控制,並對本部門的生產問題承擔責任,主廚要把好出菜質量觀,並對菜餚產品的質量和整個廚房生產負責。

(三)重點控制法

對那些經常和容易出現生產問題的環節或部門,作為控制的重點。這些重點是不固定的,這個時期哪幾個環節出現生產問題較多,這個時期就對這幾個環節加強控制,當這幾個環節的生產問題解決了,另外幾個環節有生產質量問題,再把另外那幾個環節作為重點來檢查控制。

這種控制法並不是實行頭痛醫頭腳痛醫腳,而是隨著這種控制重點的轉移,逐步根絕生產質量問題,不斷提高生產水準,向新的標準邁進。

第四節　餐飲成本類型

餐飲成本三要件(材料、勞務、經常費)僅是一種概念,對於成本的分析僅具基本的參考作用。這是靜態的,而動態的成本則和銷售量有關係。以這種標準而言,成本還可分為四種類型:
①

1. 固定成本：這些成本不管銷售量的變化如何，它們都是一定的，例如稅捐、租金、保險費等。

2. 半固定成本：這些成本雖會受到銷售量的變動而有所增減，但其增減並不會成正比，例如燃料費、電話費、洗滌費等。

3. 可變成本：這些成本和銷售量的大小密切相關，它們的變化和銷售量的變化成正比，例如食品、飲料。

4. 總成本：這是上述三類成本的總和。最後和營業利潤發生關係的就是這種成本。

一、餐飲成本控制之要件

(一)標準的建立與保持

　　任何餐飲營運，在根本上均建立一套營運標準，而這類標準卻是各有不同，例如連鎖國際觀光旅館的營運標準就不同於一般餐廳。如果沒有標準，員工們會無所適從而各行其事，他們的工作成績或表現，經理部門也無法作有效的評估或衡量，一個有效率的營運單位總會有一套營運標準，而且會印製成一份手冊供給員工參考，標準制定之後，經理部門所面臨的困難是如何保持這種標準，這就得依靠定期的檢查與觀察員工施行標準之表現，以及藉助於顧客的批評。必要時施行訓練，使員工對本店標準獲致共識。

(二)收支分析

　　這種分析僅指餐飲營運的收支而言。收入分析通常是以每一次的銷售為分析目標，此中包括餐飲銷售量、銷售品，顧客在一天當中不同時間的平均消費額，以及顧客的人數。成本分析則包括全部餐飲成本、每份餐飲及勞務成本。每一銷售所得均可用下述會計術語表示：毛利邊際淨利（毛利減工資），以及淨利（毛利減去工資後再減去所有的經常費，諸如房租、稅捐、保險費等等）。

(三)菜單的定價

　　餐飲管制的一項重要目標是為菜單定價（包括筵席報價），提供一種建全的標準。因此，它的重要性是在於能藉助於管制而獲得餐飲成本及其他主要的費用之正確估算，並進一步制定合理而精密的餐飲定價。其中引用的資訊是顧客的平均消費能力、其他業者（競爭對手）的菜單價碼，以及市場上樂於接受的價碼。

(四)防止浪費

　　為了達到營運業績的標準，成本管制與邊際利潤的預估是很重要的。而達成此一目標的主要手段在防止任何食品材料的浪費，而導致浪費的原因不外乎廚師的烹調不當，過度生產超出當天的需要銷售量，以及未能運用標準食譜。而這一切均可用「監察」來解決。

(五)杜絕矇騙或詐欺

　　監察制度必須能杜絕或防止顧客與本店店員可能有的矇騙或

詐欺行為。在顧客方面，典型而經常可能發生的矇騙行為是：(1)用餐後乘機會從容不迫而且大大方方的向店外走去，不付帳款；(2)故意大聲宣揚他用的餐膳或酒類有一部分或者全部不符合他所點的，因而不肯付帳；(3)用偷來的支票或信用卡付款。而在本店員工方面，典型欺騙行為是超收或低收某一種菜或酒的價款、竊取店中貨品。

(六)營運資訊

監察制度的另一項重要任務是提供正確而適時的資訊，以備製作定期的營業報告。這類資訊必須充分而完整，方能做出可靠的業績分析，並可與以前的業績分析作比較，這在收支預算上是非常重要的。

不管餐廳的規模大小，及其營業性質或型態如何，他們所需要的營業監察資訊一定要具有實際的意義而且是真正必須的。因此，資訊收集與採用應該有一種選擇性，一大堆的統計資料不僅不會有什麼利用價值，反而會混淆了其他必要的基本資料。在大型餐廳中，關於營業資料的收集、整理、分析，以及最後的提出，大都採用微電腦處理，這當然會比人快得多了。

二、餐飲成本控制特性

餐飲成本控制較之於其他企業的物料管制要困難得多，其主要理由約有五項分述於下：②

(一)產品的易腐性

餐廳的食品無論是生的或已烹煮過的都是易於腐敗的，而且

保存的壽命也有一定的限度。因此,業者在購進食品時必須考慮其品質,以及掌握所需的數量,而儲存的方法也應正確而妥適的處理。飲料不像食品那樣易於腐敗,在採購、儲藏以及處理方面當然不會有太多的麻煩。

(二)營業量的不可預測性

餐廳的營業可以說是典型的不可預測的,因為每天都會有變化。這對於食品的採購及調理便會導致難於掌握的困難,而員工的僱用也不容易在人數上做到適當的安排。

(三)菜單的調度難以恰如其分

為了競爭及滿足市場或顧客的需求,餐廳業者往往會將其菜單上的項目列出相當多的菜名,以供顧客有較多的選擇。但這必須能夠掌握每天上門的顧客人數,以及他們喜歡吃些什麼,具有什麼樣內容的菜單最能適合他們的選擇。不幸的是這一切都不容易預知,而且任何預測也很難做到百分之百的正確性,但為了有效的控制成本,業者不能不致力於預測方法的研究,這是餐飲成本系統中相當重要的一個環節。

(四)營業循環週期短暫

餐飲營運較之其他事業不容易作時間管制,主要的理由是採購進來的食品材料通常都是要在當天處理,當天售出,最遲也只能夠拖到第二天或第三天。所以在成本報表方面需要每天製作,最遲也要一個禮拜製作一次。

在這樣短的時間內想要正常而按規定的控制成本當然相當困難。尤其是食品的易於腐敗,其中消耗損失很大,在實際需要之

前不能買太多，但買少了又會臨時發生措手不及的難題。另外，在採購的成本價格和銷售上也很難拿捏其分寸。

(五)營運上分門別類

餐飲營運上往往會有幾個生產與服務部門，在不同的營運方針下供銷不同的產品。因此每一種生產與銷售活動會有不同的營業成果，這自然會給營運帶來若干困擾。

第五節　員工成本控制

在餐廳和飲食業中，員工成本已經變得愈來愈重要，由於組織工會、勞動基準法、社會保險和許多的員工福利，在一些飲食供應中，勞工成本已經相當於或高於食物成本了。有一部分的工業已經透過機械化和自動化，以解決日益嚴重的員工成本問題。然而不論如何改變，員工仍然是必須的。因此應該提高管理和技術的水準，致力於如何有效率的應用員工，和控制員工成本。

一、員工成本的定義

在薪資表上，付予員工直接或間接的費用，都可稱為員工成本。間接費用是由公司員工、訓練、帳單和一部分的管理費用所構成的，這些都包括在員工成本中，但是都不是一般就能控制的，常常只有直接的費用比較容易掌握。這些是：③

1.薪水和工資（包括加班費）。

2.假期和節日的花費。

3.員工餐點費。

4.社會保險稅金。

5.工人的保險補償金。

6.住院、生命和意外保險。

7.養老金和退休金。

以上項目加上其他福利，如喝咖啡的休息時間、聖誕禮物、紅利和遣散費等。因此這些福利的總成本，應占薪水或工資的15％至25％之間。

二、員工薪資結構與成本之影響

當價格提高時，像食物成本、員工成本的分配比率就比較像樣，數量的增加或減少，對食物和勞工的成本比率，影響差異很大。如果員工成本占的比率增加，供應數量就減少，如果成本降低，供應數量就增加。也可以說，員工成本占的百分比，和販賣的數量成反比。假如供應數量不能如預期而減少，無論如何，工作人員不可能也減少，因而員工成本的比率就會增加。這就是為什麼餐廳願意花大筆的錢在廣告宣傳上以提高銷售的理由。提高或維持供應數量，就可以自動降低勞工成本的比率，並增加大量的利潤。

(一)工作記錄

必須保存員工的工作時間記錄，這些記錄是填寫薪資表所必須的，而且對統計也有價值。

(二)員工應用的分析

為了控制員工成本，首先需要一項項地分析員工個人的工作項目，以決定是否有效率的應用員工。分析的項目可分為職業分析、職業記述和職業的詳細設計表，更詳細的還列有職業定義項目。進行職業分析採取的步驟：

1. 讓你公司的主管熱衷於職業分析，並叫他們指出職業分析的好處。
2. 告訴員工職業分析的目的，以及在他們工作上所顯現的益處。
3. 在小型的餐飲業中，所有人可以分析他自己，在大型的組織中，分析工作就可以由經理或其他對這項工作有興趣的人來做。助理專家可以從你陳述員工服務中，獲得資料，加以分析並擬訂計畫。這些表格包括：
   ・職業分析表。
   ・體格條件表（列出這些職業對體格的要求項目）。
   ・職業特殊才能表。
4. 從獲得的職業資料中，使用提出問卷調查和個人的複述兩種方法。
5. 隨時通知公司主管進行的程序，給他們在安排員工和時間的忠告和建議。

三、經營方式

1. 做問卷調查，給做同樣工作的員工填寫，分析人員比較這些問卷，選擇比較具有代表性的，做一個完整的職業記述。
2. 訓練每一位公司主管，都能夠履行分析自己公司的能力。
3. 結合前面兩種方法。

分析員對整個程序應該負責，但是，儘可能的委託更多的責任給其他的人。

膳食供應的生產量，一日日一週週都要有變換，例如餐廳在星期五的晚餐供應五百份，到星期日早餐，可能就降到三十五份。要將計畫有效率的應用在膳食供應中，可以依照下列幾點：

■ 分配輪班計畫

服務生、女服務生和會計可以分配在中午時間工作，然後一直休息到晚餐才又上班。

■ 規則性的計畫

有些員工可以計畫從中午開始工作，一直工作到隔天整天，要注意不要有些人工作過多，或造成許多不便。

■ 使用工讀的員工

工讀生可以廣泛的應用在供應許多種食物的餐飲業中。例如，供應數量集中在中午用餐時間，就只需一組全天班的員工就夠了，為培養餐飲專業人才，餐廳更應與學校建教合作。

■ 員工工作表的使用

員工工作表是一種有效率的員工控制計畫，它是以當天每餐

供應的顧客數目為主,所做的分配員工工作的計畫表。

■ 勞工成本的預算

　　不管是全天班或工讀,現代化的管理原理,對所謂的「預算」,是將人力和金錢、物質或機器計算在內。④

■ 員工成本與其他成本之比較

　　核對真正的勞工成本的方式,以比較性的最有用。用來作比較的有許多不同的方法,例如:

1. 利潤和損失資料的比較:以記錄的利潤損失的資料,或圖表指數作比較。

2. 不同單位的成本比較:以同樣的管理方法,管理不同的供應據點,以比較他們之間的差異。

3. 以工作時數作比較:在公司中,所有員工的某段工作總時數和另一段時數作比較。

4. 比較每餐員工工作時數所賣的數量:可以以收銀機內的記錄作比較。

5. 根據每位員工工作時數中,服務的顧客數目作比較。

四、以系統分析作成本控制

　　較成功的系統是僅由勞工成本這部分所構成的,它會受販賣數量的波動而改變。如此一來,成本愈低,就愈容易運作。餐廳要作系統分析時,可以採取下面的步驟:

1. 經理應先預測一星期的供應數量。

2. 公司的管理人必須以預測和管理顧問所繪製的員工時數指

線為基本，作他們一星期的人力預算。

3.管理人再根據人力預算，作一星期的工作程序表。

4.會計部門應該每天分析比較，真正的工作時數和預算的工作時數降低勞工成本的方式。

除了增加販賣的數量外，還有許多降低勞工成本的方式。

1.用機器取代人工，或輔助人工。

2.重新安排廚房和供應區的設備，以節省程序。

3.將工作簡化的方法應用到所有的工作和程序。

4.要再次的排定員工，以適應工作的波動。

註　釋

① 謝明城編著，《餐飲管理學》（台北：眾文圖書公司，民 81 年），頁 68。

② 同註①，頁168。

③ 石銳譯，《人力資源管理》（台北：台華工商圖書出版公司，民 79 年），頁268。

④ 同註①，頁282。

第十五章　餐飲業未來的發展

◆餐飲業經營理念

◆餐飲業面臨的困境

◆國內餐飲消費趨勢

◆餐飲業未來發展趨勢

第一節　餐飲業經營理念

　　跨越二十一世紀經濟結構的轉變，服務業在整體經濟發展的比重，益形提升與重要，而餐飲業在注重健康的前提下，更是欣欣向榮、一支獨秀，發展空間無可限量；因此，投入者相對增多，競爭狀況也益形激烈。如何才能經營成功，如何才能致勝，經營理念的設定遂成為重要的關鍵。

　　國外連鎖餐廳以及速食等型態餐飲業進入國內市場，除引起震撼外，由這些國外業者所導入的新觀念與技術，更對整個外食產業的經營管理，注入革新的動力。

　　因此餐飲業如何由「家業」轉變為「企業」經營，已成為業者的當務之急。有心的業者，對於今後餐飲經營的制度化、現代化與體質改善上，將投注相當的心力。基本上，可朝Q（品質）、S（服務）、C（衛生）、V（價值感）等方向著力。

一、餐飲的品質（quality）

　　消費者對於餐飲的要求日趨精緻化，在產品品質方面，以往只要求能飽肚，如今不但要能滿足視覺、味覺、嗅覺到整體感官的需求外，更強調健康、低熱量、低脂肪、低膽固醇、低鹽及低糖，所以在餐飲的品質上要求日高。

二、餐飲的服務（service）

在餐飲業的高度競爭下，服務是迎戰競爭的良策之一，以完善親切的服務，贏得顧客的青睞。而提升服務品質的當務之急，是強化從業人員的服務意識，及提升人員的素質。

三、餐飲的衛生（cleaning）

餐飲的衛生與否，與消費者的生命安全息息相關，而且隨著消費者消費意識的高漲，餐飲業如不能徹底實施衛生制度，提供消費者強而有力的衛生保證，將為消費者所捨棄。

至於衛生制度的內涵，從硬體的環境、裝潢、設備、餐具，到軟體的人員的清潔習慣、餐飲製備的過程，都嚴格要求。

四、餐飲的價值感（value）

吃是人生最基本的需求，可是當生活水準逐漸提高後，在飲食方面進一步會要求「好吃」，更上一層則要求「精緻」。

所謂「吃氣氛」，或上某餐廳所彰顯的身分、地位、品味等，都是餐廳在提供餐膳外，所提供予消費者的附加價值，附加價值愈高，所必須付出的價錢自然隨之水漲船高。

價值感的創造，可藉由裝潢、餐具、菜式、盤飾、人員素質提升、服務強化等方面來達成。

第二節　餐飲業面臨的困境

一、從業人員募集不易

因最近社會結構變遷的影響，使餐飲業很難找到足夠的人力，尤其是廚師與服務人員更是難求，原因在於社會對餐飲從業員的刻板印象、薪資預期與實際的落差，以及相關專業人員質與量的不足，再加上由於餐飲業一天三餐需求的變化很大，為了應付尖峰時段的需求，若能運用大量的兼職（part time）員工，將有助於降低成本。

但是由於社會富裕及價值觀改變，導致一些年輕人不願做兼職工作，即使全職工作的人，也不易尋找，雖然薪資上漲，仍然很難找到充足的人手。

二、從業人員素質提升不易

無論是廚房或現場工作都不需要太多學歷基礎，也因此餐飲業員工的教育程度偏低。而且一般餐飲業規模不大，從業人員所做的事均為操作性工作，甚少有長期規劃性的動作，因此，其人力需求偏向勞動性人力，而為勞力密集產業。

三、從業人員流動率高

餐飲業在近幾年內,人員流動率高。其原因可能是受工會、勞動基準法、勞工主義抬頭之影響,員工所要求報酬愈來愈高,但資方負擔愈來愈重,利潤愈來愈少下,無法提供適當的薪資水準吸引人才,因此流動率居高不下,影響所及,餐飲業年資淺的從業人員占很高的比率。

四、顧客掌握不易

顧客不易掌握是餐飲業面臨的最大問題,一方面是因為社會變遷迅速,人們對於餐廳風格的喜好常常改變,導致過去能吸引顧客的餐飲店,今日已不再引起顧客的興趣。另一方面是國內餐廳多缺乏企管、行銷的觀念,因此不容易釐清自己的市場定位,也因此不容易掌握顧客群。

五、餐廳場地租金上揚,取得困難

房價及房租的上漲,已形成對餐飲業的重大阻礙。尤其都市地區房地產價格的高漲,更是影響至鉅。雖然房租、房價大幅提高,但餐飲業的定價並無法充分提高以反映成本,導致原本經營不善的業者紛紛轉手而歇業。

六、停車不方便

　　都會區因交通日益惡化，每到上下班時間，或遇下雨、車禍等因素，許多車潮流量大的街道，途為之塞，使得餐飲業的營業額大受影響。預期靠人潮、地段的餐飲業者有可能因房租高漲、交通惡化，而撤離當地。

七、自動化設備不足以取代人力

　　面對餐飲業人力素質不高，流動率過高，而招募人員又不容易的情況，導入自動化技術可以多多少少減輕上述問題的嚴重性。但國內餐飲業卻普遍呈現自動化程度不足的困境，原因在於：

　　1.資金不足。
　　2.公司規模太小。
　　3.業者缺乏觀念。
　　4.同業合作意願低、標準未統一。
　　5.兼具餐飲業及自動化專業知識的人才缺乏。
　　6.政府獎勵不足。

八、服務品質未提升

　　餐飲業提供之產品為飲食物品，但這些物品的好壞，乃是根據消費者使用時之主觀知覺來認定的，除非是直接造成消費者生

理上的傷害，否則同樣一項產品，其品質評斷會因人而異。

　　同樣的餐飲服務人員提供之服務、賣場之氣氛、感覺，也會因為消費者本身預期的不同，而有不同之評價。所以，餐飲業之產品及服務品質，並無一定之精確數據所支持的標準。

九、標準作業程序不足

　　餐飲業之標準化包括材料之標準化、食物處理提供之標準化、店面佈置之標準化、人員服務之標準化以及各種行政作業之標準化等等，標準化工作為餐飲經營的重要成功關鍵因素之一，然而國內許多業者卻常忽視此點，以致產品及服務的品質難以管制。[1]

第三節　國內餐飲消費趨勢

一、注重有機食材的飲食

　　近年來國人有鑑於心臟血管等疾病及肥胖等考量，消費者漸漸在乎食品中的脂肪、熱量、添加物等含量。餐飲業因應這股重視營養健康的消費意識風行，也逐漸推出健康的餐食，例如低脂肪、低熱量或低膽固醇產品，在影響美味最小的情況下，儘量滿足消費者追求健康的要求。

　　國內健康餐廳因此應運而生，在台北中高收入上班族聚集的東區，首先出現以強調健康為訴求的餐廳，其經營型態分中、西

形式。中式餐廳強調低鹽、不加味精、低添加物、使用天然原料及維持原味的簡單烹調；西式則以沙拉吧為主要訴求，增加生菜的選擇，並以進口健康原料為號召，此類餐廳多走中高價位。

二、外食人口愈來愈多

隨著都市化的快速發展，以及婦女就業的增加，外食人口愈來愈多，外食市場急遽膨脹，所以餐飲業的營業量還會增加。其中需求量最大者，為可快速填飽肚子的中式、西式速食，以及提供全家人用餐的家庭式餐廳。

三、對品質的要求日高

新一代的消費者比上一代較有主張，見識也較廣，他們懂得價格和價值的關係，再加上餐飲業者在競爭的過程中，有愈來愈提升其水準的趨勢，使得消費者對品質的要求愈來愈高。只有物美價廉已不能滿足消費者，他們還要求衛生、營養及服務好。

四、一價吃到飽大行其道

一價吃到飽起始於中餐的湘菜，是近年來餐飲界的促銷高招，有的甚至便以此為其定價策略，徹底滿足消費者撿便宜的心態，由於大受市場的歡迎，連鎖效應已擴及廣東飲茶、台菜、江浙菜、披薩、燒烤、火鍋、西餐及日本料理。

五、追求精緻的美食

新美食主義者不同於傳統老饕，全神貫注在食物本身的享受上，反而比較看重進餐的情趣，因此趣味化的主題式餐廳蔚為流行，如T.G.I. Friday、Hard Rock Café、Trader Vic's等餐廳均屬之，將成為台灣餐飲市場的另一波趨勢。

第四節　餐飲業未來發展趨勢

一、速食業潛力無窮可期

西式速食業自民國七十三年麥當勞進駐台灣市場後，才進入蓬勃發展期。民國七十七年開始，西式速食業轉虧為盈後，民國八十八年的業績有明顯成長，平均成長率約在10％至20％之間。

由於西式速食業已邁入高原期，業績成長有限，因此，須透過不斷開新店，以刺激業績的成長。除了開新店外，增加廣告預算也是西式速食業增加業績的方法之一。不過由於媒體廣告費用上漲，西式速食業勢必提高廣告預算才能達到廣告效果，西式速食業自民國八十八年度廣告預算平均增加30％左右。②

二、外賣食品業將擴展迅速

由於房價高漲，交通擁擠，因此外賣或外送餐飲業將快速發

展。因為不需要賣場，所以可節省廠商沈重的負擔，而外送也可省去消費者外出的時間。以國人的消費習慣，「便當」乃是外帶外送最多的食品。

外送的風潮在美國行之有年，但國內若要全力經營外送業務，仍是極為吃重，主要困難點是人力和交通兩大問題。以人力來說，餐飲業人力短缺極為嚴重，以交通而言，一公里的路可能需要半小時，交通惡化太嚴重，致成本太高，不大划算。

三、加入連鎖化經營

連鎖化經營可因大量進貨而降低食材單價，並可由多店分擔廣告促銷費用，而在開拓新店時，也可藉原來的知名度而快速擴張。因此，連鎖化經營仍將是餐飲業規模擴大後的必經之路。

四、團膳隨飲食業成長

團膳（團體膳食）市場可區分為學校團膳、公司團膳、醫院團膳、社會福利機構團膳四大部分。公司團膳大多是自助餐式，而學校團膳的實施率也相當高。團膳和一般外食本質上的相異之處在於：前者以特定多數的顧客為對象，而後者則以不特定多數的顧客為對象。

五、餐飲經營企業化

企業化經營是使餐飲業由小生意得以脫胎換骨的關鍵。企業化可以降低顧客的知覺風險，可以提高人才投入的吸引力與經營

水準，更重要的是，可以穩定改善品質。舉凡採購、製造、財務、銷售等，企業化都是一連串良性的改革行動。

六、導入國際化經營

與外商合資或技術合作，是點燃台灣外食產業更新的火種，也因此美式、日式、歐式餐飲紛紛藉此深入市場，甚至成為最受矚目的焦點。

然而無論是以技術合作或合資的方式引進國外餐飲業，均須注意權利金的問題。速食業的權利金一旦太高，將增加經營權利的難度。

七、建立標準作業程序

餐飲業的產品及服務品質，固然並無一定之精確數據所支持的標準，但是許多先進國家的連鎖餐飲業者仍致力於儘量以數字化的方式，來建立品質及管理標準。

餐飲業的標準化涵蓋材料之標準化、食物處理流程之標準化、店面佈置之標準化、人員服務之標準化以及各種行政作業之標準化等等，其優點有：

1.品質穩定，可降低顧客不確定感，並提高商譽，強化顧客信心。
2.降低成本，並利於成本之控制及管理稽查。
3.利於人員招募，因標準化結果使各職位之用人資格亦得以明確具體化，同時建立廠商本身有系統的經營管理技術及

訓練標準，非但利於人才之招募遴選，服務品質亦不受人員流動影響。

4.可增加員工、顧客對公司的認同感。

5.有利於自動化之建立。

餐飲業的標準化，首在建立標準作業程序（standard operating procedure, SOP），並加強相關人員的訓練，使制度與執行能確實一致。

八、積極進入自動化

餐飲業電腦自動化的應用，目前國內軟體開發已進入成熟期，價格合理。

(一)整體電腦化

整體電腦化主要功能在連結總公司、店鋪、配銷中心、客戶資訊的整合，在人力的節省、時間的節省、錯誤的減少及品質、安全要求的強化等方面，都能達到顯著的效果。

(二)行政管理電腦化

行政管理電腦化涵蓋會計、財務、訂貨、庫存管理、銷售分析等，藉由電腦隨時收集營業數據，製作統計分析報表，可嚴密監督餐廳的正常營運，更可為經營管理決策時的參考。

(三)餐廳作業電腦化

可利用自動點菜電腦系統，來幫助顧客點餐，在人力節省、

時間減少及降低錯誤方面，助益不少。

(四)引進中央廚房處理觀念

　　中央廚房的設立，在於有效率地集中加工食品，以減少人力、時間的浪費，更能維持品質與安全的水準。

　　不過中央廚房牽涉到規模經濟的問題，除非是連鎖體系，而且店鋪數達到一定的水準，中央廚房才有設立的必要。

　　餐飲業自動化的導入，儘管效益宏大，但投資金額也所費不貲，人員的訓練亦非一朝一夕可達成，因此導入的風險也不少。

　　為了降低資金負擔及風險程度，業界不妨聯合營業性質相近的同業，共同出資以合作協定的方式，引進國外新穎的餐飲自動化技術，或委託國內相關技術研究單位，開發可移轉之技術，再由各餐飲業者依本身之適用狀況，將之適當修正而後應用。③

註　釋

① 經濟部，《餐飲業經營管理技術實務》（台北：經濟部，民84年），頁16。

② 同註①，頁25。

③ 同註①，頁26。

參考書目

1. 蘇芳基，《最新餐飲概論》，台北：楊靜惠，民國87年。

2. 莊富雄，《酒吧經營管理實務》，台北：莊富雄，民國85年。

3. 劉尉萍，《旅館餐飲》，台北：桂冠圖書公司，民國81年。

4. 蔡界勝，《餐飲管理與經營》，台北：五南出版公司，民國85年。

5. 經濟部商業司，《餐飲經營管理技術實務》，台北：商業司，民國84年。

6. 薛明敏，《餐廳服務》，台北：明敏顧問公司，民國81年。

7. 薛明敏，《西洋烹飪理論與技術》，台北：明敏顧問公司，民國85年。

8. 高秋英，《餐飲服務》，台北：揚智文化公司，民國85年。

9. 詹益政，《現代旅館實務——客房餐飲》，台北：詹益政，民國85年。

10. 孫武彥，《餐飲管理學》，台北：眾文圖書公司，民國81年。

11. 楊昌舉，《中國烹飪傳統技藝與現代科學》，上海，民國80年。

12. 李常友，《中國烹飪調味規律初探》，江蘇，民國81年。

餐飲實務　　　　　　　　　　　　　　　　　　餐旅叢書 02

著　　　者☞ 陳堯帝

出 版 者☞ 揚智文化事業股份有限公司

發 行 人☞ 葉忠賢

總 編 輯☞ 閻富萍

責任編輯☞ 范湘渝

登 記 證☞ 局版北市業字第 1117 號

地　　　址☞ 台北縣深坑鄉北深路三段 260 號 8 樓

電　　　話☞ (02)8662-6826

傳　　　真☞ (02)2664-7633

印　　　刷☞ 鼎易印刷事業股份有限公司

初版一刷☞ 2000 年 3 月

初版四刷☞ 2015 年 1 月

定　　　價☞ 新台幣 500 元

ＩＳＢＮ ☞ 986-957-818-090-1

網　　　址☞ http://www.ycrc.com.tw

E-mail ☞ service@ycrc.com.tw

國家圖書館出版品預行編目資料

餐飲實務 / 陳堯帝著. -- 初版. -- 台北市：揚智文
化，2000[民 89]
　　面；　公分. -- （餐旅叢書；2）
參考書目：面
ISBN　957-818-090-X（平裝）

1. 飲食業 － 管理

483.8　　　　　　　　　　　　　　　　88017883